LOCUS

LOCUS

LOCUS

LOCUS

from

vision

from 108

商業冒險：

華爾街的 12 個經典故事，勇於冒險才能登上顛峰

Business Adventures: Twelve Classic Tales from the World of Wall Street

作者：約翰 · 布魯克斯（John Brooks）

譯者：吳書榆、許瑞宋

責任編輯：邱慧菁　二版協力編輯：張晁銘

封面設計：簡廷昇

校對：王之瑜　排版：陳政佑

出版者：大塊文化出版股份有限公司

105022 松山區南京東路四段 25 號 11 樓

www.locuspublishing.com

讀者服務專線：0800-006689

TEL：(02)87123898　FAX：(02)87123897

郵撥帳號：18955675　戶名：大塊文化出版股份有限公司

法律顧問：董安丹律師、顧慕堯律師

總經銷：大和書報圖書股份有限公司

地址：新北市新莊區五工五路 2 號

TEL：(02) 89902588　FAX：(02) 22901658

初版一刷：2015 年 2 月

二版一刷：2023 年 9 月

定價：新台幣 580 元

ISBN：978-626-7317-67-9

Printed in Taiwan

國家圖書館出版品預行編目資料

商業冒險 : 華爾街的12個經典故事,勇於冒險才能登上顛峰/約翰.布魯克斯(John Brooks)著; 吳書榆, 許瑞宋譯.-- 二版. -- 臺北市 : 大塊文化出版股份有限公司, 2023.09

496面 ;14.8x21公分. -- (from ; 108)譯自 : Business adventures : twelve classic tales from the world of Wall Street.

ISBN 978-626-7317-67-9(平裝)

1.CST: 企業管理

494　　112012765

Business Adventures

Twelve Classic Tales from the World of Wall Street

商業冒險

華爾街的 12 個經典故事
勇於冒險才能登上顛峰

約翰．布魯克斯——著
吳書榆、許瑞宋——譯

目次

第1章　波動震盪——一九六二年的一場股市小崩盤　007
第2章　愛德索的命運——一則警世寓言　039
第3章　聯邦所得稅——其歷史演變與特殊之處　107
第4章　合理的時間——德州海灣硫磺公司一案的內線交易　159
第5章　全錄，全錄，全錄，全錄——現代複印機的誕生　193
第6章　保障客戶完好無缺——植物油公司詐騙與總統之死　234
第7章　備受打擊的哲學家——奇異公司的溝通問題　262

第8章　美股最後一次大囤積——一家叫做「小豬商店」的公司　293
第9章　華府高官的第二人生——商人大衛·李蓮道　325
第10章　股東會季節——年會與企業權力　361
第11章　免責咬一口——一個人、他的知識與他的工作　386
第12章　英鎊捍衛戰——銀行家、英鎊與美元　406

第1章

波動震盪

一九六二年的一場股市小崩盤

股市是有錢人的白日冒險，若沒了漲跌波動，也就不成股市了。任何在號子[1]裡出沒、而且愛聽華爾街逸聞軼事的人，想必都聽過「老摩根」（J. P. Morgan the Elder）語帶機鋒的回應——據說有位股市新手鼓起了勇氣，向他熟識的這位大銀行家求教股市未來的動向，老摩根冷冷地說：「市場將會波動。」股市當然還有其他諸多鮮明的特點。

股票市場自有其經濟面的優點與缺點，舉例來說，優點是可以提供自由的資本流動，融通資金以協助產業擴張；缺點則是對於運氣不好、不太明智與輕信傳言的人來說，此地是一個太容易虧錢的地方。此外，股票市場的發展也造就一套社會行爲模式，有約定俗成的慣例、語言，並以可預期的反應來因應特定事件。最讓人驚嘆的是，隨著一六一一年全世界首個重要的證交所（就在阿姆斯特丹一處露天庭院之中）誕生之後，這套模式就以飛快的速度全面發展，其間雖然出現了與時俱進的變化，但此模式仍延續到了一九六〇年代紐約證交所（New York Stock Exchange）。現今美國的股票交易，早已成爲一門大到讓人眼花撩亂的生意了，當中有幾百萬英里長的私人電報線路，三分鐘就可以讀完、複製整本曼哈頓電話簿（Manhattan Telephone Directory）的電腦，以及超過兩千萬名的投資人，和十七世紀時只有一小群荷蘭交易者在雨中討價還價的狀況相比，已不可同日而語，但股票交易的本質大致不變。第一個證券交易所因緣際會成爲實驗室，揭露了前所未知的人性反應；同樣地，紐約證交所也成爲了社會學試煉場，不斷幫助人類理解自我。

亂中亂

阿姆斯特丹一位投機客喬瑟夫·德·拉·維加（Joseph de la Vega）寫過一本書《亂中亂》（*Confusion of Confusions*），詳述了荷蘭股票交易員前輩的行爲；這本書於一六八八年初版，幾年前由哈佛商學院（Harvard Business School）譯爲英語再版[2]。至於現代美國投資人與股票經紀人（和其他股票交易員一樣，他們的特質在危機期間會變得誇大），則可以從他們在一九六二年五月最後一周的表現清楚看透其行爲模式；當時，股市波動幅度之大，讓人咋舌。自一八九七年以來，每個交易日都會結算、由三十檔一流工業股組成的道瓊（Dow-Jones）工業指數，在五月二十八日周一那天下跌了三四．九五點，或者說，這是有史以來第二大的當日跌幅，僅次於一九二九年十月二十八日（那天跌掉了三八．三三點）。五月二十八日的成交量是九三五萬股，是紐約證交所史上第七大的單日成交量。五月二十九日周二，一整個早上都讓人繃緊神經，大多數的股票跌到遠低於周一下午的收盤價，但之後市場忽然轉向，以驚人的活力飆漲，當天收盤時道瓊指數漲幅雖未破紀錄，但也大漲了二七．〇三點。周二破紀錄、或說是接近破紀錄的數字，是成交量：當天有一四七五萬股轉手，達到一九二九年十月二十九日以來的單日最大成交量；一九二九年那天的成交量破了一千六百萬股。（到了一九六〇年代之後，一天的成交量達一千萬、一千兩百萬甚至一千四百萬股都是稀鬆平常之事，一九二九年的成交量紀錄最後在一九六八年四月一日被打破，之後幾個月更是一而再、再而三創下新高。）接著，當周周三是陣亡將士紀念日

1 譯注：原文為 boardroom sitter，意思比較接近於股務代理商的營業交易場所，如台灣券商的營業大廳。早年慣以「號子」稱之，因英文「house」而來，客戶可於此觀看股市大盤、交流及委託買賣股票；早年股市交易都仰賴人工撮合，因此也造成號子人聲鼎沸的現象。今日多數券商仍有開放營業大廳供客戶看盤和臨櫃辦理，此處根據作者成文年代，而選用「號子」這個翻譯。

2 譯注：原書以西班牙語寫成。

（Memorial Day），美股休市，到隔天五月三十一日周四，就走完了整個周期，成交量達一〇七一萬股，爲史上第五高，道瓊指數上漲九．四〇點，最後稍高於這起刺激的事件開始前的水準。

本次危機延燒三天，然而可想而知，後續的分析耗時長得多。德．拉．維加觀察阿姆斯特丹的交易員時發現一件事，那就是他們「非常精於找理由」來解釋股價忽然之間的漲跌，同樣地，華爾街的名嘴顯然也需要絞盡腦汁，想盡辦法解釋爲何在景氣看來絕佳的年頭，市場會忽然之間暴跌，宛若跳水似地創下有史以來次深的跌幅。做事後分析時，除了提出各種解釋說法（最常有人講到的，就是甘迺迪總統（President Kennedy）四月時壓下了鋼鐵業規畫的漲價行動），免不了把一九六二年五月的市況和一九二九年十月放在一起講。最恐慌的那兩天都出現在一個月裡同樣的日期，也就是二十八日與二十九日，這當然不是什麼神祕巧合，更不是某些人說的不祥巧合，但以股價變動和成交量來看，讓人不得不想到兩場危機很像。然而，一般認爲，兩者之間的對比差異還比相似之處更明確。從一九二九年演變到一九六二年，由於交易操作的相關規範與核發給客戶買賣股票的信貸金額限制，雖然投資人還是有可能在交易所裡把資金全部虧光，但難度已經很高了。簡言之，經過了這兩次崩盤期間的三十三年，德．拉．維加給一六八〇年代阿姆斯特丹交易所的封號——雖然他明顯很愛交易所，但他也說這叫「賭博地獄」（gambling hell）——顯然已不太適合套用在紐約證交所。

一九六二年的股市崩盤並非全無警訊，只是很少有人能正確判讀。當年開年不久，股市就以非常一致的速度下跌，後來速度更加快，事發前那個交易周（五月二十一日到五月二十五日）的市況，是紐約證交所一九五〇年六月以來情況最糟糕的一周。接下來的五月二十八日周一，那天早上股票經紀人與交易商大有理由懷著戰戰兢兢的心情上陣。市場已經觸底了嗎？還是會繼續再跌？回顧當時，大家的看法似乎莫衷一是。

投資人的情緒決定一切

透過電傳機發送即時財經訊息給訂戶的道瓊新聞服務部（Dow-Jones news service），從早上九點開始發送消息到十點證交所開盤爲止，期間內傳達的訊息反映出一些疑慮。在這一小時裡，「寬帶」（broad tape）新聞（寬帶就是一般人用來指稱道瓊新聞服務的別名，因爲他們的新聞是列印在垂直滾動的六．二五英寸寬紙帶上，這是爲了和交易所的報價條有所區別，報價是列印在水平滾動、而且寬度僅有四分之三英寸的紙帶上）說，很多證券交易商一整個周末都忙著對股票資產價值縮水的信用交易客戶發出追繳額外擔保品的要求，並講到上一周出現的急殺拋售「華爾街已經多年未見」，接著給了幾個比較振奮人心的財經消息，例如西屋公司（Westinghouse）剛剛和海軍簽下一紙新合約。然而，就像德·拉·維加說的，「（這種）消息通常沒什麼價值。」短期來說，重要的是投資人的信心。

股市開盤後，短短幾分鐘內，投資人的信心便表露無疑。早上十點十一分，寬帶報導「股市開盤漲跌互見，交易狀況還算熱絡。」這是讓人安心的訊息，理由是「漲跌互見」指向有些股漲、有些股跌，加上普遍認爲，市場走跌時，比起爆大量的交易活動，還算熱絡的交易活動比較不那麼讓人膽戰心驚。但這樣的安心爲時很短，到了十點三十分，記錄交易大廳裡每一筆交易價格和股數的交易所報價條，報出的價格持續下跌，而且以最高速每分鐘五百字在列印，甚至還落後六分鐘。報價條時間落後，表示報價機根本跟不上交易狀況，因爲交易速度實在太快了。通常，位在華爾街十一號的交易所交易大廳完成一筆交易，交易所的員工就會把細節寫在一張紙條上，透過壓縮氣送管輸送到大樓的五樓，在那頭，會有一位女性員工把資料輸入到報價機裡，以供傳輸。從交易大廳到出現在報價條上，一般來說會差個兩、三分鐘，因此交易所不認爲這樣的時間差叫「延遲」，在交易所的用語裡，只有賣單送抵五樓、工作量大增的報價機需要比前述更多時間才能消化交易單的情況，才能用延遲一詞來描述。（德·拉·維加就曾抱怨：「交易所並未慎選用詞。」）在繁忙的交易日裡，報價條落後個幾分鐘時有所聞，但自一九三〇年以來（一九六二年使用的報價機就是此時安裝的），嚴重的延遲已經很罕見了。一九二九年十月二十四日，報價條遲了兩百四十六分鐘，當時運作的速度是每分鐘兩百八十五個字；一九六二年五月之前，新機器出現過最嚴重的落後紀錄是三十四分鐘。

股價在跌、成交量在增加，這是不會錯的，但市況還沒到絕望的地步。十一點前確定的局面是，前一周的跌勢仍以溫和加速的步調延續下去。然而，隨著交易速度加快，報價條落後的時間就更長了。十點五十五分時，慢了十三分鐘；十一點十四分時，慢了二十分鐘；十一點三十五分，慢了二十八分鐘；十一點五十八分時，慢了三十八分鐘；十二點十四分時，慢了四十三分鐘。（當報價條延遲五分鐘以上，爲了至少能提供一些最新的訊息，交易所會定時中斷正常的流程，插入「跑馬燈」，傳達一些重要股票目前的價格訊息。做這些事需要時間，當然也就讓延遲更加嚴重。）截至當天中午，道瓊工業指數盤間已經跌了九・八六點。

午休時，開始出現集體歇斯底里的徵兆，其中之一就十二點到兩點間（市場向來比較清淡之時）不僅股價續跌，交易量也跟著上揚，出報價條的速度也跟著受影響；兩點前，報價條延遲的時間已經達到五十二分鐘。人們在應該吃午餐的時間還在賣股票，這樣的跡象向來是代表大事不妙了。同樣令人信服的前兆、一股山雨欲來的氣氛，就瀰漫在公認的證券業龍頭美林證券（Merrill Lynch, Pierce, Fenner & Smith）位於百老匯（Broadway）一四五一號的時報廣場（Times

Square）辦公室。這間辦公室一直因爲一個奇特的問題而備受困擾：這裡是市中心的中心，每天午休都有很多證券業所謂的「路人」過來光顧，這些人就算眞的是他們的證券戶，也都只是小散戶，但他們覺得券商辦公室的氣氛和報價板上的價格變動很有意思，在股市出現危機的時候尤其如此。（「我們很容易分辨哪些人僅僅是出於娛樂，而非出於貪婪而參與。」——德．拉．維加。）這裡的辦公室經理名叫薩繆．摩斯納（Samuel Mothner），是一位冷靜的喬治亞州人，他經驗老到，早已知道一般人當下對於股市的關注程度和走進他公司辦公室的路人人數之間有密切的相關性，在五月二十八日這天中午，這一群人密度之高，馬上挑動他訓練有素的敏感神經，他知道他們就像是信使一樣，預告大難將至。

不管是摩斯納，還是從加州聖地牙哥到緬因州班戈市（Bangor）各地的券商經紀人，大家都一樣，操心的絕對不只限於讓人煩心的徵象和預兆。沒有盡頭的拋股已成定局；在摩斯納的辦公室裡，客戶下的單比平均多了五、六倍，而且幾乎都是賣單。總體來說，股票經紀人都急著要顧客冷靜下來，不要急著脫手，至少不要現在搶賣，但很多顧客都聽不進去。美林證券在中城西四十八街（West Forty-eighth Street）六十一號有另一處辦公室，接到一位住在巴西里約熱內盧（Rio de Janeiro）的大戶拍來的越洋電報，上面簡單寫著：「請把我戶頭裡面所有的股票都賣掉。」美林證券沒有時間和遠距的客戶討論，告訴他靜觀其變比較有利，別無選擇之下只好聽命行事。廣播電台和電視台剛過午後就嗅到了有新聞可挖的味道，當下也停掉了常態節目，改爲即時播報股市動態；證交所一份出版品之後語帶刻薄地評論道：「大眾傳播新聞媒體如此關注股市動態，很可能加劇了某些投資人的不安。」股票經紀人面對如洪水一般湧來的賣單之時，在執行上更因爲一些技術性的因素而導致問題更加複雜。到了下午兩點二十六分，報價條已經落後了五十五分鐘，顯示的都是一個小時之前的價格，以很多股票來說，這些價格都至少比現價高了一美元到十美元不等，券商經紀人幾乎不可能在接到賣單時告知顧客他預期可以賣到的價格是多少。某些券商嘗試用自己臨時拼湊出來的報價系統來避開報價條延遲的問題，其中一家就是美林，美林證券在交易大廳的經紀商成交之後，就會——前提是他們記得而且也有時間的話——就會透過交易大廳的一具電話，連到松街（Pine Street）七十號美林總部的股市擴音器（squawk box）」，喊出交易結果。顯然，這種急就章的辦法注定會出錯。

杯弓蛇影

在交易所的交易大廳裡，反彈確定無望了，所有股票都快速且穩定地下跌，而且成交量很大。如果是德·拉·維加，他可能會說這種場面——事實上，他確實曾經用相當誇張的手法來描述類似的場景——是「空方（也就是賣方）完全被恐懼、不安與緊張所宰制，把兔子看成大象，把小酒館裡的打鬧當成大型暴動，對他們來說，杯弓已成蛇影。」美國幾家最大型公司的藍籌股（bluechip stock）也在下跌當中，讓人心驚膽戰；確實，當中規模最大、股東人數最多的美國電話電報公司（American Telephone & Telegraph，簡稱AT&T），正領著大盤下挫。AT&T在交易所裡交易的股數比其他一千五百檔都多（這些股票的價格多半也只有AT&T的零頭），但一整天也被一波又一波的急售潮猛攻，兩點的股價來到一〇四·七五美元，已經比當天開盤時跌了六·八七五美元，而且仍在全面下跌中。AT&T向來是股市領頭羊，現在更是被放大檢視，股價每掉一分一毫，都是大盤會再下挫的訊號。下午三點前，IBM已經跌了一七·五美元；大盤下跌時通常很抗跌的紐澤西標準石油公司（Standard Oil of New Jersey），跌了三·二五美元；AT&T也續跌，來到一〇一·一二五美元。跌勢還深不見底。

然而，身在現場的人後來描述，交易大廳那頭的氣氛並沒有歇斯底里，或者說，歇斯底里的程度至少還在可控範圍內。很多股票經紀人要很努力才能遵守交易所嚴禁在交易大廳奔跑的規定，有些人的表情就像一位保守的交易所官員說的「專心戒慎」，但他們還是像平常一樣，多多少少開點玩笑、嬉鬧，來點無傷大雅的針鋒相對。（「玩笑……是這一行吸引人的主要原因之一。」——德·拉·維加。）然而，這一天和平常也並不完全一樣。「我特別記得的一點是，整個人疲累得不得了。」一位交易大廳的經紀人說，「碰上危機那天，你在大廳裡走來走去，很可能一走就是十、十一英里——這是用計步器算出來的——但讓人疲憊的不是要走這麼遠的距離，而是身體上的接觸。你要推開別人，也會被別人推。還有人想要從你身上爬過去。另外還有聲音。在股市走跌時，總是會聽到很強烈的低語聲，下跌的速度愈快，低語聲就愈尖銳。市場走揚時，聲音完全不同。習慣了兩者的差異後，你連閉起眼睛都可以知道目前的市場是怎樣。當然，大家還是照常不斷講笑話，也許比平常更瞎扯一些。下午三點半的收盤鐘聲一響，交易大廳響起一陣歡呼，大家都對這件事有話要說。嗯，我們當然不是爲了市場下挫而歡呼，我們歡呼是因爲終於結束了。」

但眞的結束了嗎？那天下午和傍晚，這個問題在華爾街以及全美投資圈裡揮之不去。那天，行動遲緩的交易所報價機一整個下午不斷運轉，認眞地記錄下早就已經過時的股價。（收盤時已經落後一小時又九分鐘，等到五點五十八分才印完當天所有的交易。）很多券商經紀人在交易所的交易大廳一直留到五點過後，整理好交易的詳細紀錄，然後回辦公室處理帳戶。當報價條最後終於有時間把話好好說完，說出來的是一個哀鴻遍野的悲傷故事。AT&T 收在一〇〇·六二五，當天跌了十一美元。菲利普莫里斯（Philip Morris）收在七一．五，跌了八．一二五美元。金寶湯（Campbell Soup）收在八十一，跌了一〇．七五美元。IBM收盤價是三六一，跌了三七．五美元。這張清單還可以繼續列下去。在各家券商辦公室裡，員工忙裡忙外——有很多人幾乎忙了一整晚——處理各種雜務，以當時來說，最緊急的莫過於發出保證金追繳通知。追繳保證金指的是，向券商經紀人融資買股票的客戶必須提出更多的擔保，因爲他們手中的股票價值現在幾乎已經不足以償付信貸金額。如果客戶不願或不能提出更多擔保品以滿足追繳保證金的要求，券商經紀人就會盡快賣出以保證金買進的股票，這種斷頭拋售會連累其他股票下跌，引發更多的保證金追繳要求，導致更多股票被拋售，這麼一來，就落入了一個大坑。一九二九年時，聯邦政府並未對股市信貸設下任何限制，當時證明了這樣的坑是個無底洞。在那之後，政府就訂出了底線，但基本的事實不變，以一九六二年五月時的信貸規範來說，一位客戶如果用保證金買進股票，當股價跌到買進價的五到六成時就要有個底，預想到會收到保證金追繳通知。在五月二十八日這天收盤時，與一九六一年的高點相比，大約有四分之一的股票跌幅接近腰斬。交易所之後估計，在五月二十五日到五月三十一日之間，發出了約九萬一千七百份保證金追繳通知，大部分都是透過電報。似乎可以合理假設其中絕大多數都是在五月二十八日那天下午、傍晚或晚間（也不只限於較早的晚間）發出的。許多客戶第一次聽說這場危機（或是第一次感受到事情嚴重到幾乎讓人膽寒的地步），都是因爲周二黎明前接到追繳保證金通知。

連續賣壓，最好的建議也可能變壞

如果說，一九六二年保證金交易賣股結果在股市引發的危害小於一九二九年，那麼，另一方面的危險——共同基金大賣股——對股市造成的衝擊，可就大得多了。確實，很多華爾街的專業人士如今會說，在這場五月狂潮最嚴重時，光是想到共同基金的處境，就足以讓他們嚇得發抖。過去二十多年來有買共同基金股份的數百萬美國人民都很清楚，共同基金讓小額投資人能匯聚資源，交到專業資產管理公司手上；小額投資人購買基金股份，基金把這些錢拿去買股票，並隨時準備好在投資人選定的時點上以目前資產價值贖回他們手上的股份。當股市暴跌，理性不見了，小額投資人希望把股票市場裡的錢拿回來，因此會要求贖回股份；爲了籌集能因應贖回要求的必要資金，共同基金必須賣掉一些股票，賣股會導致股市進一步下跌，引發更多基金股份持有人要求贖回，這樣一來，就陷入了一個現代版的無底洞。共同基金放大市場跌幅的能耐從來沒有受到嚴正的檢驗，因此，投資圈普遍對於發生這種事的可能性感到不寒而慄；一九二九年基本上沒有共同基金，但到了一九六二年春天，共同基金握有的總資產，已經高達驚人的兩百三十億美元，而且，在這段期間內，股市從沒出現過像這波力道這麼大的跌勢。如果這兩百三十億美元、或者其中任何可觀的一部分都丟進股市裡求售，引發的嚴重崩盤會讓一九二九年相較之下只不過是跌了一跤罷了。查爾斯・羅洛（Charles J. Rolo）是一位思慮周密的股票經紀人；他過去是《大西洋》（*Atlantic*）月刊的書評家，直到一九六〇年時才進入華爾街，加入舞文弄墨的小圈子。他還記得，共同基金可能威脅股市造成連續不斷的下挫，再加上大家都不知道這樣的過程是不是已經啟動，「可怕到你連提都不想提這件事。」羅素感性的文學情懷，尚未受冷酷唯物的經濟生活消磨殆盡，是以他算得上一名很好的見證者，看盡了五月二十八日那天傍晚市中心人們其他的心理面向。「城裡瀰漫著一股不眞實的氣氛，」他後來說，「就我所知，大家都摸不著頭緒，根本不知道坑底會在哪裡。那天道瓊指數收盤時跌了將近三十五點，大約是收在五百七十七點。華爾街的人現在覺得不認才是明智之舉，但，當時有很多領袖型的人物在講要跌到四百點才是築底，當然，這樣的話就會變成一場災難。你會聽到很多人把『四百點』掛在嘴上，反覆拿出來講，但如果你現在去問，這些人多半都會告訴你那時他們說的是『五百點』。以股票經紀人來說，伴隨著這些疑慮的，還有一股深切的沮喪感，我們都知道客戶——這些客戶都不是有錢人——因爲我們所做的事而飽受虧損。不管怎麼說，虧掉別人的錢都是讓人極不愉快的事。請記住一點，這次崩盤之前，股市大盤大概漲了十二年。十幾年來你都替自己和客戶穩穩賺到利潤，你會覺得自己眞是太棒了，你是一個可以掌握股市的人，你很會賺錢，沒什麼好說的。這次的崩盤凸顯出了你的弱點，讓人失去了一部分的自信，而且不太可能很快就找回自信。」顯然，這件事已足以讓一個股票經紀人但願自己有嚴守德·拉·維加的基本守則：「絕對不要建議任何人買賣股票，因爲，當你的洞察力不夠敏銳，任何善意的建議結果都會變得很糟糕。」

全球股市哀鴻遍野

到了周二早上，周一這場股災的規模就很明顯了。經過計算，在交易所掛牌的股票帳面價值損失達二〇八億美元。這個數字創下歷史紀錄；就連一九二九年的十月二十八日，虧損也不過九十六億美元，兩者之間的明顯差異，是因爲一九二九年時交易所裡掛牌的股票總值遠低於一九六二年。這項破紀錄的虧損金額也在全美所得中占了很高的比例，具體來說，幾乎達到四%。事實上，美國在一天之內損失了兩周的生產總值和薪資。當然，海外也受到波及。在歐洲，由於時差關係，慢了一天才對華爾街的市況有反應，他們的危機發生在周二；紐約時間周二早上九點、也就是歐洲的交易日差不多要結束之時，幾乎所有歐洲重要交易所都出現了瘋狂拋售潮，除了華爾街股市崩盤之外，沒有其他明顯的原因。米蘭出現十八個月以來最嚴重的虧損，布魯塞爾則出現證交所一九四六年戰後重啓以來最大的損失。在倫敦，跌幅之大是至少二十七年以來僅見。轉到蘇黎世，當天稍早出現讓人不忍卒睹的三成跌幅，但隨著撿便宜的人入市，虧損幅度有收斂。世界上一些比較貧窮的國家還感受到另一種副作用，比較間接，但從人道觀點來看無疑更加嚴重。舉例來說，紐約大宗商品交易所七月交割的銅價，每磅跌了〇．四四美分。這種跌幅聽起來沒什麼，但是對於深度仰賴銅出口的小國打擊卻至爲嚴重。羅伯．海爾布魯諾（Robert L. Heilbroner）在他新近出版[3]的《大崛起》（*The Great Ascent*）裡引用了一個估計數字，指紐約市場的銅價每下跌一美分，智利國庫就要損失四百萬美元，用這個標準來看，光是銅這種商品，可能就讓智利損失了一百七十六萬美元。

然而，比起了解發生了什麼事，更糟糕的是擔心接下來還會發生什麼事。《紐約時報》（*New York Times*）登出一篇讓人讀來惶惶不安的主社論，開頭就說：「昨天股市彷彿遭遇大地震，受到強烈衝擊。」之後花了半篇的專欄整備軍心，適度地呼應「不管股市的上下波動，我們都是、也將會是自身經濟命運的主人」這段喊話。道瓊的新聞跑馬燈九點開始運作，道了聲慣常愉快的「早安」，幾乎是隨即就開始報導讓人不安的海外市況，到了九點四十五分，距離紐約證交所開盤還有十五分鐘，道瓊新聞還自問了一個挑動敏感神經的問題：「股市的跌勢何時會歇止？」得出的結論是：還早呢！所有跡象都指向賣壓「根本還找不到支撐。」可怕的謠言在整個金融界滿天飛，謠傳哪幾家證券公司很快就要倒了，更添一層悲慘氣氛。（「對事件的預期會創造出更深刻的印象……比事件本身有過之而無不及。」——德・加・維拉。）日後證明大多數的謠言都是假的，但事實在當下完全沒用。危機的消息一夜之間傳遍全美，股市成爲全國的關注焦點。在券商辦公室裡，客戶打進來的電話塞在總機裡占線，客戶區裡擠滿了路人，很多時候，還有電視台的人員。至於交易所裡，每個在交易大廳工作的人都很早就上班了，準備面對預期中的風暴，也從華爾街十一號高樓層調來文職人員，幫忙整理堆積如山的交易單。開盤前訪客旁觀席已經擠滿了人，當天只好暫停平常的導覽。當天早上有一個團體擠進了旁觀席，是西一二一街（West 121st Street）天主教聖體教區學校（Corpus Christi Parochial School）的一群八年級生，帶隊老師艾奎恩修女（Sister Aquin）對記者表示，學生們花了兩周準備這次的參訪，他們每個人都使用假想的一萬美元，投資假想中的股市。艾奎恩修女說：「他們的錢全部都虧光了。」

證交所一開盤，就迎來許多資深交易商（包括一些在一九二九年崩盤中撐下來的人）記憶中最黑暗的九十分鐘。最初幾分鐘，交易的股票相對少，但交投清淡反映出來的並非冷靜的思考，

3 譯注：此書為一九六三年出版。

反之，代表的是賣壓太過沉重，導致根本沒有人敢動。交易所為了盡量避免股價突然跳漲，原本規定股價低於二十美元的股票，成交價與之前一次成交價的價差高出一美元以上、或者股價高於二十美元的股票，成交價與之前一次成交價的價差高出了兩美元或以上，需要有一位交易大廳官員親自許可才可以成交。而此時，賣的人多、買的人少，幾百檔股票的開盤價差就有這麼大、甚至更大，因此，在從大喊大叫的群眾裡找到可以發出許可的交易大廳官員之前，根本做不成交易。有些重要的股票，比方說IBM，買方與賣方的價差太大，就算有了官員許可，根本也無法達成交易，除了等待價格掉到很划算的水準引來足夠的買家進場，別無他法。道瓊的寬帶新聞好像還沒從震驚當中恢復，結結巴巴地播報零零星星的股價和片段資訊，十一點三十分時說「至少還有七檔」在紐約證交所掛牌的股票還沒開張；事實上，等到後來一切分曉後才知道，實際數字明顯比新聞報的還多。在此同時，道瓊指數在第一個小時已經又跌了一一．○九點，在周一蒸發的股票市值之上又加了幾十億美元，恐慌氣氛仍沸沸揚揚。

股市的「浪漫特性」

跟著恐慌來襲的，是混亂。全美幾乎有六分之一的成年人都持有股票，美國這個大國之所以能在全國從事股票交易，靠著是一套網絡化、自動化、極爲複雜的高科技設施組合；不管誰對五月二十九日周二有什麼其他看法，世人長久記得的，是這套系統在這一天幾乎全面毀壞。很多成交單的成交價，和客戶一開始下單時設定的價格相差甚遠；很多單在傳輸的過程中遺失了，或者就落在交易所地板上一堆一堆的紙堆裡，根本也沒有成交過。有些單之所以無法成交，則是因爲證券公司根本無法聯繫到交易大廳裡的交易員。隨著當天的時間一分一秒過去，周二不僅破了周一爆大量的紀錄，還讓前一天相形之下是小巫見大巫；有一個指標可以窺見端倪：周二收盤時，交易所的報價條延遲了兩小時又二十三分鐘，相比之下，周一是一小時又九分鐘。在交易所公開交易量中占比超過十三％的美林證券，彷彿接到上天的預告，之前剛好新裝了一部ＩＢＭ７０７４電腦（這部裝置花三分鐘就可以複製整本電話簿），在電腦的輔助之下，相當順暢地整理好帳目。美林證券安裝的另一套新設備，是一套盤據半座城區的自動化電傳打字交換系統，本意是爲了加速各辦公室之間的通訊，在這一天也派上了用場，雖然後來機器熱到根本碰不了。其他公司就沒這麼好運了，有些公司根本一團亂不知該做什麼，某些股票經紀人甚至已經不願白費力氣，不想去取得最新的股價或是去找交易大廳裡的交易員同事，據說他們乾脆兩手一攤就跑去外面喝酒了。這種不專業的行爲說不定還替客戶省下了一大筆錢。

當天最諷刺的重頭戲，絕對是午休時間報價條的狀況。快中午時，股市已經來到歷史新低，道瓊工業指數跌了二十三點。（最低的指數值來到五五三．七五，距離專家如今聲稱他們當時估計的絕對谷底五百點還有一段安全距離。）但大盤隨後忽然展開絕地大反攻。到了十二點四十五分時，反彈已經變成瘋狂搶進，報價條慢了五十六分鐘，也因此，除了一些「跑馬燈」提供的快速閃過股價之外，當市況實際上已經進展到怕買不到時，報價機卻還忙著告知股市圈目前處於怕賣不出去的局面。

快中午時出現了重大轉折，來得又突然又誇張，應該很能打動德．拉．維加的浪漫天性。翻轉局面的重要個股是AT&T，就像前一天一樣，周二每個人都盯著這檔股票，它對大盤有絕對的影響力。因爲工作性質之故，小喬治．拉．布蘭奇（George M. L. La Branche, Jr.）成爲其中的關鍵人物；他是拉布蘭奇與伍德公司（La Branche and Wood & Co.）的資深合夥人，這家公司是AT&T的場內專業會員（floor specialist），負責造市。（場內專業會員也是經紀自營商，專門替他們負責的特定股票維持有序的市況，通常要履行一些奇特的職責，即便不符他們的判斷，也要拿自己的錢出來冒風險。近來，各種主管機關都想要降低市場中的人爲失誤，不斷想辦法用機器來取代這類專業會員，但到目前爲止並不順利。其中一個絆腳石似乎是這個問題：如果機器專業會員虧得一乾二淨，誰要負責這些損失呢？）六十四歲的拉·布蘭奇，個子矮小，身形俐落，精幹且尖刻，最愛把玩他的斐陶斐榮譽學會（Phi Beta Kappa）紀念鑰匙，交易大廳裡沒幾個人有。他自一九二四年就成爲專業會員，他的公司則在一九二九年底時成爲 AT&T 的專業會員。他的專屬位置就在第十五號亭前方（確實，在他的一生中，幾乎每個上班日都要在這裡待上五個半小時），這裡通常被人稱作「車庫」，從訪客旁觀席裡不容易看到交易所這個位置；在這裡，他會站穩腳步，彷彿一夫當關以擋開忽然出現的買方或賣方。他習慣站著的時候帶著一支鉛筆，刻意地放在一本不起眼的活頁簿上，他在這本簿子裡記錄了所有以不同價格買賣 AT&T 股票的待成交單。這本活頁簿被稱爲 AT&T 帳冊，也就不讓人意外了。當 AT&T 周一領著市場走跌時，拉·布蘭奇當然人也在這場騷動的中心。身爲專業會員，他就像拳擊手闖過一關又一關，或者，用他更有畫面的比喻來說，就像是在浪頭上的軟木浮標一樣，載浮載沉。「AT&T 就像是大海，」拉·布蘭奇後來說，「一般來說，海面上很溫柔平靜，但忽然之間颳起一陣狂風，掀起了滔天巨浪。浪頭打了過來，淹沒了每個人，然後又退回去。你必須順勢而爲，不可與之對抗，只能效法克努特國王（King Canute）的所作所爲[4]。」周二早上，歷經了周一大跌十一美元之後，

AT&T仍面對著洶湧的大浪；光是整理與撮合前一晚就下好的單這種單純的文書工作，就要耗掉很多時間，更別提還得要找到交易所的官員並取得許可了，結果一直到開盤後快一個小時，AT&T才有第一筆單成交。十點五十九分時，AT&T終於掛上去，價格是九八．五美元，比周一的收盤價低了二．一二五美元。在接下來的大約四十五分鐘，金融界看著這檔股票的眼光，就像是遭遇颶風的船長看著氣壓計一樣，AT&T的股價在九九（這代表了暫時性的小幅反彈）到九八．一二五（日後證明這就是底部）美元之間波動。在反彈當中，這檔股票曾經三次觸及低價，拉．布蘭奇認爲，這一點就代表了AT&T具有某種神奇、神祕的重要性。或許吧，無論如何，在第三次下跌之後，AT&T的買家開始聚集在第十五號亭，一開始稀稀落落，像在試水溫，之後人愈來愈多、愈來愈積極。十一點四十五分時，這檔股票的成交價是九八．七五美元，幾分鐘後來到九九美元，十一點五十分時，漲到九九．三七五美元，最後到了十一點五十五分，成交價來到一〇〇美元。

翻盤上攻

很多評論家說了，當AT&T成交價首度來到一〇〇美元時，就代表了整個市場開始轉向。報價條延遲時，AT&T是其中一檔報價機會以跑馬燈顯示股價的股票，金融圈幾乎馬上就能知道交易狀況，此時此刻，除此之外的每一檔股票聽起來幾乎都是壞消息。有一套理論傳出來，指稱就是因爲AT&T反彈幾乎兩美元，搭配純粹因緣巧合的條件（進位到整數變成一〇〇美元，這是好事，引發了心理作用），突破了多空交戰的局面。拉．布蘭奇雖然也認同AT&T的漲勢對於帶動大盤上漲多有助益，但至於要精確指出哪一檔交易是關鍵交易，他則有不同的看法。他認爲，出現第一筆在一〇〇美元成交的交易並不足以證明出現可持續下去的反彈，因爲成交的股數很少（就他記得，僅有一百股）。他知道，在他的帳簿裡還有幾近兩萬股AT&T的股票掛出的賣價是一〇〇美元。如果這價值兩百萬的供給量還沒出清，AT&T的股票在一〇〇美元的需求量就已經煙消雲散，那麼，AT&T的股價就會再度下跌，很可能第四度跌至低至九八．一二五美元。像拉．布蘭奇這種用航海來思考股市的人，難免會想到或許得經歷第四次陷入低點，最後波動才會平息。

4 譯注：英國傳說克努特國王為了堵住諂媚小人之口，曾經要海洋聽令行事，最終當然失敗，此舉是為了證明國王也有做不到的事。

但並沒有經歷第四次低點。幾筆小額交易快速以一〇〇美元陸續成交，接著出現更多單，涉及的量也更大了。當卓菲斯公司（Dreyfus & Co.）的場內合夥人約翰．克蘭利（John J. Cranley）低調地擠進第十五號亭前的人群，喊出以一〇〇美元買進一萬股AT&T的股票，拉．布蘭奇手上要以這個價格賣出的股票總共已經少了快一半，克蘭利喊的量剛剛好清空他手上的貨，因此鋪出了一條續漲的坦途。克蘭利並未明說他是替自家公司、是替某位客戶還是替卓菲斯基金（Dreyfus Fund）出價（卓菲斯基金是一檔由卓菲斯公司透過旗下一家子公司管理的基金），但從這筆單的規模來看，指向當事人是卓菲斯基金。不管是哪一種，拉．布蘭奇只要說「成交」就好，等到這兩個人做好紀錄，交易就完成了。從這之後，市場上就無法用一〇〇美元買到AT&T了。

股票交易所裡的單一筆大單就扭轉了盤勢、或意圖扭轉盤勢，有前例可循（但不是德．拉．維加那個時代）。一九二九年十月二十四日——這天恐怖的爆跌，在金融史上被稱爲黑色星期四（Black Thursday）——下午一點半，時任證交所代理主席、可能也是交易大廳裡最知名的人物理查．惠特尼（Richard Whitney）昂首闊步（也有人說是得意洋洋）走到美國鋼鐵公司（U.S. Steel）的交易亭，喊出以二〇五美元（這是上一筆交易的成交價）買進一萬股。一九二九年與一九六二年這兩筆交易之間有兩項重要差異。其一，惠特尼作戲般的出價是一種精心計算的作法，爲了是要營造效果，但克蘭利下的單則毫無誇張成分，明顯只是爲了卓菲斯基金撿便宜的布局。

其次，一九二九年的交易只帶來稍縱即逝的反彈，隔周的跌幅之深，讓黑色星期四只算得上灰頭土臉而已，但一九六二年的交易則帶動了十分穩健的復甦。這件事代表的意義是，在交易所裡，非刻意也非眞有必要的動作最能有效營造心理作用。不管怎麼樣，市場幾乎是隨即開始普遍走揚。AT&T突破一〇〇美元之後瘋狂大漲：十二點十八分，成交價是一〇一・二五美元；十二點四十一分，一〇三・五美元；一點五分，一〇六・二五美元。通用汽車（General Motors）十一點四十六分時是四五・五美元；一點三十八分時漲到五十美元。紐澤西標準石油十一點四十六分時是四六・七五美元；一點二十八分來到五十一美元。美國鋼鐵十一點四十分時是四九・五美元；一點二十八分時漲到五二・三七五美元。IBM的上漲之路，則在眾多股票中最具戲劇張力。整個早上，由於壓倒性的賣單排山倒海而來，這檔股票根本無法成交，大家都在猜，最後能開張的價格應該在跌十到二、三十美元之譜，但就在兩點之前，買單如滾雪球一般滾出來，這檔股票在技術面上終於可以開始成交了，在一筆三萬股的大單加持之下，開盤就漲了四美元。十二點二十八分，距離AT&T大單成交不到半個小時，道瓊新聞服務已經很確定市場發生了什麼事，斷然指稱「股市已經轉強。」

確實也是轉強了，但是轉折的速度帶來更多諷刺。當寬帶新聞必須播報比較長的訊息，例如名人的演說時，慣例是剪成一系列幾個小片段，在播報交易所大廳最新價格動態之間的空檔分段播報。五月二十九日剛過午後時分，道瓊新聞就是這麼做，發布美國商會（United States Chamber of Commerce）會長拉德．普拉利（H. Ladd Plumley）對全國記者俱樂部（National Press Club）的演說，道瓊的新聞帶十二點二十五分時開始報導，而幾乎也就在同時，道瓊新聞也宣告市場已經開始轉強。寬帶上片段播出演說內容，營造出一種奇特的效應。寬帶新聞講到普拉利要求「要審慎理解目前企業缺乏信心的問題」，同時間，突然插播了幾分鐘股價資訊，每一檔都是快速飛漲。之後，寬帶又回到普拉利身上，現在他正在暖身鋪陳，等著把股市大跌歸咎於「兩種打擊信心的因素巧合湊在一起造成的衝擊：一是獲利預期暗淡無光，另一項則是甘迺迪總統壓制鋼價上漲。」接著，演說中斷的時間更長了，取而代之播送的，是讓人十分安心的市況與數字。寬帶新聞在普拉利作結時又回來播送，現在他正努力用一種「我早就說過會有事」的弦外之音緊扣主題，寬帶新聞引用他的話：「我們已看到很明顯的證據，不可把營造『適當的商業環境』只當成麥迪遜大道（Madison Avenue）的廣告公司愛講的陳腔濫調，不去做這件事，要知道，那正是大家都渴求的現實條件。」午後時分的新聞就是這樣一條好、一條壞，讓道瓊新聞的訂戶無所適從，一下子品嘗到股價步步高的甜美，一下子又聽著普拉利大肆抨擊甘迺迪政府無能。

在周二交易日最後的一個半小時，交易所的交易步調來到前所未有的瘋狂地步。在官方紀錄上，三點之後（也就是交易的最後半個小時）的交易超過七百萬股，以一九六二年一般認為平常的交易日來說，就連一整天的交易都沒聽過有這麼大的量。收盤鐘聲一響，交易大廳再度響起歡聲，這一次比周一時更加響亮，因為今天道瓊指數漲了二七・〇三點，這表示，周一的跌幅漲回了將近四分之三；周一市值蒸發了二〇八億美元，現在漲回了一三五億美元。（收盤後又過了好幾個小時，才傳出這些讓人心頭溫暖的數字，但有經驗的證券從業人員天生就具備絕佳的統計數字準確度，有些人宣稱，周二收盤時他們直覺就知道道瓊指數漲了超過二十五點，我們沒什麼理由和他們爭辯。）眾人一片歡欣鼓舞，但等待結果出爐的時間很長。由於成交量大，報價機一直到夜裡都還在響，燈也還亮著，甚至比周一拖到更晚，交易所的報價條直到晚上八點十五分才印完最後一筆交易，比實際成交的時間晚了四小時又四十五分鐘。隔天是陣亡將士紀念日，證券業也無法休息。睿智的華爾街老江湖說了，這個假日剛好落在危機期間正中間，是一個讓過熱的情緒冷卻下來的好機會，這很可能是阻止危機變成災難的最重要因素。無庸置疑的是，這確實讓交易所和其會員公司（這些人都接到指示，假期當中仍要就戰鬥位置）有機會可以重整旗鼓。

證明了迴旋成立

相關人員必須對某些投資人好好解釋報價帶延遲造成的麻煩效應，因爲數以千計的天眞客戶以爲自己用五十美元買到了美國鋼鐵的股票，後來才發現他們支付的買價是五十四或五十五美元。另外還有數以千計的客戶申訴其他的問題，那就沒這麼容易解決了。一家券商發現，他們公司在同一時間送出兩張單到交易大廳，一張用現價買AT&T，另一張用現價賣等量的股票，但賣方以每股一〇二美元賣出，買方卻要用一〇八美元買進。這樣的結果顯然違反了有效的供需法則，券商嚇壞了，因此著手調查，這才發現買單在擁擠的人群中曾經短暫遺失，沒有及時送達第十五號交易亭，結果就是成交價漲了六美元。由於錯不在客戶身上，券商只好自掏腰包補差額。至於交易所本身，周三也有很多問題要處理，其中之一就是要讓加拿大廣播公司（Canadian Broadcasting Corporation）派來的一組電視製作團隊開心，他們忘了美國慣例五月三十日是國定假日，遠從蒙特婁（Montreal）飛過來，要拍攝交易所周三的實況。在此同時，交易所的官員要追究報價機在周一和周二嚴重落後的問題，每個人都同意，報價機延遲就算不是這場史無前例、近乎災難的技術亂局的始作俑者，也必是問題核心。交易所後來洋洋灑灑寫出了自我辯護之詞，基本上就是在抱怨這場危機來的太早，而且還早了兩年。證交所不改其保守本性，勉爲其難地承認：「指稱現有設施能以正常的速度和效率來服務所有投資人，並不正確。」接著又說，目前已經規畫於一九六四年安裝新的報價機，速度比現有機器快兩倍。（實際上，證交所大致上按時完成安裝新報價機以及其他各種自動化裝置，一九六八年四月在處理爆大量的瘋狂交易時，報價條延遲的時間小到可忽略不計，大大證明了其效能。）一九六二年的股市風暴來襲之時，證交所還正在布建基礎建設，按照證交所的說法，「還眞是諷刺。」

周四早上，人們還是有很多理由要擔心。股市的習性是，歷經一段瘋狂拋售之後會大幅反彈，然後再回到跌勢。有很多股票經紀人都記得，一九二九年十月三十日道瓊工業指數上漲二八．四〇點（在這天之前，才發生了有史以來最大的兩日跌幅；在這天之後，則開始一場持續多年並導致大蕭條的眞正慘跌），與這一次的反彈幅度很相似，讓人有一種不妙的感覺。換言之，股市還處於德．拉．維加臨場觀察時所說的「迴旋」（antiperistasis）時期：這是一種會自我逆轉、接著逆轉前一次逆轉，並不斷循環下去的傾向。信服證券迴旋證券分析理論的信徒，得出的結論很可能是目前市場正要走下另一次的深跌。當然，後來證明實際上並非如此。周四這天，股價穩定且有序地上漲。十點開盤之後過沒幾分鐘，寬帶新聞就發出訊息，指各地的股票經紀人已經被買單淹沒，其中很多委託單來自幾個通常在紐約股市裡很活躍的南美、亞洲和西歐國家。十一點前，寬帶新聞歡欣鼓舞地播送：「買單仍從四面八方湧進。」之前消失的錢又出現了，而且帶來更多錢。快兩點時，道瓊的寬帶新聞已經從興高采烈轉變成平常心，把報導市況的時間騰出來，甚至還插播弗洛伊德．帕特森（Floyd Patterson）對桑尼．利斯頓（Sonny Liston）的拳賽。歐洲股市在紐約下跌之時會有反應，紐約上漲時也會跟著，因而此時也快速飆漲。紐約的銅期貨價格同樣隨之反彈，周一與周二早上跌掉的部分已經漲回了八成以上，智利國庫大致上平安脫險了。收盤時，道瓊工業指數來到六一三．三六點，代表這周的跌幅已經完全補回來了，而且還有剩。這場危機結束了。用摩根的話來講，市場會波動；用德．拉．維加的話來講，證明了迴旋成立。

危機的起因不明，還會再現

那年夏天、甚至延續到隔年，證券分析師與其他專家不斷在解釋到底發生了什麼事，這些分析診斷很有邏輯、很慎重也很詳細，而危機之前幾乎沒有任何人有一丁點的先見之明，預見之後將會發生什麼事，這一點削弱了一些分析的力道。究竟是哪些人賣股而引發這次危機，學術性最強且最詳盡的報告，莫過於紐約證交所自己提出的報告；騷動之後證交所馬上發出一份精心設計的問卷給個人與企業會員。證交所計算之後發現，在這三天危機期間，美國鄉村地區在市場中的表現比平常更積極；女性投資人賣出的股票比男性投資人多了兩倍半；海外投資人也比平常更熱絡，在總成交量中占了五·五%，而且，整體而言，大部分都是賣方。而，最讓人訝異的是，交易所稱之爲「公開個體」（public individual）的投資人在整個事件中扮演非常重要的角色〔公開個體投資人指的是相對於機構投資人的個人投資人，也就是華爾街所說的散戶（private individual）〕，在整體成交量中的占比高達前所未見的五六·八%。交易所根據所得來區分這些公開個體，發現家庭年所得高於兩萬五千美元的人，是賣最多且最堅持的賣方，家庭所得低於一萬美元的人，在周一和周二早上賣股之後，周四又買了很多股票，過完這三天，他們實際上成爲淨買方。此外，根據交易所的統計，約有一百萬股是因爲必須追繳保證金而賣出，在這三天的總成交量中占了三·五%。總而言之，如果說有誰是賣股壞人，顯然就是非從事證券業、相對富有的投資人；另外，讓人跌破眼鏡的是，很多時候，女性、鄉村地區或海外的投資人會借來部分資金以投資市場。

至於扮演英雄角色的人，出乎意外的是市場裡最讓人害怕的未經考驗的力量：共同基金。交易所的統計資料顯示，周一價格大跌時，共同基金買超了五十三萬股，周四，投資人爭先恐後想要買股，基金總共賣了三十七萬五千股，換言之，共同基金不僅沒有加劇市場的波動，實際上反而是穩定的力量。怎麼會出現這種意料之外的良性效應，仍眾說紛紜。市場上沒有聽到誰跑出來下指導棋，要共同基金在危機期間時理性行事，不要在意單純的群眾氣氛；比較安全的假設是，他們周一大舉買股，是因為基金經理人看到了有便宜可撿，周四願意賣股是因為有機會可以獲利了結。至於贖回的問題，有人擔心在市場崩盤期間會有大量的共同基金持有人要求拿回現金，總金額可能高達幾百萬美元，但顯然基金本身就持有這麼多現金，在多數時候他們無須大量賣股也能付款給股東。如果把共同基金當成一個群體來看，這個群體很有錢，而且管理上非常保守，因此不但能捱過風暴，而且，無意之間還可以降低風暴的嚴重程度，皆大歡喜。之後的某些金融風暴中是否有相同的條件，又是另一個問題了。

在最近期的分析裡，一九六二年股市危機的成因仍不可解；我們只知道這場危機發生過，而且類似的事件會再度上演。華爾街有一位永遠不願意具名的長者先知最近就說過：「我很擔心，但我從不認為這會是另一場一九二九年股災。我從來沒說過道瓊指數會下探四百點，我說五百點。重點是，與一九二九年相對照，如今的政府，無論是共和黨還是民主黨執政，都明白必須關注企業的需求。華爾街不會再有水果小販之流出沒。五月發生的事日後會不會捲土重來？當然會。我認為，大家這一、兩年要更小心一點，我們會看到另一次的投資炒作後面跟著另一次的崩盤，直到上帝讓人不再那麼貪心為止。」

或者，就像德．拉．維加說的，「你以為自己嘗到甜頭之後就會甘願離開股市，這麼想就太愚蠢了。」

第2章 愛德索的命運

一則警世寓言

在美國的經濟史上，一九五五年是汽車年。這一年，美國的車廠賣出超過七百萬輛小客車，比過去任何一年的銷量都要多了至少一百萬輛。這一年，通用汽車輕輕鬆鬆就在公開市場賣掉價值三・二五億美元的新發行普通股，在汽車業領軍之下，大盤不斷瘋狂上攻，漲幅之大連國會都介入調查。也就在這一年，福特汽車（Ford Motor Company）決定要生產一款新車，車價區間美其名稱爲中價位（大概介於兩千四百美元到四千美元之間）。接著，他們多少依循著時興的風尚開始設計：車身長且寬，低底盤，大量運用鍍鉻裝飾，大方提供各種配件，還搭配大馬力引擎，差一點就能衝上地球軌道了。

兩年後，一九五七年九月，福特汽車將命名爲「愛德索」（Edsel）的這款新車推上市場，搭配自三十年前A型車上市以來最爲盛大的廣告宣傳。福特在宣布賣出第一輛愛德索之前，已經先花了兩億五千萬美元。《商業周刊》（*Business Week*）就說了，車廠推出這輛車的成本，超過史上任何消費性產品；沒人反對這種說法。福特盼著第一年至少能賣出二十萬輛愛德索，這樣才有望慢慢回收投資。

不知道福特車廠最後事與願違的人，很可能只剩下遙遠雨林裡的原住民了。具體來說，福特車廠歷經兩年兩個月又十五天之後，只賣掉了十萬九四六六輛愛德索，而且可以肯定的是，其中就算沒有幾千輛也有幾百輛，是由福特的高階主管、經銷商、業務員、廣告人員、裝配線員工以及其他和這輛車的成敗有著利害關係者買下的。以美國同期賣出的小客車總數來說，十萬九四六六輛的占比還不到一％，一九五九年十一月十九日，福特車廠決定永久停產愛德索，據外界估計愛德索車系的虧損約爲三．五億美元。

怎麼會發生這種事？一家擁有豐沛資金、老道經驗，而且照理說也應該人才濟濟的大公司，怎麼會犯下這麼嚴重的錯誤？早在車廠還沒有放棄愛德索之前，有些比較樂於評論且關心車市的人就已經提出了答案；一個如此簡單和看似合理的答案，雖然這並不是唯一解答，但一般都認爲事實應是如此。這些人說，愛德索的設計、命名、廣告到行銷，都緊扣公眾意見調查以及更新潮的動機研究，他們的結論是，當你靠著精密算計來吸引大眾，大眾多半會躲開，轉而投向比較粗率、但比較自然的殷勤招呼。幾年前，福特公司可想而知對我冷眼相待，因為任何人都不樂見自己的錯誤被人一寫再寫，這家公司更是如此；面對這個結果，我反而下定決心盡我所能去理解這場「愛德索慘案」，而我的查探讓我相信，我們所看到的還不是事實的全貌。

根據本來的設計，在推動愛德索的廣告與其他推銷活動時，應該嚴格根據意見調查得出的消費者偏好來做，但某些比較憑直覺而不管科學的老派江湖郎中賣藥法，卻悄悄侵入。本來也應該大致依循同樣的邏輯替這款車命名，但科學在最後關頭被忽略，這款車的命名方式就如同十九世紀的止咳錠或皮革清潔皂品牌，與公司總裁的父親同名。至於設計，車廠連表面工夫都省了，完全不參考意見調查的結果，逕用多年來設計汽車的標準方法：把公司裡各個委員會的直覺草率匯整就算了。當我們深入檢視，就會發現關於愛德索為何失敗的常見解釋，大體上就是一種迷思（Myth）。然而，這個案例裡面還是有著一些事實可能成為具有象徵意義的神話：愛德索是一則現代美國的反成功故事。

美好的千年盛世

愛德索的起源可以追溯至一九四八年秋天（也就是拍板定案的七年前），自創辦人老亨利．福特（Henry Ford）一年前過世之後，已成爲公司實質老闆的總裁亨利．福特二世向公司的執行委員會提議做研究〔組成委員包括執行副總裁厄內斯特．布里奇（Ernest R. Breech）〕，分析跨足全新的中價位汽車市場是否爲明智之舉。公司做了研究，看來他們很有理由大舉進攻新領域。當時有一種情況很常見：開福特、普利茅茲（Plymouths）和雪佛蘭（Chevrolet）這類車的低收入車主只要年薪一高於五千美元，就會換掉自己手上這部低階象徵，「往上換」一部中價位的車。從福特車廠的角度來看，這是好事，但不知爲何，當福特的車主要換比較好的車時，通常不會選擇同車廠唯一的中價位車「水星」（Mercury），而是去買死對頭的某一輛中價位車，比方說奧斯摩比（Oldsmobile）、別克（Buick）、龐迪克（Pontiac）等通用汽車的車系，或是次一等，如克萊斯勒（Chrysler）車廠的道奇（Dodge）或迪索托（De Soto）等車系。福特汽車當時的副總裁路易斯．庫魯索（Lewis D. Crusoe）曾說：「我們都在替通用汽車培養客戶。」此話並未誇大。

一九五〇年韓戰爆發，在這個時候要引進新車系，根本是連想都不用想，這表示，福特汽車別無選擇，只能繼續替對手培養客戶。福特的執行委員會把總裁提議的研究放一邊，一擱就是兩年。一九五二年底，戰事告終顯然已經近在眼前，福特車廠終於可以從之前停下來的地方重新出發，公司內部成立一個前瞻性產品規畫委員會（Forward Product Planning Committee），與沖沖地回來做研究，把一份更詳細的報告交給林肯水星車系事業部，由該事業部的副總經理理查・卡拉夫（Richard Krafve）負責此案。卡拉夫當時四十來歲，是一個強勢又陰鬱的人，看起來常常一臉困惑的樣子。他父親在明尼蘇達州經營一家服務小型農場的雜誌印刷工廠，他本人做過業務工程師和管理顧問，一九四七年時進福特車廠工作；雖然一九五二年時他尚不自知，但他很有理由看來一臉困惑。他曾與命運相會，作爲直接負責愛德索車款及其際遇的人，他享受過愛德索帶來的短暫榮光，並陪伴它煎熬地走向消逝。

一九五四年十二月，前瞻性產品規畫委員會運作兩年之後，提交了一份長達六卷的大部頭報告給執行委員會，摘要出相關的結論。在大量的統計數據輔助之下，這份報告預測美國的黃金時代或是類似的狀態大約會在一九六五年來臨。前瞻性產品規畫委員會預估，到那時，每年的國民生產毛額（gross national product，簡稱 GNP）會來到五三五〇億美元，比上一個十年高了一三五〇億美元。（事實上，美國的黃金年代來得比前瞻性產品規畫人員預期的早。一九六二年時美國的年國民生產毛額已經超越五三五〇億美元的規模，一九六五年時達到六八一〇億美元。）有在開的汽車將會達到七千萬輛，比（提出報告）當時多了兩千萬輛。美國有半數家庭的年所得將超過五千美元，四○%售出的汽車都會是中價位或更好的車。這份報告鉅細靡遺地描繪了一九六五年時的美國：這是一個跟著汽車城底特律（Detroit）脈動的國家，銀行裡多的是錢，大街小巷塞滿了大型、耀眼的中價位汽車，新富起來的「往上換車」人民，渴望著有更多這類汽車。當中的含意很清楚。如果到那時福特還沒有推出第二款中價位汽車（不只要新車型，還得是新車系）、並讓這款車在這個領域裡成爲人民的愛車，就分不到美國龐大財富中的一杯羹。

另一方面，福特車廠的主管們都非常清楚，要推一款新車上市風險極大。比方說，他們知道自汽車時代開始以來總共出現過兩千九百種美國車，其中只剩約二十款還留在市場裡；一九○五年的黑鴉（Black Crow）、一九○六年的平凡人車（Averageman's Car）、一九○七年的昆蟲車（Bug-mobile）、一九一一年的丹帕奇（Dan Patch）和一九二○年的孤星（Lone Star）都已經不見蹤影。他們也很清楚，二戰之後汽車業的傷亡有多慘重，比方說克洛斯利汽車廠（Crosley），到此時已經完全棄守，凱薩汽車廠（Kaiser Motors）一九五四年時雖然還存活著，但也只是一息尚存。（一年後，亨利．凱薩（Henry J. Kaiser）在揮別汽車業時寫道：「我們有想到得丟五千萬美元到汽車產業這個大池塘裡，但沒預期到的是，這些錢沒激起半點漣漪就沒了。」前瞻性產品規畫委員會的委員聽到這一席話時一定面面相覷。）福特汽車這些人也知道，在汽車業中強大且資金充裕的三巨頭中，另外兩家（通用和克萊斯勒）向來積極進取，自（通用）一九二七年的拉薩爾（La Salle）車系和（克萊斯勒）一九二九年的普利茅茲以來，也不敢冒險推出新的標準型客車，福特自一九三八年推出水星車系之後，也沒想過要扭轉局面了。

E型車誕生

然而，此時福特汽車這些人覺得很有希望，前景一片大好，他們決心要丟一筆大錢到汽車業這個大池塘裡，比凱薩車廠的投資高五倍。一九五五年四月，亨利二世、布里奇以及執行委員會的其他委員正式核可前瞻性產品規畫委員會提出的結論並落實其建議，設立了另一個單位特殊產品事業部（Special Products Division），由悲情的卡拉夫擔任主管。就這樣，福特汽車正式許可旗下的設計師開始相關的工作；這些人已經憑著直覺嗅到了事態發展的趨勢，幾個月來已經開始信手畫起新車的草圖了。無論是這些設計師還是新成立由卡拉夫領軍的事業部，接手新任務時，都不知道設計圖板上的新車叫什麼名字，後來，福特車廠裡的人、甚至連公司的新聞稿裡都稱這款車叫「E型車」（E-Car），福特汽車解釋，「E」代表的是「Experimental」，也就是「實驗性」的意思。

直接負責E型車設計〔或者，用這一行讓人生厭的術語來說，叫「風格塑造」（styling）〕[5]的人，是一個名叫羅伊．布朗（Roy A. Brown）的加拿大人，當年還不到四十歲。他先在底特律藝術學院（Detroit Art Academy）讀完工業設計，還沒接手E型車之前，他曾經涉足的設計範疇包括收音機、動力船、彩色玻璃產品、凱迪拉克（Cadillac）、奧斯摩比和林肯汽車。布朗最近追憶起他接下這項新專案時的滿腔抱負。他被製造卡車、拖車和小客車的福特汽車聘爲首席風格塑造專家時人在英國，當時還從英國捎來一封信，寫道：「我們的目標，是要設計出一輛獨特的車，這部車開在路上時，人們可以很清楚辨別出其風格主題，一眼就看出與其他十九種車大不相同。我們甚至從遠處拍這十九輛車的照片，拉開幾百英尺距離之後，就明顯看出這些車子如此相似，基本上根本不可能區分哪一輛是什麼車……它們都是『同一個豆莢裡的豆粒』。我們決定要選擇「新」的（風格），要獨特，但同時又要讓人覺得熟悉。」

E型車的紙上設計階段在福特造型設計工作室進行〔工作室和公司的其他行政處室一樣，都位在底特律外圍的迪爾伯恩市（Dearborn）〕，此地的環境就像汽車業從事這類事務的地方一樣，非常誇張地（但效果不彰）強調保密：如果鑰匙落入對手的手裡，工作室的門可以在十五分鐘內換鎖；設置了全天候的警衛戍守此地；會有人手持望遠鏡，時不時瞄準附近偷窺者可能會停駐的制高點。（這些防範措施不管做得多好，注定要失敗，因爲不管是哪一種，都無法防範底特律版的特洛伊木馬，這指的是頻頻跳槽的風格塑造專家，他們開開心心變節，車廠很容易就知道別家公司目前的進度到哪裡了。當然，各家彼此競爭的對手最清楚這些情況，但他們還是部署這類諜對諜的行動，是認爲這麼做很有宣傳價值。）

卡拉夫一周約莫會來造型工作室兩天（他總是低著頭，盯著地板），過來和布朗商談，查核工作進度，同時提出建議並鼓舞士氣。卡拉夫不是那種靈光乍現就看出整體大目標的人，反之，他會把塑造E型車風格的工作切分爲一系列實驗性的小型決策：葉子板該是什麼形狀？鍍鉻飾條的花樣是什麼？要裝什麼門把？凡此種種。如果米開朗基羅算過他雕塑「大衛像」時總共做了多少決策，這個數字應該只有他自己知道，然而，卡拉夫是一個生在電腦有序發揮作用時代的條理分明之人，他後來算了算，自己和同事爲了決定如何塑造E型車的風格，做出的決策不下四千個。當時他的主張是，如果他們在每一個要做選擇的當下選對了答案，最後就能做出一輛具備完美風格的車，或者，至少是一部很獨特但又讓人感到熟悉的車。但如今卡拉夫勉強承認，他發現要創意開發過程很難屈從於系統的桎梏，主要是因爲他做出的四千項決策很多都無法維持現狀。

5 作者注：如果把汽車業比擬成一座花園，「風格塑造」一詞就是這座花園裡怎麼都拔不掉的雜草。以汽車業偏好的意義來說，「塑造風格」代表替汽車命名，因此，特殊產品事業部最重要的任務就是替 E 型車命名；之後我們會看到，命名的相關工作就是他們所說的風格塑造方案，但對布朗和他的同事來說，則又有不同意義。《韋氏辭典》（*Webster*）的解釋則是第二種意義，上面說「塑造風格」意指「塑造出……為眾人所接受的風格」。布朗一直希望展現原創性，這可不是他想要做的事，所以說，布朗從事的應該叫「反風格塑造方案」。

「大方向確立後，你得開始縮減聚焦，」他說，「你不斷修改，然後修改你的修改。到最後，你必須妥協，因爲沒有時間了。如果沒有設下期限，可能會永無休止不斷地修改。」

如果不去管後期小幅修改已經修改過的修改，E型車的風格塑造任務終於在一九五五年盛夏前完成了。兩年後，這個世界會看到，E型車最讓人驚豔的部分，是新式的U型水箱護罩、垂直裝在傳統極低且極寬的車頭中心，讓大家都看到獨特與熟悉的結合，但當然不是每個人都喜歡。然而，不知道是布朗還是卡拉夫（也有可能是他們兩人）的決定，有兩個很凸出的設計完全不管熟悉感這回事：一是以水平寬尾翼爲特色的獨特車尾，和當時迷倒市場的長型縱向尾翼形成明顯對比；一是方向盤中心有一組很獨特的自排變速按鈕。這部車首次公開亮相之前，卡拉夫在一次公開演講中透露了一、兩個線索提到新車的風格，他說這些特徵讓這部車顯得「與眾不同」，以外觀上來說，「一看到車頭、車側和車尾，馬上就能識別」，從內裝來說，這部車「雖然沒有一整片藍色的科幻風概念，但仍是按鈕時代的縮影。」關鍵的一天終於到來，福特公司裡最位高權重的那批人終於首次得以親見這部車，但本次展示營造出的效果，完全預告了這會是大災難。一九五五年八月十五日，就在充斥儀式性保密行動的造型設計中心，卡拉夫、布朗以及他們的助手緊張地微笑待命，不斷地搓著手，包括亨利二世與布里奇在內的前瞻性產品規畫委員會委員緊緊盯著，看著簾幕拉開，露出第一部全尺寸的E型車模型：這是一部用黏土製作的模型，用錫箔模擬鋁製品和鍍鉻的部分。現場的目擊者說，坐著的群眾有整整一分鐘都說不出話來，接著才有一個人大聲拍起手來。福特公司內部的新產品發表會自一八九六年以後就沒有這種場面了；那一次，是老福特組出他第一輛不用馬拉的車。

賦予它個性，讓最多人喜歡它

關於愛德索車系的挫敗，最具說服力、同時也是最常有人提起的解釋，指失敗肇因於決定生產與實際動手做出車子帶入市場間的時間差太長。事過境遷幾年後，等到美其名「小型車」（compact）的小車體、小馬力汽車大受歡迎，翻轉了過去的汽車等級概念，就很容易看出當時的愛德索車系是往錯誤方向邁出的一大步，然而，在以寬大爲美、喜愛垂直車尾翼的一九五五年，要預知這是一個錯誤並不容易。美國人心靈手巧，有能力創造出電燈、飛機、福特T型車、原子彈、允許人民藉由慈善捐獻在某些條件下利潤全拿的稅制[6]，但還沒辦法在設計階段完成後以合理的時間把汽車做出來推上市面。之後的鑄鋼模、通知零售經銷商待命、準備廣告宣傳活動、取

6 作者注：關於這項美國人創造出來的產物，詳見第三章。

得高階主管核可以利進行一項接著一項的行動、以及從事各式各樣如法式嘉禾舞步一般繁複的常態任務，在底特律都是像呼吸一樣重要的事，通常都要耗費兩年才能孕育出必要的環境。就算只是負責規畫既有車系慣有的年度改款，要猜測未來的品味已經夠難了，若是要把全新的車系帶入市場，比方說E型車，那是更難上加難，得要把許多彼此交纏的新步驟融入已經很繁複的舞步之中，比方說讓產品有個性然後選出一個適當的名字，更別說還要徵詢各方意見，以判斷等到新車能上市時國家的經濟狀況會如何、到那時推出新車系又是不是一個好主意。

特殊產品事業部善盡職守執行既定的例行任務，請來市場研究規畫主任大衛．華勒斯（David Wallace），看看他能不能幫忙賦予E型車一些個性，同時替這輛車取個名字。華勒斯很削瘦，下巴稜角分明，是個抽煙斗的老菸槍，講起話來很輕很慢，若有所思，給人一種誤以爲他是大學教授的印象（他就是活脫脫的大學教授樣板），但，事實上，他的學術背景並不強。他畢業於賓州的西敏學院（Westminster College），曾在紐約做過建築工人撐過大蕭條，之後在《時代》（*Time*）雜誌做了十年市場研究，一九五五年進入福特汽車。印象總是很有用，華勒斯承認，任職於福特汽車期間，他刻意強調自己的教授特質，因爲這讓他在和迪爾伯恩市那些虛張聲勢、強調實作的人交手時享有優勢。「我們這個部門被當成半個智庫。」他語帶得意地說。他堅持平時要住在安納堡（Ann Arbor），好讓他能浸淫在密西根大學（University of Michigan）的學術光輝裡；他不要迪爾伯恩或是底特律，他宣稱，下班之後，這兩個地方讓人難以容忍。不管華勒斯在打造E型車形象這件事上算不算成功，他倒是很成功地利用一些古怪的小癖性打造出個人形象。「我不認爲大衛（華勒斯）是爲了賺錢才在福特待下來，」他的老長官卡拉夫說，「大衛很學院派，我想他認爲這份工作是很有意思的挑戰。」華勒斯打造形象有多成功，很難找到比這更好的證據了。

華勒斯清楚記得當他和助理在替E型車尋找適合的個性時，導引他們的理據是什麼（他非常坦白）。「我們對自己說：『我們且面對事實吧，不管是兩千美元的雪佛蘭還是六千美元的凱迪拉克，基本機械結構並無大差異。』」他說，『把宣傳話術放到一邊吧，』我們說，『你會看出它們其實都一樣。但，總有什麼原因，一定要有個什麼道理，才會有些人即便車價這麼貴，或者說，就是因爲這麼貴，他們還是渴望擁有一部凱迪拉克。』我們得出結論，指向汽車是一種實現夢想的手段。人的身上有一些非理性因素，讓他們比較喜歡某一種車、不喜歡另一種，這和機械性無關，重點完全在於客戶想像中的車子個性。自然，我們想做的，就是賦予E型車一種能讓最多人想要它的個性，我們認爲，我們比起其他中價位汽車製造商大有優勢，因爲我們不需要擔心要改變過去已經存在、某種程度上可能有點惹人厭的個性。我們只需要創造出我們想要的，從無到有。」

消費者買的不只是產品，也是一種自我形象

定調E型車到底該有什麼個性的第一步，華勒斯決定要評估市面上既有中價位汽車的個性，也納入所謂的低價汽車，因爲一九五五年時一些很廉價的車系也漲價邁入中價位區間。爲達此目的，他聘請哥倫比亞大學（Columbia University）的應用社會研究處（Bureau of Applied Social Research），去訪談八百位伊利諾州皮奧里亞市（Peoria, Illinois）最近剛買車的車主，另外也在加州聖貝納迪諾市（San Bernardino, California）找了八百位新手車主訪談，以了解他們心裡對於各種不同的車款有什麼印象。（在接下這一項商業性質的業務時，哥倫比亞大學仍維持自身的學術獨立性，保留發表研究結果的權利。）「我們的想法是，要在不同城市裡、不同人群中得到一些回應，」華勒斯說，「我們不想做橫斷面分析，我們要的是可以凸顯人際因素的結果。我們挑皮奧里亞市，因爲那裡是中西部，很典型，也沒有太多外在因素，比方說，這裡就沒有通用汽車的玻璃帷幕工廠。我們挑聖貝納迪諾市，是因爲西岸在汽車業裡非常重要，而且這個市場很不一樣，西岸的人傾向於購買更新潮的車子。」

哥倫比亞大學的研究人員在皮奧里亞市和貝納迪諾市提的問題洋洋灑灑，基本上除了車價、安全性和會不會跑之外，什麼都問到了。華勒斯最想知道的，是受訪者對於現有每一種車系的印

象。哪種人自然而然會去買雪佛蘭、別克或是其他車款？不同車的車主屬於哪個年齡層？是男性還女性？屬於哪一個社會階層？華勒斯認爲，從這些答案中很容易拼湊出每一種車系的個性特質。福特汽車營造出來的主要形象是：這家車廠的車是速度快、很男性化的車，不帶什麼特別自命不凡的社會地位因素，這很可能是因爲開福特汽車的多爲牧場主人或汽車技師，因此帶動了這樣的形象。對照之下，雪佛蘭跳出的印象是比較老派、明智、速度較慢，少了些陽剛之氣，也比較能彰顯地位，像是牧師會開的車。別克的車搭配的是中年女性（或者，至少比福特汽車的車主更偏向女性；以汽車來說，車主的性別是一個大有關係的議題），她的內心還殘留點使壞的氣息，她的良配是律師、醫生或舞團的團長。至於水星車系，跳出來的印象是這種車很多人改裝，最適合競速型的年輕花花公子，因此，就算水星車價很高，但這個車系讓人聯想起的車主，平均所得不會高於福特的車主，也難怪福特的車主換更高價的車時不會選擇水星。印象與事實之間出現奇特的分歧，再加上這四種車系看起來非常相似、引擎馬力也幾乎一樣的明確事實條件，更證明了華勒斯的前提：愛車人就像是陷入愛情裡的年輕人，無法以任何看來理性的方式來掌握自己的愛要給哪個對象。

研究人員在皮奧里亞和盛貝納迪諾的研究，他們不僅請受訪者回答這些問題，還問了其他，其中有一些問題大概只有最具深度的社會學家才有辦法找出和中價位汽車之間的關係。「說實話，我們是把手腳都伸進去撈，」華勒斯說，「這是一次拖網式的蒐集作業。」整理拼湊利用拖網網羅到的資訊之後，研究人員提出了報告：

檢視年所得介於四千到一萬一千美元的受訪者，我們得出了……一項觀察心得。這群人（被問到他們是否有能力調製雞尾酒的問題時）有極高比例回答「有一點」調製雞尾酒的能力……顯然，他們對自己調製雞尾酒的能力沒什麼信心。我們可以推論，這些受訪者知道自己還處於學習的過程中，他們或許可以調出馬丁尼（Martini）或曼哈頓（Manhattan），但除了這些熱門飲品之外，他們就沒什麼其他壓箱寶了。

當研究結果傳回華勒斯位在迪爾伯恩市的辦公室，夢想著做出一輛極受歡迎E型車的他非常開心。然而，隨著拍板定案的時間逼近，他很清楚，他必須把調製雞尾酒能力這類周邊問題放在一旁，再回去處理形象這個老問題。他認爲，最大的陷阱就是意欲瞄準他認爲會成爲時代趨勢的幾個特色，例如追求極致的男子氣概、年輕化和速度等等。事實上，就他的解讀，以下哥倫比亞大學的摘要報告裡就提出了具體的警示，要他力抗這樣的傻念頭。

我們可能會不假思索推論，會開車的女性很可能是職業婦女，行動力高於沒有車的人，能駕馭傳統上的男性角色讓她們覺得很滿意。但……不管汽車讓女性多滿意，無論她們對自己的車貼上哪一種形象，無疑地，她們還是希望自己展現的是女性的模樣，或許是比較世故精明的女性，但不管怎樣，一定是女性的模樣。

一九五六年初，華勒斯開始整合他的部門得出的結果，彙整成一份報告，送交特殊產品事業部的長官。這篇報告名爲「E型車的市場與個性目標」（The Market and Personality Objectives of the E-Car），內容隨附大量的事實與統計數據，但也充滿了以斜體字或大寫字母表示的強調段落，讓日理萬機的高階主管用很短的時間就能掌握要點；這篇報告一開始大談一些可以跳過的空談哲理，然後跳入結論：

當一位車主認為他想要的車是女性會買的車，而他本人是男性，他會怎麼做？這種汽車形象與車主本身特質的明顯分歧，會不會影響他換更貴的車的計畫？答案是很確定的「會」。當車主特質和汽車形象之間有衝突，車主就更有可能換另一種車。換言之，當車主認為自己的特質和目前所開的車的車主特質不同時，他就會想要換一種讓他的內心比較能坦然接受的車。

請注意這裡的用詞：「衝突」，衝突可能有兩種。如果有某一種車的形象強烈鮮明，顯然，具備明顯相反特質的車主就和車子起衝突了。然而，形象比較發散或定位比較模糊的汽車，也會引發衝突。這個時候，車主無法從車子當中找到讓自己滿意的身分認同，同樣也會深感挫折。

那麼，問題就是，該如何順利化解汽車個性不能太過鮮明、也不能太過模糊這個兩難問題中。報告中提出的答案是：「善用競爭對手在形象上的弱點，」接著，講到E型車訴求的年紀，力主形象定位不可太年輕，也不能太老，必須要緊貼著奧斯摩比的中年車主；在社會階級方面，則直言無諱：「E型車主攻的車主階級地位要低於別克和奧斯摩比」；關於微妙的性別問題，則應試著兩邊通吃，同樣的，也是跟著百變的奧斯摩比走。總而言之（以華勒斯的排版手法呈現），就是要：

E型車最有利的形象定位，是**年輕企業高階主管或專業人士家庭步步高升過程中的聰明選車。**

聰明選車：指其他人會從中體認到車主具備出色的風格與品味。

年輕：指的是生氣勃勃又負責任的冒險家。
企業高階主管或專業人士：有幾百萬人假裝自己是這個階級，不管事實上有沒有達成。
家庭：不完全標榜男性特質，整體上來說是以「好」角色為訴求。
步步高升：「孩子，E型車對你有信心，我們會幫助你達成目標！」

萬中選一的產品命名

然而，在生氣勃勃又負責任的冒險家對E型車有信心之前，這個車系需要名字。很早期時，卡拉夫就對福特的家族成員建議，要用愛德索．福特（Edsel Ford）的名字來爲新車系命名；他是老福特的獨子，一九一八年起擔任福特汽車總裁，一直到一九四三年過世爲止，也留下了新一代的福特傳人：共有亨利二世、班森（Benson）和威廉．克萊（William Clay）等三個兒子。三兄弟對卡拉夫說，他們的父親可能不太喜歡自己的名字在幾百萬個輪圈蓋上滾動，因此，他們建議特殊產品事業部開始去尋找替代方案。該部門也這麼做了，而且行動時十分熱情，絲毫不亞於尋覓本車個性之研究。一九五五年夏末初秋之際，華勒斯聘用幾個研究服務機構，他們派人出去做訪談，要拿著一張列出兩千個車名的清單，在紐約、芝加哥、威洛倫（Willow Run）[7]和安納堡等地詢問路人的意見。訪談的人不僅問受訪者對於火星（Mars）、木星（Jupiter）、流浪者（Rover）、瞪羚（Ariel）、箭（Arrow）、鏢（Dart）或是喝采（Ovation）等名稱有何想法，也請受訪者自由聯想，看看心裡會想到什麼。爲了得到這一題的答案，他們還問受訪者認爲哪一個或哪一些詞可以代表每一個名字的反面；他們的理論是，在潛意識層面，名字的反面意義也是很重要的部分，就好像是硬幣的兩面一樣。做了這麼多研究之後，特殊產品事業部最後判定，並未得出決定性的結論。在此同時，卡拉夫和他的部門員工不斷在一處暗房裡開著會，在聚光燈輔助下，盯著一系列以紙板展示的標誌，每一個都有一個名稱，一個接著一個，翻過來供在場的人考慮。某個與會的人站起來支持鳳凰（Phoenix）這個名字，認爲這代表了優越，另一個喜歡牽牛星（Altair），理由是以字母序來說，這個名字可以穩穩在所有車系裡一馬當先，因此享有優勢，這就好像非洲食蟻獸（aardvark）在動物界裡排第一是一樣的。某次會議中，大家開會開得快睡著了，有一個人忽然要求暫時停止翻紙板，並以懷疑的語氣問：「我是不是在前兩、三張紙板上看到『別克』？」每個人都看著會議主席華勒斯，他抽著菸斗噴著氣，帶著學者的笑容，點了點頭。

翻紙板這一招也跟訪問路人一樣，沒有結果，到了這個階段，決心嘗試到底、打算從天才腦中擠出庸才想不到的構想的華勒斯開始與詩人瑪麗安．穆爾（Marianne Moore）書信往來，展開知名的通訊汽車命名之路；這些信函後來由《紐約客》（*New Yorker*）雜誌發表，更後來則由摩根圖書館（Morgan Library）集結成冊。華勒斯在寫給穆爾小姐的信中說：「我們希望這個名稱……透過連結和其他的揣想，能傳達出某種優雅感、速度感、先進特質和設計感。」，順便也展現一下他自己的優雅感。如果要問到底是哪一位迪爾伯恩市的大人物鼓動、激發出這個構想，請到穆爾小姐參與本項志業爲新車系命名？華勒斯說，這不是哪個高官的想法，而是他手下一位基層助理的妻子，這位年輕女子剛從曼荷蓮學院（Mount Holyoke College）畢業，她在學校裡聽過穆爾講課。如果她先生的幾個頂頭上司當時多做了一點，在穆爾小姐的諸多建議中挑了一個，比方說智慧子彈（Intelligent Bullet）、烏托邦龜甲車（Utopian Turtletop）、子彈景泰藍（Bullet Cloisonné）、派斯特洛葛蘭（Pastelogram）、貓鼬公民（Mongoose Civique）或稍快行板（Andante con Moto），就不知道E型車日後會有怎樣的發展了，但事實是他們都沒這麼做。不管是詩人提的還是他們自己想的，特殊產品事業部的高階主管都不滿意。接下來，他們找來博達大橋廣告公司（Foote, Cone & Belding）；這家公司之前已經和福特簽約，負責E型車的廣告行銷相關工作。博達大橋具備麥迪遜大道廣告業特有的活力，他們舉辦了一項比賽，紐約、倫敦與芝加哥辦

7 譯注：位在密西根州，是福特汽車的重要生產基地之一。

公室的員工均可參加，如果誰想出來的名稱博得業主的青睞，可以拿到一部新車作爲獎品。一時間，博達大橋手上就有了一萬八千個名稱，包括飛速（Zoom）、飛快（Zip）、班森（Benson）、亨利（Henry）與特福（Drof；如果不知其義，請倒過來看）。博達大橋公司擔心特殊產品事業部的主管會覺得這張清單太過龐雜，於是出手刪減成六千個，並在高階主管會議上呈報。「就是這些了，」一位博達大橋的員工志得意滿地說，並把一疊紙丟在桌子上，「總共有六千個名稱，全部按字母序排列，還有交叉對照。」

卡拉夫倒抽了一口氣。「我們不想要六千個名稱，」他說，「我們只要一個。」

事態很緊急了，因爲新車的鑄鋼模工作快要開始了，上面有些地方要鑄上車名。周四，博達大橋公司下令每個人停止休假，啓動一套緊急方案，指示紐約和芝加哥辦事處各自獨立行事，把六千個名字縮減到十個，而且要在周末結束前做完。周末還沒過完，博達大橋的兩個辦公室就分別向特殊產品事業部提出十個名稱的清單，而且巧合到讓人難以置信的是，兩張清單上出現四個相同的名稱，但每一個人都堅持那是巧合：海盜船（Corsair）、褒揚（Citation）、溜馬（Pacer）與騎兵（Ranger）等四個名字很神奇地通過了兩方的檢驗。「海盜船看來優於其他，」華勒斯說，「再加上其他有利於這個名字的因素，這在路人訪談時表現也很好。海盜船能引發的自由聯想也很浪漫，比方說『海盜』、『俠盜』這一類的。至於這個名稱的反面，我們得到的是『公主』或是其他同樣具吸引力的詞彙。這就是我們想要的。」

不管有沒有海盜船，一九五六年初春，E型車已經正式定名爲愛德索，但大眾一直要到那年秋天才聽聞此事。福特執行委員會在某次會議上拍板決定這件大事，那一次開會，剛好福特家的三兄弟都不在。由於福特總裁缺席，那次會議就由一九五五年成爲董事長的布里奇主持，那天他疾言厲色，沒有心情糾結在「俠盜」和「公主」等詞彙上。聽到最後的決定時，他說：「每一個我都不喜歡，我們再看看別的。」因此他們去看有人喜歡卻被否決定的名稱，其中有一個就是愛德索，雖然福特家的三兄弟已經說明他們父親可能的願望是什麼，但這個名稱還是被保留下來，以防萬一。布里奇領著他的同仁，耐心地檢視清單，直到他們看到「愛德索」。「就叫這個名字吧。」布里奇冷靜決斷地說。E型車有四種主車款，每一種都有一點差異，布里奇位了安撫某些同事，補充說如果有人想的話，可以把神奇四名（海盜船、褒揚、溜馬與騎兵）拿來用，做爲不同車型的小名。之後，他們打電話給正在巴哈馬首都拿索（Nassau）度假的亨利二世。他說，如果執行委員會定要選用愛德索，他會接受這個決定，前提是如果他要取得家族裡其他人的首肯。幾天後，他們家族同意了。

華勒斯稍後寫信給穆爾小姐，說道：「我們已經選定名稱……但少了我們一直在尋求的共鳴、歡樂和熱情。然而，對本公司很多人來說，這個名字代表了個人尊嚴，而且意義重大。親愛的穆爾小姐，我們選定的名稱是：愛德索。望您能理解。」

招兵買馬，廣告行銷大作戰

我們大可假設，替E型車選了這個名字，讓博達大橋裡支持寓意更深遠名稱的人非常失望，他們都贏不到那部車了；「愛德索」這個名字一開始在比賽中就被排除在外，這一點很可能讓他們更加難過。不過，看看被愁雲慘霧層層包裹的特殊產品事業部員工，相形之下，他們的失望也不算什麼了。有些人覺得，用現任總裁之父的前任總裁名字當作車名，有一種朝代傳承感，這不符合美國的性格，另有一些人和華勒斯一樣，相信大眾無意識之間的僻性會決定很多事，他們認為「愛德索」這個詞是很糟糕的音節組合。這個詞的發音會讓人自由聯想到什麼？椒鹽卷餅（pretzel）、柴油（diesel）、很難賣（hard sell）。這個詞有哪些反面詞彙？好像什麼都沒有。但，問題解決了，除了盡可能正向面對，也別無他法。此外，特殊產品事業部裡也不是每個人都覺得很苦惱，卡拉夫本人就不反對這個名字。有些人說，愛德索的頹勢與墜落，很可能從定名那一刻就已經注定了，但是卡拉夫不這麼認為，他拒絕和他們同路。

一九五六年十一月十九日上午十一點，歷經夏季漫長的審愼緘口之後，福特公司終於向全世界宣布E型車正式命名爲愛德索的好消息。事實上，卡拉夫對情勢最後的發展非常滿意，他還以個人獨有的誇張手法來配合這次的發表會。就在當天的那一刻，卡拉夫所屬事業部的接線生在接電話時開始棄用「特殊產品事業部」自稱，改用「愛德索事業部」，部門所有印有過時信頭的信紙都消失了，改以一疊疊印有「愛德索事業部」的信紙替代。大樓外面掛起了一個寫著「愛德索事業部」的不鏽鋼大招牌，張揚地佇立在屋頂上。卡拉夫本人則要想盡辦法才不至於開心地飛了起來，但他倒是很有理由覺得開心：爲了表揚他領導E型車專案有功，來到今天這個場面，他得到很了不起的職銜：他現在是福特汽車的副總裁，同時兼愛德索事業部的總經理。

從行政觀點來看，這種舊瓶裝新酒的招數，只是無傷大雅的表面功夫而已。在迪爾伯恩市嚴格保密的試車道上，虎虎生風、接近完備而且已經把名字刻在車體上的愛德索汽車，已經在進行路試了。布朗和他手下風格設計專家，則已在著手設計明年的愛德索車。他們也找來新人，組成一個全新的經銷商團隊，要向大眾推銷愛德索車。推動臨時緊急方案以蒐集名稱、之後再度推動緊急方案以刪減名稱的達大橋廣告公司，如今已卸下重擔，在廣告公司老闆、同時也是這一行中流砥柱菲爾法克斯·柯恩（Fairfax M. Cone）本人領軍之下，正忙著推動各種方案，要替愛德索做廣告。柯恩在規畫廣告宣傳活動時，非常仰賴後來所說的「華勒斯的處方箋」，這是指，在命名大會之前華勒斯用來決定愛德索車個性的準則：「年輕企業高階主管或專業人士家庭步步高升過程中的聰明選車。」柯恩非常支持這段話，他幾乎照單全收，但改了一個地方：用「中等」收入家庭取代了「年輕企業高階主管」；他的直覺是，中等收入的家庭遠遠多過年輕企業高階主管、或者是自認爲是年輕企業高階主管的人。柯恩帶著爽朗坦率的心情（這很可能是因爲他簽下了一個大客戶，預期一年可以帶來千萬美元以上的營收），在幾個場合對記者暢談他爲愛德索規畫的方案：沉靜、自信，盡可能避免使用到「新」這個字，因爲「新」這個字當然可以套用在這部車上，但他認爲這個字也代表了聲望不足。重點是，宣傳活動的平靜沉穩特質將會成爲經典。「我們認爲，讓廣告和車子變成互相競爭的對手，那就很糟糕了，」柯恩對媒體說，「我們不希望有人去問：『喂，你看過愛德索的廣告了嗎？』不管是報紙上、雜誌上或電視上的廣告都一樣，反之，我們希望成千上萬的人們一說再說的是：『老兄，你有聽過愛德索嗎？』或者『你看過那部車了嗎？』這就是廣告與銷售之間的差異。」顯而易見，柯恩對宣傳活動和愛德索這部車都有十足的信心。他像是毫不懷疑自己會贏的西洋棋大師，連在布局時都敢說明自己每一步的機巧何在。

愛德索事業部扭轉零售經銷商心意的魄力，讓汽車業界人士至今津津樂道，他們很佩服愛德索事業部展現出來的高超手段，並對於最終結果感到震驚。慣例上，老牌車廠會透過已經替他們賣過其他車款的經銷商推出新車，一開始，經銷商會把新車系放在次要地位。但愛德索不一樣。

卡拉夫獲得高層的授權，突擊檢查和其他車廠、甚至是和福特其他部門（福特汽車和林肯水星汽車）簽有合約的經銷商，全力打造出一個專屬的零售經銷組織。（加入福特的經銷商沒有義務取消舊合約，但車廠會把重點放在簽下獨家約只銷售愛德索的經銷商身上。）歷經漫長的尋覓靈魂旅程，終於訂下了一九五七年九月四日爲上市日，當天要達成的目標，是從東岸到西岸要有一千兩百家愛德索經銷商。但他們可不是普通的經銷商，卡拉夫講得很白，愛德索事業部有興趣簽約的對象，只要過去有業績紀錄顯示他們是具備超凡能力的經銷商，不可訴諸遊走法律邊緣的高壓花招，到頭來替汽車界招來惡名。「我們要的，是能提供優質服務設施的優質經銷商，」卡拉夫說，「買老牌子汽車的顧客如果受氣，他們會歸咎於經銷商，但如果買的是愛德索，他會歸咎於汽車。」不管優不優質，要找到一千兩百家經銷商，都是很高的目標，因爲沒有一家經銷商會把更換車系這種事視爲等閒。一家經銷商平均會投資十萬美元綁在門市，在大城市裡，這筆資金金額更高。經銷商還要聘用業務員、技師和辦公室助理，自行購買工具、技術文件，還要做招牌，一套招牌要價差不多五千美元。另外，還要付現給工廠，才領得到車子。

負責調度愛德索業務員人力以及這些麻煩事的，是人稱賴瑞（Larry）的傑西．杜爾（J. C. Doyle），他是部門裡的銷售行銷總經理，是僅次於卡拉夫的第二把交椅。他在福特已經待了四十年，是老員工了，從堪薩斯市（Kansas City）辦公室的小弟做起，期間主要做的都是銷售工作，他在這個領域裡算得上是特立獨行。一方面，他有一種和藹可親又善解人意的氣質，這讓他和全美數以千計的油嘴滑舌、輕率無理的汽車業務員形成對比，另一方面，他毫不隱藏地表現出老派業務員的疑慮，不相信要分析汽車的性別和階級地位這種事；針對這些時髦新潮作法，他的比喻是：「打撞球時，我喜歡一隻腳在地上，腳踏實地。」反正，他很知道如何賣車，而這正是愛德索事業部需要的。不久前，杜爾講起他和手下的業務員如何運用不一樣的招數，在這最艱困的行業裡說服享有成就且聲名卓著的重要人物，讓他們願意捨棄獲利可觀的經銷事業，轉換到風險很高的新業務，他說，「在一九五七年初期，只要愛德索新車一出廠，我們就會在五個地區業務辦公室裡各放個幾輛。不消說，我們會把這些辦公室鎖上，百葉窗拉上。附近的每一家經銷商就算只是出於好奇，也都會想來看一看，這就讓我們握有亟需的施力點。我們放出消息，說我們僅會讓眞的有興趣與我們並肩作戰的經銷商看車，接著，我們會派出地區的賣場經理到附近的鄉鎮，試著聯絡各地第一名的經銷商來看車。如果攏絡不到第一名的，我們會去找第二名的。總而言之，我們會把事情安排好，每一個人都要聽完我們的業務人員針對整個情勢所做的一小時簡報，才能進來看車。這麼做效果很好。」確實很好，到了一九五七年盛夏，愛德索已經找到很多優質的經銷商，爲上市日做好準備。（雖然沒有達成一千兩百家的目標，但其實也只差了幾十家而已。）確實，某些銷售其他汽車的經銷商顯然很有信心愛德索會成功，也有可能是被杜爾手下的宣傳詞迷惑了，他們幾乎都只瞥了一眼愛德索，就完全同意簽約。杜爾的部屬還敦促經銷商先深入研究這部車，一邊慢慢講述這部車的諸多優點，但愛德索的潛在經銷商不顧他們的阻攔，要求馬上簽約，不想再多生波折了。回顧當時，杜爾的表現極具魅力，彷彿是教出童話故事裡花衣魔笛手（Pied Piper）的老師傅。

如今，愛德索不再只是專屬於迪爾伯恩市辦公室的任務了，整個福特公司都決意一起向前邁進，不回頭了。卡拉夫說：「在杜爾開始行動之前，整個計畫隨時隨地都可能因爲高層一句話無疾而終，但簽下經銷商之後，你就要遵守契約推出新車了。」福特非常明快地出手。一九五七年六月初，福特汽車宣布已投入二．五億美元以支應愛德索的前期成本，其中一．五億美元花在打造基礎建設，包括改造幾家福特和水星汽車的工廠，以滿足生產新車所需要的條件；五千萬花在購置愛德索車系專用的特殊工具，另外五千萬花在一開始的廣告推銷上。同樣在六月，爲了拍攝日後要發表的電視廣告，一輛擔任主角的愛德索汽車被封進一輛貨車裡，偷偷摸摸運到好萊塢，載到一處有警衛看守的上鎖錄影棚，在幾位精挑細選的演員同聲讚嘆之下，於攝影機前亮相（這些演員都信誓旦旦，保證上市日之前絕不洩漏半點口風）。本次的拍攝行動需要小心翼翼進行，愛德索事業部費盡心思請來了串流製片公司（Cascade Pictures）；這家公司也承包美國原子能委員會（Atomic Energy Commission）的案子，到目前爲止，沒有發生過任何不小心洩漏訊息的事。

一位嚴肅的串流公司幹部之後說：「我們謹慎看待這個案子，一如拍攝原子能委員會的影片。」

短短幾周內，愛德索事業部聘用了一千八百名有給職的員工，幾處新轉型的工廠也快速請人，補齊了約一萬五千個工廠職缺。七月十五日，麻州薩默維爾市（Somerville, Massachusetts）、紐澤西州馬瓦市（Mahwah, New Jersey）、肯塔基州路易斯維爾市（Louisville, Kentucky）和加州聖荷西市（San Jose, California）的愛德索汽車裝配線開始運作。同一天，杜爾使出了重要的一招，和查爾斯．克瑞斯勒（Charles Kreisler）簽訂了合約；此人是曼哈頓的經銷商，被同業視爲此一領域中全美數一數二的業者，在跟上迪爾伯恩市的號角聲之前，他代表的是奧斯摩比，這款車也是愛德索設定的競爭對手之一。七月二十二日，愛德索的第一個廣告出現了，就登在《生活》（*Life*）雜誌上。廣告橫跨兩頁，以簡樸的黑白爲底色，十足的經典冷靜，畫面是一輛新車飛馳過鄉間高速公路，速度之快，讓車影都模糊到難以分辨了。「最近，有人看到路上出現了一些神祕的汽車。」上方隨附的文案這麼寫。廣告接著說，模糊的影子就是正在路試的愛德索，結論也向大家保證：「愛德索就要上路了。」兩周後，《生活》雜誌上登出第二篇廣告，畫面中朦朧的輪廓看來是一輛車，覆蓋著白色的車罩，就放在福特造型設計中心的入口處。這一次的標題是：「你所在的城市裡，最近有一個人做了一個改變一生的決定。」文中解釋，這個決定，就是成爲愛德索的經銷商。不管執筆的人是誰，都不知道這句話有多眞實。

愛德索四巨頭上路遊說

在一九五七年這個忙碌的夏天，有個人因爲愛德索而風光一時，他是福特公司的公共關係主任蓋爾．瓦諾克（C. Gayle Warnock），與其說他的職責是營造氣氛讓公眾對即將上市的產品感興趣（社會上已經非常關注這款車了），不如說他是要維持熱度，在上市日（或者，以福特公司後來的說法，叫做愛德索日）或之後隨時將大眾的興趣轉換成想要買車的渴望。瓦諾克短小精幹且平易近人，留著小鬍子，是土生土長的印第安那州康佛斯市（Converse, Indiana）人，在卡拉夫從福特芝加哥辦事處選中他之前，他就在做郡縣節慶活動的公關宣傳事務了，這樣的背景，讓他可以兼具現代公關人士的逢迎圓滑，又加入了一點老派嘉年華宣傳人員的豪放精神。回想起被徵召到迪爾伯恩市這件事，瓦諾克說：「卡拉夫聘請我是一九五五年秋天的事了，他對我說：『我想請你設計安排從現在起到上市日的E型車公開宣傳事務。』我說：『卡拉夫，說實話，你說要我設計安排，這是什麼意思？』他說，他的意思是要從結果往回推，替這部車營造出發展空間。這對我來說是新鮮事，我向來習慣的作法是見縫就插針，但我很快就發現，卡拉夫的辦法是對的。如果只是要讓愛德索曝光，這太容易了。一九五六年初這輛車還叫做E型車，卡拉夫在奧勒岡州波特蘭市（Portland, Oregon）稍微談到了這部車，我們只在當地的媒體做了一些操作，但大型通訊社發現了這條新聞並做了報導，流傳到全國，相關的新聞也隨之大量出現。那時候我就體會到，未來我們可能會遭遇大麻煩。一般人很瘋狂地想要一睹這部車的風采，認爲這會是他們的夢想之車，跟他們之前見過的車截然不同。我對卡拉夫說：『等他們發現這部車也就只是四個輪子加一部引擎，跟下一部車沒什麼兩樣，他們一定會很失望。』」

宣傳愛德索時不可太過招搖、但也不能過於低調，他們都同意，要化解這個兩難局面，最安全的辦法是不要把這部車的底牌全部掀開來，而是一次講一點本車的魅力所在，就好比是汽車界的脫衣舞表演（瓦諾克顧及個人的尊嚴講不出這個詞，但樂見《紐約時報》替他把話講出來）。後來，有意無意之間，這條規則時不時被打破。首先，在愛德索日即將來臨的那個夏末，記者對卡拉夫施壓，要他授權給瓦諾克，用瓦諾克所說的「躲貓貓」或是「現在給你看了，看過之後請你忘記」的辦法，讓大家看看愛德索，一次放一個人進去。另外，有愈來愈多人在高速公路上看到載著愛德索車的大貨車，要運到各經銷商處，雖然車頭車尾都罩著帆布，但彷彿是要逗弄起路人的渴望，總是被風吹得揚了起來。同樣是那年夏天，由卡拉夫、杜爾、愛德索銷售兼商品規畫主任艾默特．賈居（J. Emmet Judge）和廣告銷售推廣暨訓練部助理業務總經理羅伯．卡普蘭（Robert F. G. Copeland）組成的愛德索四巨頭，到處去演說。他們分頭在全美各地南北奔波，四人行色匆匆，不眠不休，瓦諾克唯恐無法追蹤他們，還在辦公室的地圖上用彩色圖釘標示他們的位置。「我們來看看，卡拉夫從亞特蘭大去紐奧良，杜爾從康瑟爾崖（Council Bluffs）去鹽湖城（Salt Lake City）。」至於瓦諾克自己，他會一早上都待在迪爾伯恩思考，啜飲他的第二杯咖啡，然後起身把圖釘拔出來，接著又插回去。

雖然卡拉夫的聽眾大部分都是銀行家與財務公司代表（他希望這些人能借錢給愛德索經銷商），但他那年夏天的演說重點不在於應和大眾的喧囂熱烈，談新車的前景反而幾乎都像政治人物一樣，小心翼翼、甚至有點嚴肅。他的演說內容或許適切地點出了美國一般性的經濟展望，卻讓一些比他本人樂觀的人聽的一頭霧水。一九五七年七月，美國股市大跌，標示了後來大家記憶中一九五八年經濟衰退的序幕。接著，八月初，一九五七年推出的所有中價位汽車銷量都下跌，經濟大環境快速惡化，八月還沒過完，《汽車新訊》（*Automotive News*）就報導，所有汽車經銷商這一季末售出的新車量是有史以來次高。如果說，單槍匹馬到處演說的卡拉夫想過要回迪爾伯恩市尋求一點安慰，他也得被迫放下這個念頭，因爲，同樣在八月，愛德索的自家對手水星汽車挑明了說要讓市場裡的新進車系日子難過，將要推動一項花費一百萬美元、爲期三十天的廣告活動，特別要瞄準「價格意識高的買主」；很明顯，這指的就是一九五七年時多數經銷商都以折價銷售水星汽車，價格低於愛德索新車的預期售價。在此同時，當時唯一美國製的小型車藍布爾（Rambler），銷量正在開始上揚，這可不妙了。面對這麼多凶兆，卡拉夫養成習慣，用一句有點打擊信心的傳言來結束他的演說；據說，有一家經營不善的狗食公司董事長對董事說過：「各位，且讓我們面對事實吧，狗不愛我們的產品。」卡拉夫至少在一個場合中補充說明，清楚明確地點出他說此話的用意：「以我們來說，有很大部分是要看人們喜不喜歡我們的車。」

但愛德索其他員工大部分都沒有感受到卡拉夫的憂慮，其中最無感的可能是賈居，他很盡責擔起巡迴演說的任務，專攻社區和公民團體。一次只能講一點的「脫衣舞秀」政策限制難不倒他，他總是讓自己的演說生氣盎然，加入大量的動畫、卡通、圖表和車子零組件的照片，在戲院規格的投影螢幕上不斷閃過；他的聽眾通常都是已經走到回家的半路上了，才想到他根本沒有讓大家看到完整的愛德索。他演說時會在演講廳裡四處走，在自動換片的投影機輔助之下隨心切換螢幕上千變萬化的投影片；他能耍這一招，全靠一群技師幫忙，他們會事先到會場裝好線路，將投影機連到地板上幾十個開關上，而且分散在講演廳內各處，賈居腳一踢就有反應。他的演說後來被稱為「賈居奇幻秀」（Judge spectacular），每一場要花掉愛德索事業部五千美元；這個數字包括了技術團隊的薪資和花費，他們得在約前一天就先到現場，設置好電動裝置。要等到最後一刻，賈居才會搭著飛機在盛大場面中來到目的地城鎮，快速衝向演講廳，然後開始演出。「在整個愛德索專案中，最了不起的部分之一，就是背後的產品哲學以及行銷。」賈居一開始可能會這樣說，並且隨意踢一下這裡那裡的開關，「我們這些參與其中的人，確實對這樣的背景條件備感自豪，也等不及要看到今年秋天新車上市時的成功……我們再也無法參與像這麼盛大又這麼有意義的專案了……就先讓我們一睹爲快，搶在一九五七年九月四日美國公開發表日之前看一下這部車（講到這裡，賈居會放一張很刺激的投影片，可能是輪圈蓋或部分的葉子板）……這部車各方面都與眾不同，當中具備的保守主義元素，是這部車最大的吸引力……車頭造型設計極爲獨特，和車側塗裝的雕刻花紋整合在一起……」

隨著賈居不斷不斷講下去，他會講出許多聽起來很了不起的詞，比方說「雕飾板金」、「亮點特質」和「優雅、流暢的線條」。最後就來到了慷慨激昂的結語。「我們以愛德索爲榮！」他會大喊，並踢一踢左右兩邊的開關。「今年秋天車子一上市，必會在美國的大街小巷占有一席之地，爲福特汽車公司帶來新的偉大榮光。這就是愛德索的故事。」

熱鬧滾滾的媒體預覽會

這場脫衣舞表演的鼓點高潮，是一場爲期三天的愛德索新車媒體搶先看，屆時會拉起布幕先露出車頭緊箍的鼻部，一路拉到華麗的車尾都露出來；搶先看預覽會於八月二十六、二十七和二十八日三天在底特律和迪爾伯恩市舉行，有兩百五十位全美各地的記者參與盛會。這次和過去熱鬧的新車發表會不同，他們請記者攜件參加，很多人也眞的這麼做。活動還沒結束，福特公司就已經花掉了九萬美元。場面很是盛大，但是選擇的場地了無新意，讓瓦諾克大失所望，他提了三個他認爲更獨特的地點，但後來被打了回票：底特律河上的蒸汽船（「用錯象徵了」）、肯塔基州愛德索市（「開車到不了」）和海地（「馬上否決，毋需多言」）。周日傍晚當各家記者偕同妻子來到底特律會場時，自認被綁手綁腳的瓦諾克也沒太多可做的，只能招待他們住進名稱讓福特車廠很沮喪的喜來登凱迪拉克飯店（Sheraton-Cadillac Hotel），並安排他們在周一下午聽取與讀取眾人引頸期盼的愛德索全車系詳細資料：總共有四條產品線（海盜船、褒揚、溜馬與騎兵）十八種車型，差別主要是在大小、馬力和內裝。隔天早上，風格設計中心圓形大廳裡展出了各車款的樣品車供記者參觀，亨利二世也發表簡短感言向父親致意。「同行的記者夫人都沒有受邀參與新車亮相，」一位幫忙規畫本次活動的博達大橋員工回憶道，「這個場合太嚴肅、太公事公辦。活動圓滿結束，即便是最冷硬的報社記者也很興奮。」（多數興奮的記者做出的報導重點，都是說愛德索看來是一部好車，儘管並不如廣告上說的這麼劃時代。）

當天下午，記者被請到賽道上，親眼看看一群特技駕駛人展現愛德索的各項功能。這場活動本應驚險刺激，但最後讓人膽戰心驚，甚至讓有些人差點崩潰。瓦諾克奉命不可多談速度和馬力，因爲整個汽車產業眞正把重點轉回製造汽車、不再製作用於韓戰的可延遲引爆炸彈，也不過才幾個月。瓦諾克決定，要透過行動而不是言語來強調愛德索的活力，爲達目標，他請來一批特技駕駛人。愛德索車以兩輪爬過兩英尺高的斜坡，用四個輪子從更高的斜坡上彈起，或者以每小時六、七十英里的速度交錯行駛，擦過彼此，並以時速五十英里的速度甩尾轉彎。爲了製造喜劇效果，還穿插了一名小丑駕駛，拙劣地模仿這些大膽特技人員開車。表演的同時，可以聽到愛德索首席工程師尼爾·布朗姆（Neil L. Blume）的聲音透過擴音器傳出來，呼嚕呼嚕說著「這些新車的能力、安全性、紮實結構、機動性和效能」，但一語帶過「速度」、「馬力」這些詞，就像海鳥輕觸海浪一樣快。後來，一部要跳上高台的愛德索險些翻車，卡拉夫的臉色面如死灰；他後來說，他不知道這些藝高人膽大的特技人員會這麼極端，他很擔心這有損愛德索的好名聲，也可能危及駕駛的生命。瓦諾克發現老闆不高興，過去問卡拉夫喜不喜歡這場表演。卡拉夫簡短回應，說他會等到表演結束而且每個人都平安之後才回答這個問題。但，其他人看來都非常開心。前面提到的那位博達大橋廣告公司員工說：「你可以遠望密西根的翠綠山丘，配上這些華麗的愛德索，整齊壯觀地演出這場表演，這太美好了，就像是舞姿整齊劃一的火箭女郎（Rockettes），太刺激了，大家的士氣都很高昂。」

瓦諾克很亢奮，他想出更狂野極端的花招。規畫活動的人認爲特技駕駛就像揭開樣品車一樣刺激，很容易讓記者太太們的血壓飆高，足智多謀的瓦諾克另替她們安排了一場時裝秀，他希望她們至少也會和先生一樣，覺得這次的活動很讓人開心。他完全不用擔心這個。愛德索的造型大師布朗負責介紹時裝秀的明星，不知情的他照稿演出說她是來自巴黎的女性設計師，既美麗又聰慧，但等到帷幕一掀開，卻是一位專門從事模仿搞笑的女演員；瓦諾克爲了營造逼眞的效果，事前沒有告知布朗相關安排。自始之後，布朗和瓦諾克的關係大不如前，但這些人妻都能爲先生的報導提供一、兩段花絮，說說自己的所見所聞。

當天晚上有一場歡宴，賓客式風格設計中心的所有人，中心也爲此打造出夜店風格，建造了一座會定時表演水舞的噴泉，配上雷．麥金利（Ray McKinley）樂團的樂聲；這個樂團的標誌是「GM」這兩個字母〔這是爲了紀念已故創團人葛倫．米勒（Glenn Miller）〕，一如以往，每一位樂手面前的譜架上都刻著這兩個字母，這兩個字母差一點就毀了瓦諾克的一整晚（GM同時也是通用汽車的縮寫）。隔天早上，福特官方辦了一場惜別記者會，布里奇在會上說愛德索「是一個健壯的寶寶，我們就像多數新手父母一樣，深感驕傲能孕育出這部車。」會後有七十一位記者駕駛七十一輛愛德索回家，他們不是把車開回自家車庫，而是開到本地愛德索經銷商的展示間。關於最後這場誇張演出，瓦諾克講了幾個重點：「過程中發生幾個不幸的事件。有一位駕駛途中錯估距離，結果撞車了。那不是愛德索的問題。有一輛車的機油底盤掉了，車子自然也就不會動了。最好的車也可能會發生這種問題。幸好，發生故障當時駕駛正開過一個名稱聽來很美的地方，我想是堪薩斯州天堂市（Paradise, Kansas），這爲新聞報導增添了一點正面的氣息。附近的經銷商給這位記者一部新的愛德索，讓他開回家，沿路還要爬上派克峰（Pikes Peak）。還有一輛車子的煞車壞了，撞進了收費站閘口。這就很糟了。好笑的是，我們原本最擔心其他駕駛人會搶著要看愛德索，把我們的車子都逼到路邊，不過這種事只發生了一起，地點在賓州的高速公路上。有一位記者開著車兜風時（這沒問題），一位開著普利茅茲的駕駛人貼著車想要瞧個仔細，因爲貼太近了，導致愛德索側面有擦傷。這是小損傷。」

磅礴上市

一九五九年底，就在愛德索宣告失敗之後不久，《商業周刊》宣稱，在這場大型的媒體搶先看活動中，一位福特的高階主管曾經對某位記者說：「如果不是公司已經投入這麼多了，我們絕對不會在此時推出新車系。」這句顯然會引起大轟動的說法，《商業周刊》卻放了兩年都沒登出來，而且，直到今日，愛德索所有前任高階主管（包括卡拉夫在內，就算他心心念念想著那家運氣不好的狗食公司也一樣）都堅稱他們在愛德索日之前都很堅定，就連之後，有一段很短的時間他們都預期愛德索會成功，所以說，我們應該像對待考古發現一樣，對這段話的眞僞高度存疑。確實，從媒體搶先看到愛德索日之間，每一個和這項業務有關的人，看來都非常樂觀。「奧斯摩比，再見了！」有一家經銷商從奧斯摩比轉向愛德索，他們在底特律《自由報》（*Free Press*）上登出的廣告標題就是這麼寫的。奧勒岡州波特蘭市一家經銷商說，他們還沒看到車，就賣出了兩輛愛德索。瓦諾克還打過電話給日本一家煙火工廠，對方願意用每枚九美元的價格替他製作五千枚煙火，在空中爆開時會掉出用宣紙做的九英尺愛德索模型，就像降落傘一樣膨脹然後慢慢下降。瓦諾克的腦子裡充滿著各種畫面，要在愛德索日用愛德索塞滿美國的天空和高速公路，但，就在他即將下訂時，卡拉夫卻看起來一臉不解，並搖頭否決了。

九月三日，愛德索日的前一天，發表了各種愛德索車型的車價。以運到紐約的車爲例，車價從低於兩千美元到高於四千一百美元都有。在愛德索日當天，愛德索車運到了。在劍橋市，一個樂團領著由一輛輛新車組成的金光閃閃車隊，在麻州大道（Massachusetts Avenue）上招搖過市。杜爾找來一位最熱情支持的經銷商，雇用一部直升機，從加州里奇蒙（Richmond, California）出發，拉出一幅巨型的愛德索標誌，飛過舊金山灣區（San Francisco Bay）上空。儘管瓦諾克的煙火計畫受阻，但從路易斯安那州的溪邊、華盛頓州的瑞尼爾山（Mount Rainier）峰頂到緬因州

（Maine）的樹林，只要有一部收音機或電視，全美各地任何人都可以嗅到空氣裡瀰漫著愛德索的氣息。愛德索日當天，決定大宣傳場面整體調性的，是一則刊登在全美各大報的廣告，由愛德索和福特公司的總裁福特與董事長布里奇共享鎂光燈焦點。在這則廣告中，福特看起來像是一位莊重的年輕爸爸，布里奇則像是莊重的紳士，手握一副三條（full house），就算對方是順子（straight）也不怕，愛德索則看起來就像是愛德索。搭配的文案宣稱，買這部車的決定「憑的是我們對於你的所知、所猜、所感、所信、所疑，」補充的文字則說：「你就是愛德索背後的理由。」整個調性冷靜自信，看來，沒有太多空間懷疑愛德索車主手裡眞的就拿到一副三條，勝券在握。

日落前，預估兩百八十五萬人在經銷商的展示間裡看過新車，三天後，北費城有一部愛德索遭竊。我們可以合理主張，這樁犯行代表了大眾對愛德索的接受度非常高；短短幾個月後，連最不挑車款的汽車竊賊可能都懶得偷這款車了。

精緻的車體設計，強大的馬力性能

愛德索車最讓人驚豔的實體特質，當然是其水箱護罩。與當時其他十九種美國車的寬廣水平護罩相比之下，愛德索走直列式的，顯得修長。愛德索的鋼製水箱護罩有鍍鉻飾板，形狀有點像一顆蛋，就放置在車頭中間，上面從上到下印上鋁製的「愛德索」（EDSEL）字樣。設計上的用意，是要展現這款車基本上和二、三十年前的美國車以及多數現代歐洲車車頭一樣，看起來老練與精緻兼具。問題是，美國古董車和歐洲車的車頭本身都是又高又窄，實際上只比水箱護罩大一點，但愛德索的車頭卻又寬又低，就跟其他美國競爭對手一樣。這樣一來，在水箱護罩旁邊就有很寬的空間，必須填補一下，用來填補的就是兩個極傳統的水平臥式鍍鉻護罩。這麼做的效果，就相當於強行配置皮爾斯阿羅（Pierce-Arrow）車廠的豪華車頭在一輛奧斯摩比上；或者，換個比喻來說，就像是女僕試戴公爵夫人的項鍊。設計師的用意明顯之至，想要精緻也想親民。

如果說，愛德索的水箱護罩訴諸的是樸實大方，車尾則是另一個問題了；這輛車的車尾設計也明顯脫離當時的傳統。愛德索沒有惡名昭彰的垂直尾翼，喜歡這輛車的人，會說尾翼設計成像一對翅膀，其他人沒這麼夢幻的人則說，那像一對眉毛。行李廂蓋和後葉子板的線條明顯向上向外延伸，確實真的有點像是飛翔海鷗的雙翼，但車尾燈破壞了兩者之間的相似性，這兩盞燈又長又窄，一部分在行李廂蓋上，一部分在後葉子板上，順著線條看下來會連成一幅嚇人的畫面——彷彿對著你斜眼獰笑，晚上時尤其明顯。從車頭來看，愛德索車很樂於要取悅大眾，甚至不惜顯得滑稽；但從車尾來看，則看起來矯揉炫目、自鳴得意、自視甚高，甚至還帶點憤世嫉俗與輕蔑。看來，從水箱護罩往後走到後葉子板之間，幻化出了一個陰險的個性。

至於其他方面，愛德索的外觀風格設計並沒有什麼特別之處。它用於車身兩側的鍍鉻飾條略少於一般汽車，與眾不同之處，是一個挖出來的子彈型溝槽，從後葉子板向前延伸到車長約一半之處。在這條溝槽的中間，以鍍鉻的字母展顯出「愛德索」字樣；後窗正下方有一個很像小水箱護罩的裝飾，上面也拼出了（不用想也知道）「愛德索」（畢竟，首席風格設計師布朗不是說了嗎，他打算設計出一部「一看即知」的車？）。來看內裝，愛德索很努力實踐總經理卡拉夫的預言，要把這輛車變成「按鈕時代的縮影」。中價位汽車正如火如荼進入按鈕時代，卡拉夫確實做出了早於時代的預言，但愛德索把所有裝置全部湊在一起來迎接這個時代，數量之龐雜就算不是前所未聞，也是極爲少見。分布在愛德索儀表板四周，有一個按鈕可以打開後車廂蓋；一個控制桿可以用來打開引擎蓋；另一個控制桿可以放開手煞車；駕駛如果超過自設的最高速限，車速表會亮紅燈；有個單一旋鈕可以用來控制暖氣和冷氣；還有一個模仿賽車風格的轉速表。車子裡還有很多按鈕，可以用來操作或控制車燈、廣播天線的高度、鼓風機、雨刷和點菸器。一排八個紅色燈號用來警示引擎過熱、引擎不夠熱、發電機失靈、手煞車已經放下、車門打開了、油壓很低、機油量很低、汽油量很低，關於最後一項，駕駛如果有疑慮，還可以看看不遠處的油表，雙重確認。自排變速箱是縮影中的縮影（位置很醒目，就在轉向柱上面，位在方向盤中央），上頭冒出了一排五個按鈕，用很輕的力道就能觸動，愛德索的員工都會忍不住要示範，用牙籤就能把這些按鈕壓下去。

愛德索有四條子產品線，其中兩條是比較大型比較昂貴的車款（海盜船和褒揚），車長都有兩百一十九英寸（約五百五十六公分），比最大型的奧斯摩比還長了兩英寸。這兩種車車寬都是八十英寸（約兩百〇三公分），大約是有史以來最寬的小客車。兩種車的車高都僅五十七英寸（約一百四十五公分），和其他中價車的車高一樣。騎兵和溜馬是比較小型的愛德索，車長比海盜船和褒揚短了六英寸、車身窄了一英寸、車高低了一英寸。海盜船和褒揚搭載三百四十五匹馬力引擎，在新車上市當時，馬力超越任何其他美國車；騎兵和溜馬也有三百零三匹馬力，在同級車中名列前茅。用一根牙籤輕戳一下「開車」（Drive）按鈕，只要操控得當，怠速中的海盜船或褒揚汽車（兩輛車的車重都超過兩公噸）可以在十．三秒內快速加速到一分鐘一英里，並用十七．五秒就跑到〇．二五英里之外。牙籤觸動按鈕時如果有什麼東西或什麼人剛好擋道，情況就會非常嚴重。

各方評價好壞參半

揭開愛德索的神祕面紗之後，得到的回應就像是電影界常說的「媒體評價好壞參半」。日報上汽車專欄的編輯多數都平鋪直敘描述這部車，偶爾會有一兩句讚美，有些人的語意不明（《紐約時報》的喬瑟夫．印格倫〔Joseph C. Ingraham〕的說法是：「風格迥異，令人驚嘆」），有的人公開表達喜愛（底特律《自由報》的佛瑞德．歐姆斯德（Fred Olmstead）說：「這是一部優雅且能重擊市場的新車」。）雜誌上的評論比較詳盡，有些也比較嚴苛。專門報導一般汽車（有別於改裝車）發行量最大的月刊《汽車趨勢》（*Motor Trend*），一九五七年十月版用了八頁的篇幅，由其底特律的主編喬．惠瑞（Joe H. Wherry）執筆，針對愛德索做了分析和評論。惠瑞欣賞愛德索的外觀、內裝的舒適性以及車裡面的小裝置，但他並沒有一一說清楚自己爲何喜愛；他很欣賞轉向柱上的換檔按鈕，他寫道：「你不用把注意力從道路上移開，連一秒都不需要。」他承認「有太多機會可採用……更獨特的設計取向，」而他以一句話總結自己的意見，大致上可說以讚美之詞來描述愛德索：「愛德索的性能很好，坐起來很舒適，操控起來很順暢。」《機械畫報》（*Mechanix Illustrated*）的湯姆．麥卡希爾（Tom McCahill）大體上很喜歡愛德索，他充滿愛意地將這部車暱稱爲「百寶箱」（bolt bag），但他也有一點保留，有點像是人們愛選走道座位又免不了要雞蛋裡挑骨頭抱怨一番，不經意間很有趣地顯露出車評人的意見：「開在有凸起紋路的混凝土路面時，」他寫道，「只要我快速把油門踩到底，車輪就像壞掉的攪拌機一樣瘋轉……高速時，尤其急轉彎時，我會感覺到懸吊系統有點太顛簸了……我忍不住在想，如果抓地力夠好的話，這條會走的大臘腸不知道還可以有哪些好表現。」

在愛德索上市後的最初幾個月，得到最直接、很可能也是殺傷力最大的批評，是消費者聯盟（Consumers Union）的月刊《消費者報導》（*Consumer Reports*）於一九五八年一月版中登出的訊息；這份月刊有八十萬訂戶，他們比會翻閱《汽車趨勢》或是《機械畫報》的讀者更有可能成爲愛德索的買主。《消費者報導》開著海盜船在道路上做了一系列的試車之後，宣稱：

愛德索並無超越其他品牌的重大基本優勢，這部車的結構極為傳統……海盜船這款車在顛簸路面上非常搖晃，過不了多久就會聽到車子發出吱吱嘎嘎的聲音，已經超過人能忍受的極限……海盜船在操控上反應很遲緩，轉向速度慢，過彎時會搖晃傾斜，通常會有一種脫離路面的感覺，婉轉地說，就是和其他車沒什麼不同。因此，如果加上這部車動不動就搖的像果凍一樣來看，愛德索在操控上的表現是退步而非進步……當你為了脫離車陣而重踩油門，或是要超車，或是只為了感受讓人愉悅的馬力驟增，都會使這些大型汽缸超級吃油……消費者聯盟認為，方向盤中心並不適合安置按鈕……為了看清楚愛德索車上的按鈕，駕駛人顯然必須把注意力從道路上挪開（這部分要和惠瑞先生對一下）。有一本雜誌封面說愛德索是一部「裝載奢華」的車，這部車取悅的，顯然是搞不清楚什麼是小玩意兒、什麼又是真正奢華的人。

三個月後，在一次針對所有一九五八年車款所做的綜合評比中，《消費者報導》又瞄準了愛德索，說這部車「馬力大而無當……裝置多而無用，昂貴的配備華而不實，超越同價位的任何汽車。」將海盜船和褒揚的競爭力評比評爲墊底等級。《消費者報導》跟卡拉夫一樣，也認爲愛德索是一個縮影，但與卡拉夫不同的是，這份雜誌的結論是這輛車顯然是「許多種過度的縮影」，這些東西只會讓底特律的車廠「趕走愈來愈多的潛在買方。」

但從另一方面來說，愛德索也沒這麼糟。這款車嵌入了時代的精神，或者說是設計當時、也就是一九五五年初的時代精神。這輛車笨重、強悍、過時、粗拙但很友善，就像是畫家威廉·德·庫寧（Willem de Kooning）筆下的女子。除了博達大橋廣告公司領薪水做事的員工之外，沒什麼人願意好好稱讚這輛車的能力（雖然這麼做最多也只是安撫煩憂的車主，讓他們感覺到寬慰）。此外，幾家競爭車廠的設計師，像雪佛蘭、別克以及愛德索的母公司福特汽車，日後都向布朗打造的風格致敬，至少用上了愛德索被人大肆批評的特色之一：水平尾翼主題。

真正的敗筆是：產品問題太多

愛德索顯然失敗了，但若要說這款車的失敗單純就是設計所致，或是因爲做了太多動機研究而導致失敗，這些講法都過於簡化。事實是，愛德索不幸的一生中遭遇多個因素，以至於這款車變成一場商業大挫敗。其中一項讓人幾乎無法相信的狀況是，最早一批愛德索車（這些車顯然一定會獲得最多鎂光燈焦點）的車況非常糟糕。透過初步的廣告行銷方案，福特車廠已經讓大眾對愛德索車產生極大的興趣，讓眾人翹首盼望新車上市，癡情程度超過過去的任何一輛汽車。後來，顯然車子的效能並不佳。愛德索上市幾周後，全美都在談這款車的失敗之處。已經交車的愛德索會漏機油，引擎蓋會卡住，行李廂蓋打不開，至於按鈕，別說牙籤了，連用榔頭都壓不下去。一位心慌意亂的男士拖著沉重的腳步走進哈德遜河（Hudson River）邊的一家酒吧，一進來先要了一杯雙倍的烈酒，然後才大喊他的愛德索新車儀表板剛剛著火了。《汽車新訊》報導，最早出廠的那一批愛德索大有問題，烤漆品質很差，板金是次級品，配件也常故障，並引用了一位經銷商收到第一輛愛德索敞篷車時的悲嘆：「車頂組裝的很差，車門歪掉了，門框橫梁修整時角度錯了，前彈簧還鬆掉了。」福特公司運氣很背，賣給消費者聯盟（此機構在一般車市場上買車來試開，以避免拿到特別整修過後的樣品車導致測試結果偏頗）的是一輛非常糟糕的愛德索，驅動軸減速比出了錯，冷卻系統的膨脹塞爆開，動力轉向泵浦漏油，後輪軸的齒輪會發出噪音，關閉暖氣時會噴出熱風。愛德索事業部一位前高階主管預估，以第一批愛德索來說，僅約一半能發揮正常效能。

一般人很難想像，以福特的能力和光環來說，怎麼會使用喜劇演馬克．森內特（Mack Sennett）慣用的手法，一路鋪陳之後再來個反高潮？疲於奔命的卡拉夫坦蕩蕩地解釋，當車廠要推新車型時，就算是老牌且經過千錘百鍊的車系，第一批車子總是會有問題。更讓人吃驚的說法是（但這只是一種說法），四家組裝愛德索汽車的工廠裡有一些人在搞小動作；這四家工廠中，有三家過去曾經、現在也還在組裝福特或水星的汽車。至於愛德索的行銷活動，福特汽車師法通用，後者多年來一向允許、甚至鼓勵奧斯摩比、別克、龐迪克的車廠和業務人員與高價車雪佛蘭競爭客戶，無須手軟，這一招很成功；同樣面對自相殘殺，福特公司裡某些福特汽車與林肯水星汽車部門的員工一開始就公開希望愛德索重摔。（卡拉夫很清楚可能會發生這種事，曾經要求以愛德索自己的工廠來進行裝配，但他的主管拒絕了。）然而，杜爾以汽車業老兵的權威以及卡拉夫手下第二把交椅的姿態發聲，對於愛德索是工廠裡齷齪操作下的犧牲品這種說法嗤之以鼻。「福特和林肯水星部門當然不想看到又來一輛福特車廠出品的汽車，」他說，「但就我所知，不管是高階主管還是工廠現場，大家的所作所爲都是君子之爭。另一方面，針對私下的流言蜚語和宣傳問題，經銷與代理商確實存在著激烈的內鬨。如果我是其他部門的人，我也會這麼做。」老派的敗戰將軍有其尊嚴；其他人不會像他這麼老實說。

雖然車子一出裝配廠就出現異音、無法發動或分崩離析變成閃閃發亮的垃圾，但整件事一開始其實並不差，這都要歸功於那些讓愛德索大有發展的人。杜爾說，在愛德索日當天，已被下訂或是已經交到客戶手上的車，就已經超過六千五百輛。這是吉兆，但也顯現了一些零星徵兆，指向市場抗拒這款車。比方說，新英格蘭一家經銷商在一處展售間賣愛德索、在另一處賣別克，他們說，有兩位潛在客戶走進愛德索的展示間看了一眼，當場就訂了別克。

接下來幾天，銷量銳減，但預期之後將會再度熱起來。交運給經銷商的車子數量（在這一行，這是很重要的一個指標）通常都以十天爲一期來衡量，在九月的第一個十天裡（其中只有六天有銷售愛德索），交運量爲四千零九十五輛，低於杜爾預估的第一天業績，主要是因爲之前很多人買的車型或車色都沒有現貨，必須要由工廠組裝再出貨。第二個十天期的交運量小幅減少，第三個周期則減到不到三千六百輛。來到十月第一個十天期（其中有九個營業日），交運量僅有二千七百五十一輛，平均來說，一天僅有三百多輛。愛德索的營運要能能讓福特公司獲利，一年要賣到二十萬輛，每個營業日的平均銷量必須拉高到六百到七百輛，這遠高於一天三百輛的數字。福特大手筆替愛德索製作電視特別節目，十月十三日周日晚上，搶走通常分配給綜藝節目《蘇利文秀》（*The Ed Sullivan show*）的時段播出，但，即便花掉四十萬美元，還請來巨星平・克勞斯貝（Bing Crosby）與法蘭克・辛納屈（Frank Sinatra）代言，也無法大幅刺激銷量。現在情況很明顯，不管怎樣都無法扭轉局面了。

潰不成軍，淪為棄子

關於何時才確定眞的失敗了，愛德索事業部裡的前任高階主管意見分歧。卡拉夫一直到十月底才覺得成功的那一刻不會到來了。抽著菸斗、身爲愛德索半個智庫的華勒斯早一點，他指出十月四日這天就是災難之始，那一天，蘇聯發射斯普尼克（Sputnik）人造衛星進入地球軌道，粉碎了美國在科技上稱霸的神話，讓大眾對底特律的時髦小玩具心生反感。公關主任瓦諾克堅持，他對於大眾的喜好就像溫度計一樣敏感，這讓他早在九月中就看到轉折點了。反之，杜爾說他在十一月中之前都很樂觀，當時整個部門裡大概只有他一個人不會說唯有靠奇蹟才能拯救愛德索。「十一月時，」華勒斯以社會學家的口吻說，「出現了恐慌，還有隨之而來的群起攻擊。」他所說的群起攻擊，是大家異口同聲把整場潰敗歸咎於車子的設計。之前大誇水箱護罩與車尾的愛德索員工，現在顧左右而言他，說傻瓜也看的出來這些東西很荒唐。最明顯的犧牲品是布朗，一九五五年八月，他第一次將設計隆重展現在眾人眼前，當時他的人氣可旺得很，如今，無論好壞，之後什麼都沒做的他，成為全公司可憐的代罪羔羊。華勒斯說：「從十一月開始，就沒有人跟布朗說話了。」彷彿事情還不夠糟似的，十一月二十七日，曼哈頓地區唯一的愛德索經銷商查爾斯·克瑞斯勒出了王牌，宣布因為業績不佳，他要轉換經銷業務，據傳他還補了一句：「福特汽車公司很失敗。」他隨後和美國汽車（American Motors）簽約，負責銷售其藍布爾車系，這是當時市場上唯一的美國製小車，銷量已經一片大好。杜爾堅毅地說，愛德索事業部「不在意」克瑞斯勒的叛變。

到了十二月，愛德索事業部的恐慌氣氛已經平息到一個地步，幾個主事者重整旗鼓，開始找方法好讓銷售量再度動起來。亨利·福特二世也親自出馬，透過閉路電視對愛德索的經銷商喊話，敦促他們保持冷靜，承諾公司將有限度相挺，並斷然地說：「愛德索會一直守在這裡。」公司發出一百五十萬封由卡拉夫署名的信函給全美的中價位車主，邀他們去當地的經銷商走走，試開愛德索：卡拉夫承諾，眞的去試開的人，不管有沒有買車，都會得到一輛八英寸大的塑膠模型車。愛德索事業部會出錢製作模型車贈品，這表示事態已經很緊急，正常來說，一般車廠才不會爲了拉抬經銷商的業績而有所行動。（直到當時，慣例都是由經銷商支付一切費用）。愛德索事業部開始給經銷商所謂的「銷售獎金」，規定經銷商每一輛車可以調降售價一百到三百美元不等，而且仍能以原價利潤抽成。卡拉夫對記者說，到當時爲止的銷售量大約和他的預估值相仿，但不到他期望的目標；他極力不要讓自己看起來太過驚慌，但這話顯然指向他也預期到愛德索會失敗。愛德索的廣告活動一開始刻意展現尊榮，現在聽起來也格外刺耳。「每一個（和我們一同）見證過的人都知道，愛德索很成功。」有一則雜誌廣告曾經這麼宣稱，後來的廣告重複這句話兩次，彷彿下咒：「愛德索很成功。這是美國道路上的一個新概念，一個以『你』爲尊的概念……愛德索很成功。」很快地，比較不唱高調、而是偏向價格與社會地位主題的廣告開始出現，文案換成「當你開著愛德索，大家就會知道你到了。」以及「這是眞正的新車，也是眞正的最低價車！」在廣告業的菁英領域中，當你訴諸於押韻的口號，通常代表你得先考量商業利益，無暇顧及藝術美學了。

愛德索事業部十二月採行了多種瘋狂且所費不貲的行動，但只有一個很小的成果：在一九五八年的第一個十天期，部門提報的銷售額比一九五七年最後一個十天期高了十八．六％。但，就像《華爾街日報》警覺到的，問題是，後面這個十天期的銷售日比前面多了一天，因此，從實務面來看，幾乎算不上有成長。不管怎麼說，這個一月初華而不實的歡呼之聲，終究成為愛德索事業部最後的作態。一九五八年一月十四日，福特汽車公司宣布，要把愛德索部門和林肯水星汽車合併，組成水星愛德索林肯部門，由向來負責林肯水星汽車的詹姆士．南斯（James J. Nance）統籌管理。自通用汽車在大蕭條期間把別克、奧斯摩比和龐迪克合併在一起之後，這是第一次有大車廠把三個部門精簡成一個，對於被抹去的愛德索事業部員工來說，管理部門此舉的意義明顯之至。「一個部門裡競爭這麼激烈，愛德索根本動不了，」杜爾說，「這個車系變成了爹不疼娘不愛的棄子。」

苟延殘喘的最後時光

在最後的一年十個月裡，愛德索真的像個棄子，大致上沒人管，沒什麼在打廣告，之所以能活下來，完全都是因為公司決定如非必要，就不要再把愚蠢的錯誤公諸於世，也還抱著一點微小的希望，盼著愛德索或許會有一點發展。公司替愛德索做的任何廣告，都是浮誇地向汽車業保證說愛德索一切都好得不得了。二月中，南斯在《汽車新訊》裡登出的一則廣告中說：

> 自從福特汽車公司成立了新的水星愛德索林肯部門，我們深感興趣地分析了愛德索在銷售上的進展，我們認為，愛德索上市後的前五個月成績出色，超越美國有史以來任何上市新車的前五個月銷量……愛德索的穩定前進，是讓我們滿意的理由，更是我們的一大動力。

但南斯的比較毫無意義，過去沒有任何新車以如此浩大的聲勢上市，信心喊話也無助於完全都在打高空的事實。

南斯很可能從來沒注意到語意學家早川一會（S. I. Hayakawa）曾經寫過的一篇文章，這篇文章於一九五八年發表在《ETC：普通語義學評論》（*ETC:A Review of General Semantics*）季刊上，題爲〈愛德索爲何一敗塗地〉（*Why the Edsel Laid an Egg*）。早川一會本人是《ETC：普通語義學評論》的創辦人兼主編，他在文章的前言就說到，他是在普通語義學的脈絡之下來談這個主題，因爲汽車和詞彙一樣，都是「都是美國文化中的……重要象徵」，之後他論述，愛德索的失敗可以歸因於福特公司的高階主管「聽信動機研究人員的說法，而且聽信的時間太長」，以及他們很努力要做出一輛可以滿足顧客性幻想等渴望的汽車，卻未能提供合理且實用的交通工具，忽略了「現實原則」。

「動機研究人員沒對客戶明說的是……只有精神病患和非常神經質的人，才會根據自己的不理性與補償性的幻想來行事。」早川很快地譴責了車廠的作法，並補充說：「藉由像愛德索這種男女通吃……又非常昂貴的商品來販賣象徵性滿足，要面對的問題是……同樣可帶來象徵性滿足的低價商品變成了競爭對手，例如一本五十美分的《花花公子》（*Playboy*）、一本三十五美分的《驚異科幻小說》（*Astounding Science Fiction*）和免費的電視節目。」

即便面對《花花公子》的競爭，又或許是因爲追求象徵性滿足的人兩者都買得起，愛德索仍能保持銷售，唯只是苟延殘喘。就像業務人員說的，這輛車賣得動，但絕對不輕鬆，不是什麼用牙籤就挑得動的。當這輛車淪爲棄子，銷售狀況卻和過去是寵兒時差不多，這一點代表，不管是象徵性滿足還是馬力，大家爭吵不休的問題點其實都不太重要。一九五八年間，各州監理處新掛牌的愛德索車共有三萬四四八一輛，比任何競爭車款的新掛牌數都低得多，與愛德索獲利的目標值二十萬輛相比，這還不到五分之一，但不管怎樣說，車主們爲了買這輛車也花了逾一億美元。隨著愛德索推出第二年的車款，一九五八年十一月的局面其實還滿樂觀的。車長最多縮短了八英寸（約二十公分），車重最多減輕了五百磅（約二二七公斤），引擎馬力也少了約一五八匹，價格帶比前代少了五百到八百美元。垂直水箱護罩與斜眼車尾還在，但馬力與車身比例適中，收服了

《消費者報導》，他們這次下筆溫和多了：「福特汽車公司去年首次推出愛德索，壞了名聲之後，現在做出一輛可敬、甚至是討喜的愛德索車了。」有很多車主也同意。一九五九年上半年售出的愛德索，比一九五八年上半年多了兩千輛，到了一九五九年初夏，這部車的銷售速度已經來到一個月約四千輛。到最後，終於有進展了；銷售量幾乎已經達到獲利門檻的四分之一，不再僅有五分之一了。

一九五九年七月一日，全美總共有八萬三八四九輛有掛牌的愛德索，加州最多（共八三四四輛），但基本上不管任何車，在加州賣的量都是最大的；銷量最低的則是在阿拉斯加、佛蒙特與夏威夷，分別為一二二、一一九和一一〇輛。總而言之，愛德索似乎已經找到自身的利基，定位為有趣奇特的珍奇車。福特公司股東的錢仍周復一周地投入愛德索卻不見回報，而且小型車如今顯然已蔚為流行，福特已經很難讓人愛上愛德索，但公司仍在一九五九年十月中旬第三度推行年度改版。一九六〇年，福特首度（而且馬上成功）跨足小型車領域推出獵鷹（Falcon）車系，過了一個多月之後，愛德索又出新款了，但現在一點也不像愛德索了：垂直的水箱護罩和水平的尾翼已經不見，剩下來的部分，讓這款車看起來像是介於福特費爾萊恩（Fairlane）與龐迪克之間的車。一開始的銷量慘不忍睹，到了十一月中，只有一家工廠（位在肯塔基州路易斯維爾市）仍有愛德索出廠，一天僅出二十輛。十一月十九日，正規畫以大額出售的方式釋出手上福特汽車公司持股的福特基金會（Ford Foundation），發布法律規定在此種情況下必須提交的公開說明書，在描述公司產品部分有一條注腳，寫到愛德索「於一九五七年九月上市，於一九五九年十一月停產。」同一天，福特公司的發言人證實了這條不清不楚的訊息，同時又加了一些不清不楚的解釋，他說：「要是我們知道大家不買愛德索的理由何在，或許就能提出一些對策。」

最後的量化紀錄顯示，從一開始到十一月十九日，總共生產十一萬〇八一〇輛愛德索汽車，賣出了十萬九四六六輛。（剩下的一三四四輛幾乎都是一九六〇年的車款，後來在大幅降價之下很快出清。）總共算下來，一九六〇的產量是二八四六輛，也因此，當年的車款成爲收藏家潛在的收藏標的。確定的是，過了幾代之後，一九六〇年的愛德索就會變得和布加迪威龍四十一型（Type 41 Bugatti）那像稀有；回顧一九二〇年代末期，威龍四十一型的實車產量不過十一輛，只賣給眞正的王者；一九六〇年的愛德索車若能成爲稀有車，其社會面或商業面的理由和威龍四十一型雖不盡相同，但仍有可能出現一九六〇年愛德索車主俱樂部。

愛德索大潰敗造成的財務影響有多大，可能永遠都無法得知，因爲福特汽車公司公開財報中並無按照部門別細分的損益。然而，金融專家估計，福特在愛德索上市之後總共虧損約兩億美元，如果加上公司在上市前正式發布過的費用二·五億美元，扣掉約一億的工廠設備投資（整理後可轉作他用），淨損爲三·五億美元。如果估計正確的話，福特每製造一輛愛德索，就要虧掉約三千兩百美元，大約是可以買一輛新車的錢。換個比較刻薄的講法，回到一九五五年，如果這家公司決定不要生產愛德索，而是免費送出十一萬〇八一〇輛同價位的水星車，福特還可以幫自己省錢。

媒體的悼詞與四巨頭的敗北宣言

愛德索的終結在媒體上掀起一陣事後諸葛的分析。《時代》雜誌宣稱：「愛德索是一個經典案例，在錯的時間把錯的車推進錯的市場裡，也活生生地示範了講究『深入訪談』和『動機』云云的市場研究有其限度。」愛德索初亮相，隨即表示極為看重、十分肯定這款車的《商業周刊》，現在則宣稱這是一場「夢魘」，還對華勒斯的研究補上幾句甚為尖銳的批判之詞；他做的這些研究和布朗做的設計一樣，很快就變成眾矢之的。（跟著動機研究的結果上竄下跳，過去是、現在仍是很耗費心力的作法，但當然，如果暗指研究結果影響甚至主導了愛德索的設計，那就大錯特錯了，因為研究的用意僅在於為廣告行銷尋找主題，這些研究都是在布朗完成設計之後才做的。）《華爾街日報》寫給愛德索的悼詞裡有個重點，或許更實在，而且顯然更具原創性。

常有人指大企業操縱市場、控制價格以及用其他方法主導（他們找到的）顧客，而昨天福特汽車公司宣布為期兩年的中價位汽車愛德索實驗告終……主因是沒有買家。這件事的發展走向絕對不符合車廠可以操縱市場或強迫顧客買下車廠硬塞給他們的產品……理由很簡單，品味是捉摸不定的……講到主導，顧客才是無敵的獨裁者。

這篇文章的調性很友善且深富同情心，看來，福特公司把美國情境喜劇裡的靈魂人物「笨拙老爹」（Daddy the Bungler）演得很好，深得《華爾街日報》的心。

愛德索的前任高階主管紛紛針對這場大敗提出事後的分析，解釋中很明顯帶著自省的語調；當職業拳擊手被擊倒，一睜開眼睛忽然發現播報員已經把麥克風推到眼前，就會有這種反應。事實上，卡拉夫確實很像垂頭喪氣的拳擊手，把問題歸咎於自己時運不濟，他聲稱，如果他能避開底特律顯然雷打不動的運作機制與經濟條件，在一九五五年、甚至一九五六年股市大好且中價位車風行之時讓愛德索上市，這輛車就能做出好成績，現在也還能活得很好。這就等於是說，如果他能看到對手要出重拳，他會閃開。有一大群人傾向於把這場大敗歸咎於公司決定用「愛德索」這個名字，而不是另取一個更時髦更順口、簡稱不是「愛德」或「愛迪」，而且也不用擔心有家族朝代意象的名字，但卡拉夫拒絕和他們同路。卡拉夫仍說，就他來看，愛德索此名從來不曾影響這部車的命運。

布朗同意卡拉夫的說法，認爲不恰當的時機是最大的錯誤。「我眞心覺得，這部車的風格設計就算眞的和這場大敗有關係，關聯性也是少之又少。」他事後如是道，而他的坦白大概也站得住腳。「愛德索這個案子，就像任何針對未來市場規畫的案子一樣，憑的是做決策當時能得到的最佳資訊。通往地獄之路可是用善意鋪成的！」

天生就有業務員特質、自己可以強烈感受到顧客想法的杜爾，說起這件事就像一個被朋友背叛的人一樣；他的朋友就是美國社會大眾。「這是一場買方的抗議行動，」他說，「人們不想買愛德索，我不知道爲什麼。他們幾年來的購買行爲鼓舞了業界打造出他們心目中的車，我們把車帶到他們的面前，他們卻不想要了。嗯，他們實在不應該這麼做。你不能在某一天叫醒某個人說：『夠了，你一直跑錯方向。』不管怎麼說，他們到底爲什麼這麼做？老天！汽車業多年來努力再努力，拿掉變速排檔，提供舒適的內裝，還多了很多功能以供緊急時使用！結果，現在大家想要小金龜車。我眞搞不懂！」

華勒斯的斯普尼克人造衛星理論，給了杜爾一個答案，回答了爲何大家不想要愛德索，格局也夠大，很像一個身爲半個智庫的人會說的話。這也讓華勒斯可以大力捍衛他所做的動機研究，指稱在執行研究之時這些都是有效的結論。「我不認爲我們了解初次登上地球軌道對於美國人民的心理影響有多深，」他說，「別人在科技方面大有進步，勝過了我們，馬上有人開始寫文章說底特律做的汽車根本不值一談，尤其是有著華麗裝飾並帶著地位象徵的中價位汽車。一九五八年，除了藍布爾之外再無其他小型車，雪佛蘭橫掃這個市場，因為他們的車最簡單。美國人民替自己套上一套樽節開支的方案，不買愛德索就是他們對自己加上的苦刑。」

後來的發展

十九世紀的美國產業不賺錢就倒閉，對於任何撐過這段歲月的人來說，華勒斯可以一邊抽著菸斗、一邊平和地分析這次的大敗，是很奇怪的事。愛德索的故事裡有一點很確定，那就是遭遇大敗的是一家巨型車廠，讓人意外的則是，這家巨型車廠並未因此分崩離析，甚至也沒有重傷，大部分負責愛德索的人也還好好的，這多半要歸功於其他四個車系很成功：福特、雷鳥（Thunderbird）、之後的小型車獵鷹和彗星（Comet），還有後來的野馬（Mustang），以投資角度來看，福特這家公司可活得不錯。的確，福特一九五八年的狀況不佳，有一部分確實得歸咎於愛德索，當年每股淨利從五．四〇降到二．一二美元，每股股利從二．四〇降為二．〇〇美元，股價則由一九五七年約六十美元的高點下跌，一九五八年來到低於四十美元的低點。但到了一九五九年，虧損都已經回補，而且還多了出來，每股淨利達八．二四美元，每股股利為二．八〇美元，股價則來到約九十美元的高點，一九六〇和一九六一年的局勢更好。一九五七年時福特帳上有二十八萬名股東，除非他們在恐慌最嚴重時出脫股票，不然沒有什麼好抱怨的。另一方面，水星愛德索林肯公司整合之後，有六千名白領員工丟掉飯碗，福特的平均員工人數從一九五七年的十九萬一七五九人降到隔年只剩十四萬二〇七六人，一九五九年後僅回到十五萬九五四一人。當然，放棄其他獲利豐厚的車款經銷業務、轉成銷售愛德索卻破產的經銷商，對這場經歷應該高興不起來。根據林肯水星和愛德索事業部的整合條件，這三款車的多數經銷商也要整合在一起。整合之後，有些愛德索的經銷商退出市場，對這些破產的商家來說，有一點可堪告慰的是，等到福特公司終於停產愛德索，公司同意支付原成本一半的金額，向這些曾一起撐過危機的前同事買回他們的愛德索招牌，並退還相當高比例的貨款回收他們在停產時還沒售出所有的愛德索。有些汽車經銷商靠借貸度日，利潤就像邁阿密的旅館業者一樣微薄，就算賣的是最受歡迎的車，偶爾還是會破產。汽車銷售的世界競爭激烈，能在這裡活下去的人，講起汽車大城底特律不見得是好話，但當中有很多人認為，當福特公司終於領悟到自己堅持要做的是一部爛車，他們也是盡可能合理地扶持曾與愛德索共患難的經銷商。全國汽車經銷商協會（Automobile Dealers Association）一位發言人就說過：「就我們所知，愛德索的經銷商大致滿意他們得到的待遇。」

博達大橋廣告公司最後也因爲愛德索而虧了錢，因爲他們收到的廣告佣金還不足以支應公司投入的超高費用，包括新聘的六十名員工以及在底特律設立的豪華辦公室。他們的損失倒也不是都收不回來；愛德索一停產、再也沒有廣告可做，博達大橋馬上就受聘替林肯汽車打廣告，雖然兩邊之間的合作持續時間並不長，但這家公司順利地活了下來，接著享有通用食品（General Foods）、李佛兄弟公司（Lever Brothers）與環球航空公司（Trans World Airways）等客戶的讚譽。一九五九年之後，有很多年，在博達大橋的芝加哥辦公室私有停車場裡，每個上班日還是停了很多愛德索，這是博達大橋員工對前客戶表現出的忠誠象徵，很讓人感動。無獨有偶的是，他們不是唯一有信心的車主。有些愛德索的車主始終沒能找到實現美夢的方法，有些人有的時候還必須忍受可怕的機械故障，但是，也有很多人十幾年後把自己的愛德索當邦聯美鈔[8]（Confederate bill）一樣珍惜，在二手車市場裡，愛德索是二手價比新車價還高的品項，車子數量很少。

大體而言，愛德索過去的高階主管不僅站穩了腳步，甚至可說是飛黃騰達。福特公司用老派的方式發洩怒氣，粗魯地調動員工，當然沒有人會爲此責怪公司。卡拉夫被派去協助勞勃．麥納馬拉（Robert S. McNamara），後者當時是福特公司某個事業部的副總裁（後來成爲美國的國防部長），做了幾個月後，他又被調到公司總部擔任幕僚，待了約一年離職，之後成爲麻州沃瑟姆市

（Waltham, Massachusetts）一家一流電子公司雷神（Raytheon Company）的副總裁。一九六〇年四月，他升任總裁。一九六〇代中期，他離職成爲一名高價管理顧問，任職於西岸顧問公司（West Coast）。福特公司也給了杜爾一份幕僚職務，但他出國旅遊一趟回來之後仔細思考，決定退休。「我和經銷商的關係是一個問題，」他解釋，「我曾經向他們保證公司會全力支持愛德索，我覺得現在不適合由我對他們說公司做不到。」杜爾退休後，仍然如同過去一樣忙得很，監督他和幾個朋友與親戚創辦出來的幾個事業，並在底特律自行創業投身顧問領域。愛德索和水星與林肯整合前約一個月，負責公關的華勒斯離開事業部去了紐約，成爲國際電話電信公司（International Telephone &Telegraph Corp.，簡稱ＩＴＴ）的新聞服務主任，後來於一九六〇年六月離職，成爲麥肯廣告集團（McCann-Erickson）旗下公關事業部通訊顧問（Communications Counselors）的副總裁。他接著回鍋福特，成爲林肯水星汽車的東部推廣事務長，他不僅沒有被解雇，反而升職了。處境艱難的風格塑造師布朗，在底特律留了一陣子，成爲福特商用車的首席風格塑造師，接著去了英國的福特汽車公司，同樣也擔任首席風格塑造師，銜命負責指導康索爾（Consul）和安格利亞（Anglia）車系、卡車與拖拉機的設計。他堅持，接下這個位置並不代表被福特流放到西伯利亞。「我認爲這是最讓人滿足的經驗，是我在我的事業發展中走過最好的一步之

8 譯注：南北戰爭期間南方政府發行的貨幣。

一。」他在一封發自英國的信裡堅定地說，「我們正在打造絕對是歐洲第一的風格設計辦公室與風格設計團隊。」半個智庫華勒斯，受邀繼續在福特擔任半個智庫的角色，但因爲他不喜歡在底特律或附近過日子，獲得許可搬到紐約，一周僅來總部上班兩天即可。（他很審慎地說：「看來他們已經不介意我在哪裡工作了。」）一九五八年年底，他離開了福特，最後終於得償夙願：成爲全職的學者和教師。他開始在哥倫比亞大學攻讀社會學博士學位，忙著對康乃狄克州西港市（Westport, Connecticut）的居民提問做調查，以當地的社會變遷爲題撰寫博士論文，同時在格林威治村（Greenwich Village）的社會研究新學院（New School for Social Research）教授「社會行爲動態」。有一天，他要搭火車去西港，手裡抱著一疊問卷，有人聽到他帶著顯而易見的滿足神情宣稱：「我已經和產業界分道揚鑣了。」一九六二年初，他成了華勒斯博士。

一九五〇年代的美國夢

幾位和愛德索有關的人後來熱情不滅，但不完全是因爲經濟上有餘裕，這些人顯然精神上也很豐富。他們很愛講起自己的愛德索經驗（但還在福特任職的人除外，他們通常盡量避免談及這個話題），充滿活力，就像老戰友喋喋不休反覆講述最驚人的一役。杜爾可算是這一群中最熱衷於講古的。「這比我之前或之後的任何經歷都更有意思，」一九六〇年時他對一位訪客說，「我想這是因爲那是我工作最賣力的時候。我們都是。那是一個很棒的團隊。和愛德索並肩作戰的人都知道自己是在冒險，我喜歡冒險的人。即便發生了不幸的結果，但這仍是美好的經驗，我們也都走在正確的道路上！我退休之前去了一趟歐洲，我看到了那裡的狀況：到處都是小型車，但到處都在塞車，到處都有停車的難題，到處都是車禍。你可以試試，看看進出低矮的計程車時要怎樣才可以不撞到頭，或者走在凱旋門（Arc de Triomphe）旁邊時要怎樣才不會被車撞到。小型車不會長久。我認爲，美國的駕駛人不會長期滿足於手排和有限的效能，趨勢會盪回來的。」

華勒斯就像很多公關界的前輩一樣，宣稱這份工作讓他胃潰瘍，而且是第二次了。「但我克服了。」他說，「愛德索團隊很出色，我很想看一看，如果在對的時間推出了對的產品，他們可以做到什麼程度。我們很可能賣出幾百萬輛，就是這樣！這整件事，是我人生中永遠無法忘懷的兩年，那是一段創造的歷史。這整件事不是點出了一九五〇年代的美國嗎？懷抱高遠的期待，但不見得完全都能實現。」

卡拉夫身爲這支偉大敗軍的主將，早就準備好要表明他的前下屬所說的不僅是老兵的浪漫空談而已。「這是一個很棒的團隊，很值得共事，」不久之前他這麼說，「他們眞的全身全心投入這份工作。我喜歡動機強烈的團隊，他們就是。當情勢惡化，愛德索的員工或許曾經哀嚎他們爲了加入我們而放棄了其他好機會，但就算眞的有人這麼做，也不曾傳到我耳裡。他們後來的發展都很好，我一點都不意外。在產業界，你隨時要碰壁，但只要你的內心沒有被打敗，都有反彈的機會。我希望偶爾能和當年的某些人見見面，比方說瓦諾克或其他人，一起講講好笑的事、悲傷的事……」

愛德索人懷念愛德索車，無論是好笑的還是悲傷的，都是很值得思考的現象。這也許僅代表他們懷念一開始很享受、但後來很焦灼的注目；或者，這代表的是，失敗能帶來某種成功者永遠無法體會的悲壯感（伊莉莎白時期的戲劇中經常出現，但過去美國商業界很少見），這樣的時代已經來臨。

第3章

聯邦所得稅
其歷史演變與特殊之處

在單純的旁觀者看來，近年很多富有且看來聰明的美國人行爲舉止無疑相當奇特，他們做的事即便還算不上瘋狂，也堪稱古怪。有些繼承家產的人屈從於政府各式各樣的聲討，只好掏出大筆金錢購買公債，證明自己很樂於融資給州政府和市政府。如果高所得者的婚嫁對象是所得沒這麼高的人，通常傾向於在十二月底前完婚，一月成婚的人最少。有些成就極高的人，尤其是藝術家，通常會忽然間收到財務顧問的指示，要他們這一年無論如何都不要再接任何有報酬的案子，就算顧問早在五、六月時就這麼說，也請務必聽從。演員與其他從事個人服務的高所得人士，一再地當起砂石業、保齡球館和電話答錄服務業的老闆，想當然耳替這些平凡無奇的產業增添了許多活力。電影圈的人做事情好像在遵循一張精準的時程表，以十八個月爲期，不斷地放棄本國籍、取得外國籍，等到第十九個月又恢復本國籍。石油投資人在德州的土地上到處鑽油井，甘冒超乎商業判斷認爲合理的風險。不管是搭機出差、坐計程車或是在餐廳用餐，人們會看到商業人士一次又一次強迫似地拿出小記事簿記下所有項目，一旦有人問起，他們會說這叫「日誌」，但他們可不是效法塞繆爾・佩皮斯（Samuel Pepys）或菲利普・杭恩（Philip Hone）等名人的精神，寫日記以自省，他們只是在記錄所有費用。獨資或合夥的企業主不管小孩年紀多小，都會安排讓自家的孩子也享有所有權；要等某個合夥人出生而延後簽署合夥契約的例子，至少我就確實聽說過一樁。

無須多做解釋，大概每個人都知道，前述這些行爲都和各種聯邦所得稅法的規定直接相關。稅法要處理出生、婚姻、工作、生活方式與居住地點等面向，因此，也讓我們能從中大略看到法律造成的社會效應範圍有多大，然而，由於這些僅限於是有錢人的事，因此無法看出經濟受到衝擊有多廣。以最近一年（一九六四年）爲例，全美約有六千三百萬人要報稅，無怪乎所得稅法常被稱爲美國最直接影響最多人的法律，而所得稅稅收約占政府總稅收的四分之三，可以理解這種稅制被視爲一項最重要的財政措施。（美國截至一九六四年六月三十日的財政年度總歲收爲一千一百二十億美元，約五四五億美元來自個人所得稅，二三三億美元來自營利事業所得稅。）「在一般人心中，反正就是稅。」經濟學家威廉・舒爾茲（William J. Shultz）和洛爾威・哈里斯（C.

Lowell Harriss）在他們合寫的《美國公共財政》（*American Public Finance*）一書中如是說，而作家大衛．貝澤隆（David T.Bazelon）也指出，稅制的經濟效應極大，會創造出兩種截然不同的美國貨幣：稅前所得與稅後所得。不管怎麼說，如果不好好思考所得稅，就不可能成立企業，連一天都營運不了。不管屬於哪一個所得級距，幾乎每一個人時不時都會想到所得稅這件事。當然，也有些人因爲不遵守稅法而毀了自己的財富或名聲，或是兩者皆空。有一位美國遊客幾年前在遙遠的威尼斯看到一件讓他非常震驚的事，有一個零錢捐獻箱讓大家捐錢，以籌募聖馬爾谷聖殿宗主教座堂（Basilica of San Marco）的維修費用，上面掛著一個銅製的牌子寫著：「可扣抵美國所得稅。」

不公平的所得稅

有很多人非常關注所得稅，因爲他們主張這種稅既不合理也不公平。最普遍且最嚴重的控訴，或許要算是所得稅法的核心和謊言沒什麼兩樣，這是指，所得稅法規定以節節升高的累進稅率來課徵所得稅，之後又弄出一連串很容易鑽的漏洞，因此，一個人不管多有錢，幾乎都不會適用到最高或接近高的稅率。以一九六〇年爲例，應申報所得在二十萬到五十萬美元的納稅人，平均稅率爲四十四%，有極少數應申報所得超過百萬美元的人，他們適用的稅率還不到五〇%——單身的納稅人如果年收入爲四萬兩千美元，應該比照支付的所得稅稅率正是五〇%，而且他也多半必須乖乖繳納。另一項常聽到的指控是，所得稅是美國這個伊甸園裡的毒蛇，提供很多誘人的逃稅機會，使得這個國家每到四月就要墮落一次[9]。另一派的批評家宣稱，所得稅的複雜難懂，不僅導致演員成爲砂石場的老闆、未出生的人即成爲合夥人種種光怪陸離的情況，而且，這套法律畸形到人民根本沒有辦法靠自己做到守法〔《國內稅收法》（*Internal Revenue Code*）是美國的基本稅法，一九五四年的版本超過千頁，法院的裁定以及國稅局（Internal Revenue Service）用來解釋稅法的規定更長達一千七百頁〕。批評人士宣稱，這導致了不民主的情形，因爲只有富者才請得起收費昂貴的專業人士提供必要的建議，合法地將稅負降到最低。

儘管大多數立意公正的相關學者都同意，所得稅法實施半個世紀以來大幅且健全地重新分配了財富，但基本上完全不會有人捍衛所得稅法。講到所得稅，大部分的人都想改革，但多數人都無力行動，主要的理由是所得稅制極爲複雜，很多人光是聽就腦袋一片空白，另外就是會出現很多可以從中獲利的小團體，以具體明確、旁徵博引且精力充沛的態度推動對他們有好處的條款。一如其他國家，美國的稅法某種程度上都對改革免了疫，難以撼動；善用避稅方法來累積財富的那一群超級富豪，自是（而且一直都是）最抗拒取消這些避稅管道的人。這些影響因素，再加上財政部要面對國防與政府其他支出成本不斷攀升的緊迫需求（就算不考慮越戰這等規模的重大戰爭），導引出兩種很明顯的傾向，構成了一種自然法則：在美國，要加稅同時引進避稅管道相對容易；要減稅並消除避稅方法相對困難。直到一九六四年，一部分的自然法則受到了挑戰，由甘迺迪總統提議、詹森總統（President Johnson）推動通過，美國政府調降了兩個級距的基本稅率，原本最低的二〇%稅率調降爲十四%，最高的九十一%降爲七〇%，企業的最高稅率從五十二%降爲四十八%，總而言之，在本文寫作之時，仍是美國史上最大幅度的減稅。在此同時，自然法則的另一部分仍不爲所動。甘迺迪總統推動的稅制大改革當然包括要消除避稅管道，但因爲變動幅度太大引起哀鴻遍野，甘迺迪總統本人很快就放棄大部分提案，基本上完全沒有落實，新的法律反而還延伸出或擴大了一、兩種避稅方法。

路易．奧欽克洛斯（Louis Auchincloss）在短篇小說集《律師的權利》（*Powers of Attorney*）裡寫到一位律師對另一位說：「克利特斯（Clitus），我們就面對事實吧，我們活在萬萬稅的時代，什麼都要課稅。」另一位律師是傳統主義者，雖不贊同此話但也沒什麼好抗辯的。但奇怪的是，考量到所得稅在美國無處不在，美國小說卻很少有所提及。這很可能反映出此一主題不帶一

9 譯注：大部分美國人的報稅時間為每年四月。

點文雅，但也可能代表了舉國上下對所得稅的焦慮不安：這是我們不慎創造出來，卻又無法擺脫的存在，稅制既非完美無瑕、也非一無是處，而是極其龐雜、駭人，難以用道德評斷，非常人可以想像理解。可能有人會問，一切是如何發生的？

二十世紀前的全球稅制發展

只有在受薪階級爲主體的工業國家，所得稅才能發揮用處。截至本世紀爲止，所得稅制的歷史相對短暫，也算簡單。古代通用的稅制一定都是人頭稅，每一個人都要繳納相同的稅金，不根據所得繳稅：馬利亞（Mary）和約瑟（Joseph）之所以被迫在耶穌（Jesus）出生之前遷往伯利恆（Bethlehem），就是因爲人頭稅。在大約西元一八〇〇年以前，世上僅有過兩次嘗試制定所得稅的重要行動：一次是在十五世紀的佛羅倫斯，一次是十八世紀時的法國。大致而言，這兩次嘗試都代表了大權在握的統治者想要榨乾他們的子民。已故的所得稅權威史學家艾德溫．塞利格曼（Edwin R. A. Seligman）指出，佛羅倫斯嘗試徵收所得稅，但因爲行政上的貪腐與效率不彰而宣告失敗。至於十八世紀法國的稅制改革，這位權威則說：「很快就因爲濫用而變得千瘡百孔」，淪爲「非常不公的手段，完全憑當權者一己好惡向沒這麼富裕的階級徵收稅金」。這項徵稅行動掀起了人民的澎湃怒潮，後來演變成法國大革命（French Revolution）。法國國王路易十四（Louis XIV）一七一〇年實施的是舊制稅法（ancien-régime tax），稅率原爲十%，後來調降了一半，但爲時已晚；革命政權廢了稅制和定稅制的王朝。英國看到這樣的前例小心翼翼，一七九八年時實行所得稅制，以籌募資金參與法國革命戰事，從許多方面來說，這都可以算是第一套現代所得稅制。其一，這是累進稅率，年所得低於六十英鎊的人稅率爲零，高於兩百英鎊的人適用稅率則爲十%；其二，這套稅制很複雜，內容總共有一二四節、一五二頁。一般大眾馬上厭惡這套稅法，稅法一問世，詆毀稅法的宣傳小冊子也跟著出現，有一個撰文人聲稱，若從二〇〇〇年的眼光來看古代的野蠻政府，就會知道收所得稅的人是「殘忍的貪財者」與「畜生……粗魯之至，只能說是厚顏無恥又自大傲慢。」這套稅法一年僅收得六百萬英鎊（主要是因爲很多人逃漏稅），英法雙方簽署停戰的《亞眠條約》（*Treaty of Amiens*）之後，一八〇二年廢除這套執行三年的稅法，但到了隔年，英國財政部又發現國家財政困難，於是國會執行了新的所得稅法。英國的新稅法遠遠跑在時代之前，當中有一條規定從源頭就預扣所得，或許也正因爲這樣，即便新法最高稅率僅有過去的一半，人民對新法的厭惡卻比過去有過之而無不及。一八〇三年七月，倫敦自治市（City of London）舉行了一場抗議聚會，很多人講得慷慨激昂，想必講出了英國人對所得稅堅定不二的終極敵意。他們說，如果必須要用這樣的措施才能拯救國家，他們寧願選擇放手讓英國滅亡。

即便不斷出現阻礙，甚至有很長時間完全廢除了所得稅制，但慢慢地，英國的所得稅制開始壯大。和其他一切事物一樣，這或許只是單純的習慣成自然，這也是貫穿各地所得稅史的共同主線：一開始總是會出現最猛烈、最大聲嘶吼的抗議，隨著時間一年一年過去，稅法的力道愈來愈強，抗議者的聲浪卻漸漸平息。英國的所得稅在滑鐵盧（Waterloo）之戰勝利後廢除，一八三二年又三心二意走回頭路，過了十年後，由於羅伯・皮爾爵士（Sir Robert Peel）熱情奔走，自此便成了定局。在十九世紀的後半葉，基本稅率在五％到不到一％之間變動，遲至一九一三年，也才僅二・五％，並對高所得的人額外徵收不算高的附加稅。但美國的高所得就要適用高稅率的想法，最後也在英國流行起來，到了一九六〇年代中期，英國最高的稅率級距已經超過九〇％。

至於其他地方（至少是經濟上已開發的地方），有愈來愈多國家師法英國，在十九世紀的某時制定了所得稅制。革命之後的法國很快實行了所得稅法，但最後又以他法替代，十九世紀後半葉有很多年都在沒有所得稅法的狀況下運作，但最終，國家已經無法忍受失去稅收，也因此恢復稅法，成為法國經濟體中一個固定的項目。所得稅制或許不是義大利統一後最為甜美的成果，但它是最初的政策成果之一；由幾個邦合併組成德國的邦聯，早在統一之前就各自有所得稅制。到了一九一一年，奧地利、西班牙、比利時、瑞典、挪威、丹麥、瑞士、荷蘭、希臘、盧森堡、芬蘭、澳洲、紐西蘭、日本和印度也都有了所得稅制。

十九世紀的美國所得稅史

至於美國，雖然今日美國所得稅收金額龐大，美國納稅人表面服從、乖乖繳稅的態度更讓各國政府羨慕不已，但美國在制訂所得稅制這件事上遠遠落後他國，過了好多年法典裡才有了所得稅法。美國確實早在殖民時代就有一些和所得稅相類似的稅收體系，比方說在羅德島（Rhode Island），就曾經規定每一位公民必須猜測十位鄰居在所得與財產方面財務狀況，做為評估稅收的基礎，但這套方案效率不彰，而且顯然有太多遭到濫用的機會，因此壽命不長。第一個提議應該徵收聯邦所得稅的人，是麥迪遜總統（President Madison）時代的財政部長亞歷山大．達拉斯（Alexander J. Dallas）；他於一八一四年提案，但幾個月後一八一二年戰爭（War of 1812）結束，政府的財政需求沒這麼緊迫了，財政部長因提案而遭到砲轟，之後就沒有人再提此事，直到南北戰爭（Civil War），北方的聯邦政府（Union）和南方的邦聯政府（Confederacy）都實施了所得稅法。一九〇〇年之前，若不是因爲戰爭的刺激，少有國家會制定所得稅制。國家的所得稅收過去是、現在大致上也還是戰爭與國防的手段。一八六二年六月，由於大眾憂心國家債務以每天兩百萬美元的速度增加，促使國會不情不願地通過了一條所得稅法，累進稅率最高爲十%，七月一日由林肯總統（President Lincoln）簽署生效，一起通過的還有懲罰一夫多妻的法案。（隔天，紐約證交所大跌，這應該不能歸咎於一夫多妻的法案。）

馬克・吐溫（Mark Twain）一八六四年時第一次支付所得稅，稅金爲三六・八二美元，內含滯納金三・一二美元，之後他在內華達州維吉尼亞市（Virginia City, Nevada）的《領土企業報》（*Territorial Enterprise*）就寫了一段話：「我的所得被課稅了！眞是太好了！我現在才感受到我的人生這麼重要。」雖然其他的納稅人沒有這麼興奮，但這項法律仍一直實施到一八七二年。然而，這套法律之後歷經多次調降稅率與修訂，其中一項是一八六五年廢除了累進稅率，背後所持的理由是讓高所得的人適用十%的稅率、對低所得的人適用較低的稅率，是一種對財富的不當歧視。

一八六三年時美國的年歲入達兩百萬美元，到了一八六六年則有七千三百萬美元，之後大幅下滑。從一八七〇年代初期算起，大約有二十年的時間，除了偶有人民黨（Populist）或社會黨（Socialist）的挑釁份子提議制定特別的稅法以榨乾城市富裕階級，除此之外，美國人並沒有去思考所得稅這件事。到了一八九三年時情勢已經清楚，美國仰賴的是不合時宜的稅制，要求商業人士與專業人士擔負的責任太輕了，克里夫蘭總統（President Cleveland）於是提出了所得稅，引發的怒吼可謂震天嘎響。俄亥俄州的參議員約翰．薛曼（John Sherman）、也就是催生出《薛曼反托拉斯法》（*Sherman Antitrust Act*）的推手，他說這項提案是「社會主義、共產主義與魔鬼主義」，另一位參議員則沉鬱地把這項提案比做「就像教授帶著他們的書，社會主義者帶著他們的計謀……無政府主義者帶著他們的炸彈（來摧毀國家）」，眾議院裡則有一位來自賓州的議員坦白表達自己的意見：

> 所得稅！稅負非常令人作嘔，除了戰爭期間，任何政府都不敢強徵稅……不管在道德上還是實質上，稅負都非常讓人不悅，自由國家不應該有稅制，這是一種階級立法……你想要獎勵不誠實、鼓勵人們作偽證嗎？徵稅會腐化人民，導致到處都是間諜與打小報告的人，並且讓一大群官員都有了審訊權……主席先生，一旦通過這項法案，民主黨也等於是簽下了自己的死刑執行令。

本項引發譴責的提案，建議年所得超過四千美元的部分一律適用二%的稅率，並於一八九四年正式頒布。民主黨得以倖存，但新法案卻沒有。還沒等到正式實行，最高法院就駁回了，理由是此法違反了憲法規定——除了根據人口分攤稅金之外，禁止「直接」向人民徵稅（奇怪的是，南北戰爭制訂所得稅制時沒有提到這一點），所得稅問題再次不了了之，這一次一放就是十五年。

全面進入課稅的年代

一九〇九年，美國發生了一件事，稅制權威傑洛米．赫勒斯坦因（Jerome Hellerstein）說這是「美國史上一次最諷刺的政治事件轉折」：堅決反對所得稅的共和黨，提出了（第十六條）憲法修正案，最終賦予國會直接徵稅的權利，無須按州分攤。共和黨此舉本是政治作態，他們深信美國絕對不會批准此修正案。讓他們大爲挫敗的是，本修正案於一九一三年通過，當年稍後，國會就以一%到七%的稅率對個人課徵所得稅，也對企業的淨利課稅，統一適用稅率爲一%。自此之後，美國就有了所得稅。

大體來說，一九一三年以後的美國所得稅史，就是不斷提高稅率與定期出現特殊條款，讓稅率級距高的人免於不便，無須以高稅率支付稅金。第一次大幅加稅是在一次大戰期間，到了一九一八年，最低稅率爲六%，所得超過百萬美元者適用的稅率爲七七%，遠遠高於過去任何政府敢於課徵的所得稅率。而大戰結束與「回歸常態」扭轉了這股趨勢，之後迎來了一段對富人和窮人而言都成立的低稅率時代。美國在一九二五年之前不斷調降所得稅率，該年的標準稅率級距爲從一．五％到二五％的絕對上限，此外，由於單身者享有一千五百美元的個人免稅額，已婚者免稅額爲三千五百美元，每一個扶養人口則有四百美元的免稅額，美國大半受薪階級根本完全不用繳稅。這還沒完，在複雜的政治勢力刺激之下，一九二〇年代開始出現特殊利益條款，而且自此之後時不時增加。第一條重要的特殊利益條款定於一九二二年，確立了資本利得享有優惠待遇的原則，這表示，有史以來第一次，因爲投資標的升值賺到的錢，適用的稅率低於靠薪資或提供服務賺得的錢，當然，至今依然如此。接著，一九二六年時出現了一個漏洞，無疑讓無法享有其中好處的人咬牙切齒：石油耗損折讓（depletion allowance on petroleum）比率規定[10]。根據這一條，油井業主可以從油井年度所得毛額中最多扣掉二七．五％，之後才計算應稅所得，而且，就算過去扣除的金額已經高於油井原始成本的很多倍，每年依然都可以扣抵這麼多。不管一九二〇年代對美國一般人民來說算不算是黃金年代，對美國納稅人來說絕對是美好至極。

大蕭條與新政（New Deal）帶出稅率走高與免稅額降低的趨勢，導引出聯邦所得稅制眞正

10 譯注：稅法規定，礦場或林場等耗竭性資源的業主可以獲得這項扣抵額，有點像是設備的折舊成本。背後的論據是他們擁有的這些資產也是資本投資，有一定的使用年限，蘊藏量就愈少，價值也就愈低，計算營收時應合理地計入耗損並抵銷營收。規定意在獎勵業主承擔風險。

的改革時代：二次大戰時代的所得稅制。到了一九三六年，大致上因爲公共支出大增，使得高級距的稅率比起一九二〇年代末期時高了將近一倍，來到七九%，在此同時，也調降了最低端的個人免稅額，以至於單身者就算年所得僅一千兩百美元，也必須要支付小額稅金。(事實上，當時多數工廠勞工的年所得並不會超過一千兩百美元。)一九四四與一九四五年，個人適用的所得稅率來到高點：低級距的稅率爲二三%，高級距則爲九四%，同時間，營利事業所得稅也悄悄上調，從最初一九一三年的一%，到此時某些企業適用的稅率已達到八〇%。但，戰時稅制的革新之處不在於高所得的人要適用極高的稅率；一九四二年稅率確實攀高到頂峰，而高級距納稅人也有了新的、或者說舊瓶裝新酒的避稅方法：股票或其他資產要能享有規定的資本利得優惠，持有期間原本是十八個月，此時則縮短爲六個月。眞正的改革是，隨著工業薪資水準的上升以及受薪階級適用的稅率大幅提高，這群人有史以來第一次成爲重要的政府稅基。忽然之間，所得稅成了一種大眾稅。

這種情況一直持續下去。從一九四五年到一九六四年間，中、大型企業的稅率降爲齊一稅率五二%，個人所得的稅率並無大幅改變。(這也就是說，基本稅率並無重大變化；從一九四六年到一九五〇年之間，偶有暫時的降稅，大約比基本稅率少五%到十七%不等。)一直到一九五〇年，適用的稅率範圍都維持在二〇%到九一%；韓戰期間曾小幅調降稅率，但一九五四年又馬上調回來。一九五〇年出現另一條很重要的逃漏稅管道，開放了所謂的「限制性股票選擇權」（restricted stock option），因此，某些企業高階主管的部分薪酬可以用較低的資本利得稅率課稅。這項無法從稅率表中窺見的重大變革，讓另一項始於戰時的變革延續下去：加重了中低所得群體的稅負比例。十分矛盾的是，美國的所得稅原本靠的是對高所得族群課徵低稅率，後來卻演變成對中低所得族群課以高稅率。南北戰爭時課徵的所得稅（只影響一％的人口），無疑是富人稅，一九一三年的所得稅亦然。即便在因爲一戰導致預算最爲吃緊的一九一八年，在美國總共逾一億的總人口中，僅不到四百五十萬的人須申報所得稅。一九三三年是大蕭條最嚴重的時候，僅有三百七十五萬人申報所得稅，一九三九年時，在美國有一．三億人中，由七十萬納稅人組成的菁英階級繳稅金額占總所得稅收九成，一九六〇年時，要有三千兩百萬納稅人（約占總人口的六分之一）貢獻才能達到稅收的九成；同樣都是高達九成的總稅額，一九六〇年金額高達三百五十五億美元，相比之下，一九三九年還不到十億元。

史學家塞利格曼一九一一年時寫道，全世界所得稅史基本上都是由「朝向根據能力納稅的演化」所構成的。可能有人會想知道，如果他仍在世，根據美國之後的發展經驗，他會再加進哪些特質。當然，中產階級支付的稅金占比高於過去，理由之一是如今這一群人的人數變多了。一國的社會經濟結構的變遷，向來是影響所得稅收架構變化的重要因素。然而，從實務上來說，一九一三年原始的所得稅制在向人民徵稅時，很有可能比現今更嚴格遵行按能力納稅。

美國國稅局，羨煞眾人的收稅效率

無論美國所得稅法有哪些缺失，但放眼全世界，這無疑是納稅人最認眞遵守的所得稅法；如今，從東方到西方，從南極到北極，所得稅已經無所不在。（實際上，有幾十個國家過去幾年來才加入採行所得稅制的行列。《海外稅賦與貿易簡要》（*Foreign Tax & Trade Briefs*）期刊的主編瓦爾特．戴蒙（Walter H. Diamond）近期曾提到，一九五五年時他可以數出整整二十四個大大小小不對個人課稅的國家，但到了一九六五年時，他只能點出幾個：兩個英國殖民地，百慕達和巴哈馬；兩個小共和國，聖馬利諾（San Marino）和安多拉（Andorra）；三個富有的中東產油國，阿曼王國（Sultanate of Muscat and Oman）、科威特（Kuwait）和卡達（Qatar）；以及摩納哥（Monaco）和沙烏地阿拉伯（Saudi Arabia），兩個待客不太殷勤的國家，這兩國僅瞄準外籍居民，不對本國人民課稅。就連共產國家，雖然所得稅僅占總稅收的小部分，但也會徵收，蘇俄就對不同的職業套用不同的稅率，商店主人和神職人員屬於高稅率級距，藝術家和作家接近中稅率，勞動階級和工匠則在底部。）有大量證據都可證明美國的稅收極有效率，比方說，以稅務行政與執行成本來看，美國每收一百美元的稅金只花了約四十四美分，加拿大高了兩倍，英國、法國和比利時高了三倍，其他地方更是高了很多倍。外國的稅收機關極渴望也能享有美國的高效率。默提莫．卡普林（Mortimer M. Caplin）於一九六一年一月到一九六四年七月間擔任美國國稅局局長，在任期結束前和六個歐洲國家的一流稅收機關主管會商，他一再一再聽到的一個問題是：「你們怎麼做到的？美國人民喜歡付稅金嗎？」當然不喜歡，而就像卡普林當時說的：「我們有很多歐洲沒有的優勢。」美國的優勢之一是傳統。美國所得稅制的起源與發展，不是王室為了滿足自己的私欲去壓榨子民的結果，而是一個民選政府出於公眾利益所做的事。有一個旅遊經驗豐富的稅務律師不久前觀察到：「在多數國家，不可能嚴肅討論所得稅，因為人們並沒有認真看待所得稅。」美國人民則很認真看待此事，部分原因是美國的所得稅執行與監管機關——國稅局，擁有強大權力且技巧高明。

一八九四年賓州那位眾議員擔心的那「一大群官員」無疑真的出現了，而且除了官員之外，還有其他人也加入了這個行列，擁有了他同樣擔心的「審訊權」。一九六五年初，國稅局約有六萬名員工，當中有超過六千名稅務官，與超過一萬兩千位稅務員，這一萬八千人都有權詢問每個人所得中每一分錢的流向，探詢像報公費的餐費這類事情；他們以重罰威脅，擁有或許可以合理稱爲「審訊權」的權力。除了實際收稅之外，國稅局還做了很多事，有些活動顯示，該局執行強制權力雖然不是爲了行善，但也可說是追求公平公正。其中一項値得注意的活動是推動納稅人教育人方案，規模之大，偶爾會促使官員自誇美國國稅局經營的是全世界最大的大學。方案中，有一部分是要推出幾十份用來闡述稅法不同面向的刊物，讓國稅局很得意的是，其中最普通的一份刊物卻非常風行〔這是一本藍色的小冊子，上面印製「您的聯邦所得稅」（Your Federal Income Tax），每年出版一次，一九六五年時，可在任何國稅局分區辦公室用四十美分買到一本〕，民間出版社經常再製，用一本一美元或更高的價錢買給不明究裡的人，而且還講明了這是一本政府出版品（政府出版品沒有版權，這麼做完全合法）。國稅局每年十二月也會針對技術性問題舉辦「研討會」，以啓發廣大的「稅務從業人員」（指會計師和律師）；他們再過不久就要替個人和企業報帳。國稅局會提供初級的稅務手冊，免費供任何高中索取，據一位國稅局官員稱，美國約有八成五的高中最近一年內都曾經索取過。（高中生會不會花時間好好讀一讀稅法這個問題，並不在國稅局考量範圍內。）此外，每年報稅截止期限前，國稅局會上電視做廣告，提供報稅重點與提醒。國稅局可以自豪地說，在這各式各樣的廣告中，絕大部分都在保護納稅人不要多繳冤枉錢。

一九六三年秋天，國稅局採取大動作，進一步提升收稅效率，而且，他們用的是堪與〈小紅帽〉故事裡的大野狼比美的演技，對一般大眾宣傳時講成是老奶奶好心要幫忙大家。這項行動就是建立所謂的全國性身分檔案，其中包括給每一位納稅義務人一個稅籍編號（通常就是個人的社會安全碼）。其用意是要從根本上杜絕民眾不申報領到的企業股利或銀行帳戶或債券利息，藉以消除後續引發的問題；一般認爲，這類的逃漏稅會讓財政部一年少了好幾億美元。但這還不是全部。在一九六四年的報稅單首頁上，卡普林局長說得很清楚，當民眾在申報單中的正確欄位填入此編號時，「申報的稅額以及您支付的稅金馬上就歸戶，列於您名下，任何退稅也會迅速以對您有利的方式登錄。」國稅局接著又開始推動另一項大計畫：採用一套自動化系統，以執行查核稅額流程中的大部分工作；國稅局用七部地區電腦來收集與整理資料，然後輸入位在西維吉尼亞州馬丁斯堡市（Martinsburg, West Virginia）的主資料處理中心。這套系統每秒鐘可以比對二十五萬筆資料，還沒全數上線運作，就已經被人稱爲馬丁斯堡怪獸（Martinsburg Monster）。一九六五年時，系統一年會完整稽核四百萬到五百萬份申報單，並會揪出所有申報單中的數學計算錯誤。糾錯的工作有一部分由電腦負責，一部分由人工操作，等到了一九六七年，國稅局的電腦系統已全面運作，所有計數核算都由電腦負責，騰出很多國稅局的人力，可以詳細查核審計更多申報單。而根據一九六三年一份由國稅局授權出版的刊物，「（電腦）系統的容量和記憶體很大，不管是忘了、還沒有用到前一年減稅額的納稅人，或是沒有完全善用法律所賦予權利的人，系統都可以幫上忙。」簡言之，這套系統已經變成了友善的怪物。

像梭羅一樣的兩任國稅局長

如果說，國稅局近年來呈現在大眾眼前的面貌披上了一層若隱若現的善意，最陰險的解讀莫過於都歸因於近年來主導國稅局的卡普林了，他是一個快活外向、天生長袖善舞的人，在一九六四年十二月繼任局長，來自華府的年輕律師薛爾登・柯恩（Sheldon S. Cohen）也受他影響甚深。柯恩在國稅局見習了六個月，這段時間先由在國稅局待了一輩子的伯崔德・哈汀（Bertrand M. Harding）擔任代理局長，見習期滿之後才由柯恩接掌。（卡普林辭去局長一職時，他離開了政治圈〔至少是暫時〕，回到華府擔任執業律師，其中一項專攻領域便是替商業人士解決稅務問題。）一般認爲卡普林是美國有史以來最出色的國稅局長，最起碼，他確實比最近兩任的局長要好得多：其中一位，離職不久之後因爲逃漏稅而遭定罪，被判入獄兩年；另一位後來去競選公職，立場是反對任何聯邦所得稅，這就好比前棒球裁判去遊說國家反棒球一樣。卡普林個子小、講話快、充滿活力，他在紐約市長大，曾是維吉尼亞大學（University of Virginia）的法學教授，他身爲國稅局長的功勞之一，是廢除一項過去據說存在的陋規：每一位稅務員都要收取到一定的稅收額度。他在國稅局高層營造出一股無可挑剔的正直廉潔氛圍，最引人注目的是他成就了一項大事，居然能爲美國注入一股讓人民關注稅收的某種抽象的熱情。他用一種很巧妙的方法收稅，彷佛新疆界（New Frontier）的分支計畫[11]，他自己稱爲新走向（New Direction）。新走向的主要行動，是要更強調教育面向，以導引人民更願意自動自發遵循稅法，而不再把重點放在找出與起訴可疑的違法者。一九六一年春，卡普林對手下官員提出一份宣言，他寫道：「我們都應理解，國稅局不是單純的直接執法機構，目標不應限於重新檢視申報表後多收二十億美元、從欠稅者身上收回十億美元與起訴幾百名逃稅者，反之，國稅局要負責管理一套大型自我評估稅務系統，憑著人民的報稅單以及他們自願繳付徵收到九百多億美元的稅款，然後再加上直接執法活動收到二十到三十億美元。簡而言之，我們不可忘記，美國有九七%的稅收都來自人民的自我評估與自願守法，僅有三%來自於直接執法。我們主要的使命，是更有效鼓勵與促成人民自願守法……新方向實際上是一種重點的轉移，而且是一種非常重要的轉移。」但或許，由莉莉安．多麗絲（Lillian Doris）主編的《美式徵稅》（*The American Way in Taxation*）一書書衣，更能貼切地點出了新方向的精神；本書在卡普林的祝福之下於一九六三年出版，他本人更親自寫了推薦序。「全世界有史以來最大型、最高效率的稅收機構——美國國稅局激動人心的故事！」書衣上寫了這麼一段話，「本書描述轟轟烈烈的事件、激烈的立法之戰，還有一心奉獻的公僕，抬頭挺胸走過一個世紀，在我們的國家留下不可磨滅的銘記。讀到扼殺了所得稅制的史詩級法律之戰會讓你血脈賁張

11 譯注：甘迺迪總統提出許多意在把美國推向新領域的重大方案，例如太空探險和登月計畫，統稱新疆界。

……國稅局未來的計畫也會讓你深感興奮。你會看到巨型電腦（目前規畫中）未來如何影響稅收系統，如何以全新且非凡的方式影響千千萬萬美國人民的生活！」這話聽起來，很像馬戲團大聲吆喝，招攬客人觀賞一場公開處決。

美國的收稅系統中，有四分之三的稅收來自從源頭預扣個人所得稅，系統裡還有國稅局和馬丁斯堡怪獸埋伏其中，隨時跳出來逮住粗心的逃漏稅者，被抓到逃漏稅除了極高額的罰款之外，每次犯行最高還可以判入獄五年，因此，是否能用新方向的口號「自願守法」來描述這套系統，頗值得商榷。但卡普林看來不太在乎這一點。他帶著永不歇止的幽默感，到處去全美各地的商業界、會計師、律師的組織，發表午餐演說，讚美他們過去自願守法的態度，鼓勵他們未來更加努力，並向他們保證，這是一場美好的志業。一九六四年所得稅申報書（由卡普林簽核）封面上有一篇小文，卡普林說那是他和妻子合寫的文章，文中寫著：「我們仍在努力，希望在稅賦管理系統中增添一些人情味。」他曾去華府瓦里斯俱樂部（Kiwanis Club of Washington）在五月花飯店（Mayflower Hotel）舉辦的午餐會中演說，幾個小時之後，他對一位訪客說：「我在這份工作中看到很多幽默之處。比方說吧，去年是所得稅修正案入憲的十五周年，但不知爲什麼，國稅局連一個生日蛋糕都沒收到。」這也算是一種絞刑台上苦中作樂的幽默，差別在於受絞刑的人不是開玩笑的人。

繼任卡普林局長職務的是柯恩，他一直任職到一九六八年中。柯恩是土生土長的華府人，一九五二年名列前茅畢業於喬治華盛頓大學（George Washington University）法學院，之後在國稅局任職四年，擔任基層職務，接著在華府成爲執業律師，最後成爲知名的阿諾、佛特斯與波特律師事務所（Arnold, Fortas & Porter）合夥人，一九六四年他回歸國稅局，成爲法務長，一年後，在他三十七歲時，成爲有史以來最年輕的國稅局長。他棕髮，留著小平頭，眼神很純眞，行爲舉止很誠懇，讓他看來比實際年齡更年輕。他出身於法務室，任內讓這個單位在實務上和學理上的表現都加出色，因此累積出好名聲。他曾經負責一項行政再造任務，因爲加快決策速度而廣受好評，也帶頭要求國稅局要用一致的法律立場對待〔比方說，國稅局必須自制，不能在費城詮釋某一條稅法時採行某個立場，在奧馬哈（Omaha）解讀同一條時卻採取相反立場〕，一般認爲他的這項作法代表了崇高原則戰勝了政府貪婪。柯恩說，當他接下此一職務時，大體上，他的打算是延續卡普林的政策：強調「自願守法」，努力和納稅大眾之間維持融洽關係、至少不要有歧見，諸如此類。他不像卡普林這麼耀眼，但比卡普林更自省，這樣的差異造成的效果也反映在國稅局上面。他待在辦公室的時間相對長，把午餐會巡迴勵志演說交給屬下。「卡普林很擅長這些事，」柯恩一九六五年時說，「由於他的大力推動，如今大眾都很看重國稅局。我們希望，我不需要再多施力也能維持國稅局的好名聲。不管怎麼說，我沒辦法做好這件事，我不是這塊料。」

經常且持續有人指控國稅局長的權限太大。國稅局長無權提案變更稅率，也不能提出任何新的稅法立法議案（提議變更稅率的權限在財政部長手上，他在這方面可以、也可以不要尋求國稅局長的建議，而當然，實施新稅法則是國會議員和總統的職責），但因為稅法必須涵蓋各種不同情況，必須要以相對通用的方式書寫，只有國稅局長有權撰寫用於詳細解釋法律之相關規定（但法庭可以駁回）。有時候，規定本身也會有點模糊不清，在這種情況下，有誰比作者（也就是國稅局長）更有資格解釋這些規定？是以不管是在辦公室裡還是午餐會上，國稅局長講出寫出的每一個字，幾乎馬上就會透過各種稅務出版服務發布出去，全國的稅務會計師和律師都會知悉。他們會急切地消化並奉為圭臬，不像平常對政府官員所說的話有所保留。也就因為這樣，有些人認為國稅局長基本上就是獨裁者，但也有人不認同，包括那些稅務理論與稅務實務的專家。紐約大學法學院教授兼稅務顧問傑洛米．赫勒斯坦因說，「國稅局長行事上的自由度很大，他做的很多事確實會影響國家的經濟發展以及個人和企業的財富，但如果要限縮他的自由度，就會導致法規詮釋上變得很僵固，像我這種稅務實務人員會更容易操弄法規，以圖利客戶。國稅局長享有的自由度，也讓他擁有了適度且健康的不可預測性。」

卡普林當然沒有故意濫用自己的權利，柯恩也沒有。我曾經拜訪過前者，之後又去局長室見了後者，兩人給我的印象都是很有智慧的人，而且，就像史學家小亞瑟．史列辛格（Arthur M.

Schlesinger, Jr.）對梭羅（Henry David Thoreau）的評價一樣，這兩人也都在高度的道德張力之下過生活。道德張力的源頭不難找，他們的難處，十之八九是來自於要負責導引人民，不管是否自願都要遵守他們並非打從心裡認同的法律。一九五八年，卡普林放下國稅局長的身分，以稅務專家證人的立場出席眾議院籌款委員會（House Ways and Means Committee），提議推動一套全面性的改革方案，其中包括完全廢除或是大幅取消資本利得的優惠，調降石油與其他礦產的耗損折讓比率，預扣股利和利息的所得稅，最終則要起草一套全新的所得稅法來取代一九五四年的稅法，他宣稱，一九五四年的稅法已經引發「困難、複雜以及逃漏稅機會。」卡普林離職不久之後，他便詳細說明他理想中的稅法是什麼樣子。與現行稅法相比，理想中的稅法應該非常簡單，消除漏洞，同時刪掉大部分的個人抵減與免稅額，利率級距爲從十%到五〇%。

以卡普林來說，他能做到化解道德張力，靠的不完全是理性分析。「有些批評者完全用憤世嫉俗的觀點來看待所得稅，」他在局長任內曾經若有所思地說過，「他們說，實際上，『這根本是一團混亂，什麼也做不了。』我不敢苟同。我們確實需要做很多妥協，未來也將是如此，但我不接受失敗主義的行事態度。我們的稅務系統有一項神祕特質，不管從技術面來看有多困難，這套系統自有生命力，因爲守法的人很多。」他說完後，可能因爲發現自己的主張中有一項缺陷，因此停頓了很久；說起來，在過去，如果所有人都遵守某一條法律，這可不見得代表這條法律就很明智或很公平。他接著說：「展望未來幾年，我認爲我們會有好結果。或許，某個時候發生的某種危機會讓我們開始把眼光放到私利之外。我很樂觀，我相信從現在算起的五十年後，我們會有一套很好的稅制。」

至於柯恩，撰寫現行稅法時，他負責草擬和國稅局相關的立法章節，也參與了法案的編纂。可能有人會覺得，他會因爲這個機緣而對稅法有特殊的感情，但顯然沒有。「請記住，當時是共和黨執政，而我是民主黨員。」一九六五年時他曾說過，「起草法案時，你就是一個技術人員，之後你會感受到的任何自豪之情，都是因爲在技術面上表現出色而湧出的自豪。」柯恩重讀他過去所寫、今日已經成爲法律的文字時，他既無得意也不追悔，他更毫不猶豫就替卡普林的看法背書，同意這套稅法引發「困難、複雜以及逃漏稅機會。」關於能否從簡化當中找到答案，他比卡普林悲觀多了。「我們是可以調降稅率與取消某些扣抵項目，」他說，「但之後我們可能會發現，爲了顧及公平，需要加一些新的扣抵項。我認爲複雜的社會需要的可能是複雜的稅法。如果我們制訂比較簡單的稅法，幾年後很可能又再度變得複雜。」

美國所得稅法這面鏡子，呈現出什麼影像？

一八一一年時，法國作家兼外交官約瑟夫·德·邁斯特（Joseph de Maistre）說：「每一個國家都得到應得的政府。」政府的主要功能是制定法律，因此，這句話也暗指每個國家都得到應得的法律。這句話套在靠武力存在的政府身上最多只對了一半，但套在根據民意而存在的政府身上，應該很有說服力。如果說，如今美國法典中最重要的一套法律是所得稅法，順著這個道理推下來，美國人得到的就是一套應得的所得稅法。近年來，很多關於所得稅法的討論重心，都圍繞在單純的違法上面，其中包括不管是否爲詐騙，特意用可扣抵稅額的企業費用帳戶虛報開支，因而少報應稅所得（據估計，一年下來，這類逃漏稅金額達二五〇億美元）；另外就是國稅局內部的貪污瀆職問題，有些權威人士相信這種情況非常普遍，至少在大城市是如此。當然，這種不法行爲反映的是永遠存在、舉世皆然的人性弱點。但是，法律的某些特性會和立法的時間與地點有密切相關，如果德·邁斯特是對的，這些特性也應反映出國家的特性，這也就是說，所得稅法某種程度上是一國的照妖鏡。鏡中的美國看起來是什麼模樣？

我要先複述一下，美國目前徵收所得稅的基本法源，是一九五四年版的《國內稅收法》，由國稅局提出的大量規定詳加說明，並輔以大量的判例，國會也做過幾次修訂，包括內含美國史上最大減稅行動的《一九六四年稅收法案》（*Revenue Act of 1964*）。《國內稅收法》的篇幅長過《戰爭與和平》（*War and Peace*），充斥著讓人腦袋不清、精神不濟的用語（這或許是無可避免的）；說明「就業」一詞定義的句子是典型範例，這句話的開展於第五六四頁末，超過一千個字、十九個分號、四十二組單括號、三組括號裡的括號，甚至還有一個不知道該怎麼算的字中句號，最後終於氣喘吁吁來到結尾，以句尾的句號告終，此時，這句話也已經寫到了五六七頁的上方。《國內稅收法》的讀者要一直讀到規範進出口稅的章節（進出口稅與遺產稅、幾種其他聯邦政府稅，都是《國內稅收法》的規範範疇），才會讀到可理解又有趣的句子，比方說「欲出口人造奶油者，應在每一個桶子、罐子或其他包裝上以正體字標明『Oleomargarine』（亦即人造奶油）一詞，字母大小不得小於半英寸見方。」然而，稅法第二頁上有一條規定連句子都稱不上，卻直接明確，如眾人所願。這一條直截了當規定了單身個人適用的所得稅稅率：應稅所得不超過兩千美元者稅率為二〇%，應稅所得高於兩千但不超過四千美元者稅率為二二%，依此類推，應稅所得超過二十萬美元者，適用最高稅率九一%。（我們之前已經看到，一九六四年時已經調降稅率，最高稅率為七〇%。）稅法開宗明義，並輔以稅率表，直指其原則是要做到非常公平，對窮人課徵的稅負相對輕，對一般人課徵適度的稅金，對非常富有的人則課以幾乎充公的稅率。

但，這裡也要再提一件眾所周知、基本上也不需要重提的事，那就是這套稅法並未好好落實其原則。如果需要證明，只需要看看近年的所得稅統計數據就好了，比方說國稅局每年發布的那一套《所得統計》(*Statistics of Income*)資料。一九六〇年時，所得總額介於四千到五千美元間的人，在扣完所有個人扣除額和免稅額之後，如果用稅法中規定夫妻共同申報、以戶長身分報稅適用的稅率（通常低於單身者的稅率），最後要支付的平均稅金約爲他們提報所得的十分之一，所得介於一萬到一萬五千美元的人，支付的稅金約爲申報所得的七分之一，所得爲兩萬五千到五萬美元者，繳納金額不到四分之一，所得介於五萬到十萬美元者，支付的稅金約爲三分之一。講到這裡，我們顯然看到根據能力繳稅的累進稅率，和稅率表規定的很相似。然而，當我們檢視最高幾個所得級距時，卻發現累進稅率戛然而止；這本應是累進稅率最爲顯著的地方。同樣是一九六〇年，所得介於十五萬至二十萬美元、二十萬至五十萬美元、五十萬至一百萬美元和百萬美元以上的群體，平均每人支付的稅金不到其申報所得的一半，當我們看到，當一個人愈有錢，就更有可能有一大部分收入都無須申報爲應稅總所得（比方說，來自某些債券的所有收益、與長期資本利得的一半收益都不用計入），顯而易見地，這代表了極高所得級距的實際納稅稅率往下降了。一九六一年的《所得統計》也證實了這一點；這份統計數據列出不同所得級距支付的稅金，顯示雖然有七千四百八十七位納稅人申報的所得總額達二十萬美元或以上，但淨所得被課以九一%稅率的不到五百人。在施行這套稅法期間，九一%稅率是一種給公眾的安慰劑，讓所得級距較低的人覺得還好自己沒這麼富有，但也沒有對非常富裕的人造成太大的傷害。如果你認爲這是個笑話，更精彩的是，有些人所得比誰都高，但納的稅比誰都少：這些人年收百萬美元甚至更高，但他們找到完全合法的方法，連一毛錢的所得稅都不用付。《所得統計》指出，一九六〇年時，全美有三〇六人年所得超過百萬美元，其中有十一人無須繳納所得稅；一九六一年時，年收百萬美元的有三九八人，其中有十七個人無須納稅。簡單得證，美國的所得稅很難說是累進稅制。

充滿漏洞，優待富人

要解釋這種表象與現實之間的巨大差異、導致稅法廣受僞善之批評，我們可以從隱藏在陰暗深處的詳細豁免適用標準稅率規定中找到答案：這些豁免項通常被稱爲特殊利益條款，或者，更直接的講法叫漏洞。（任何秉持公平原則的人在使用「漏洞」一詞時都會爽快地同意，這是一種主觀的說法，一個人的漏洞很可能是另一個人的生機，但有時候，漏洞剛好也是此人的生機。）一九一三年原始的所得稅法中，明顯沒有漏洞；漏洞怎麼會變成法律、爲何一直還是法律，這些問題涉及政治，也可能和形上學有關，但實務運作相對簡單，好好檢視一下，可以給我們一些啓示。到目前爲止，要逃漏所得稅，最簡單的方法（至少就手中握有大筆資本可供運用的人來說）就是投資各州、各市政府、港務局與收費道路的債券，這些債券支付的利息當然免稅。近年來，優質免稅債券的利率大約爲三％到五％，投資千萬美元購買債券的人，不管是本人或是處理稅務的律師完全不用費一點心力，一年就可坐收三十萬到五十萬美元的免稅收益。如果此人很笨，用這筆錢去做一般的投資，假設收益率爲五％，那他的應稅所得就是五十萬美元，以一九六四年的稅率計算，假設此人是單身而且沒有其他收益，也不適用任何節稅方法，他要支付的稅金就是將近三十六萬七千美元。所得稅法從一開始就規定州級政府與市級政府債券免稅，原始的憑據是憲法，現在則以州級和市級政府需要資金作爲理由。多任財政部長都不贊成這種免稅，但從來沒有人能廢除。

稅法中最重要的特殊利益條款，可能要屬和資本利得有關的規定。國會聯合經濟委員會（Joint Economic Committee of Congress）的幕僚在一份一九六一年提出的報告中寫道：「資本利得的優惠待遇，成爲聯邦稅收架構中最明顯的漏洞。」基本上，這條規定納稅人如果從事資本投資（投資房地產、企業、股票，凡此種種），持有至少六個月之後獲利了結，這筆收益就可以用遠低於一般所得的稅率課稅。具體而言，稅率是此納稅人一般所得最高稅率的一半或百分之二十五，取其低者。對於所得通常落於級高稅率級距的人來說，這條規定的意義很明確：他必須找到方法，盡可能靠資本利得賺取最多收入。也因爲這樣，想辦法把普通所得變成資本利得的遊戲，在過去一、二十年來非常風行。要贏得這場遊戲，不用太費心力。一九六〇年代中期，某天傍晚電視節目主持人大衛・薩斯金（David Susskind）在電視上問六位身價上看數百萬美元的來賓，他們是否認爲，在美國通往財富的康莊大道上，稅率是造成阻礙的絆腳石。現場沉默了很久，這些百萬富翁彷彿是第一次聽過這種說法，不知如何應答，接著，有一個人以對小孩解釋的語氣開口了，他提到資本利得條款，並說他不認爲稅率是什麼問題。當晚就沒有人再提起高稅率這件事了。

雖說資本利得優惠條款近似於某些債券的免稅規定，主要造福富人，但兩者的運作方式大不相同，資本利得優惠更爲寬鬆。事實上，他稱得上是的漏洞之母。舉例來說，可能會有人認爲，要先有資本，才能有資本利得，然而，人們找到一個辦法（一九五〇年還立法了），還沒擁有資本就能先有利得。這就是員工認股權條款（stock-option provision）。企業可以讓高階主管有權在一段約定期間內（比方說五年）的任何時間點，以核發員工認股權當天的公開市場價格或相近價格買進公司股票，之後，如果公司股價一飛沖天（這種情況常有），這些高階主管就可以行使認股權，以之前約定的價格買進股票，並用新的價格在公開市場出售，如果他們沒有操之過急，有熬完規定的持有期，賺取的價差獲利還可適用資本利得優惠稅率。從高階主管的角度來看，員工認股權的美妙之處，在於一旦公司的股票大漲，他握有的認股權本身也水漲船高成爲值錢商品，他可以拿著認股權做擔保，借來現金以行使認股權，接著，他買進股票然後售出，就可以清償借款，還可靠無本投資賺得資本利得。從企業的角度來看，這種操作的好處是，他們支付給高階主管的薪酬中，有一部分可以適用相對低的稅率。當然，如果公司股票下跌（偶爾也會發生這種事）、或者只是聞風不動，整套計畫就一文不值，但即便如此，這些高階主管還是相當於可免費賭一次股市大輪盤，他們有機會大賺一票，卻基本沒有什麼損失，稅法就沒有給其他族群這種機會。

稅法對資本利得與普通所得厚此薄彼，顯然傳達出兩個非常可疑的概念：有一種非勞動所得比任何勞動所得都更值得獎勵，有資本投資的人比沒有資本投資的人更應享有優惠。如果以公平爲基準，幾乎沒有人認同資本利得的優惠待遇有道理；會考量到這個面向的人，多半會認同赫勒斯坦因，他曾經寫過：「從社會學的觀點來看，對資產增值獲利課徵重稅、輕放個人勞動服務所得，是比較值得稱許的作法。」捍衛資本利得優惠待遇的人另有其憑據。其一，有一套受人肯定的經濟理論主張資本利得應完全免稅，他們的論點是，薪資、股息或利息都是資本這棵樹結出的果實，因此是應稅所得，資本利得代表的卻是這棵樹的成長，根本不算所得。有些國家的稅法中確實納入了這樣的差異，最明顯的就是英國的稅法，基本上他們在一九六四年之前都不課徵資本利得稅。另一種主張則純粹出於實用主義：要鼓勵人們拿資本冒險，就必須要有資本利得優惠條款。（同樣的，支持員工認股權的人會說，企業要有這樣的方案，才能吸引高階主管人才並留住他們。）最後，幾乎所有稅務機關都同意，如果以和其他所得相同的基礎來對資本利得課稅（大多數的改革者都說應該要這樣做），涉及難以克服的技術問題。

富裕人士和高薪人士等族群可以找到各種不同的避稅管道，包括企業的退休金方案：這和員工認股權有點像，有助於解決高階主管的稅務問題；表面上爲了慈善與教育目的而設立的免稅基金會：美國有超過一萬五千個基金會，雖然有些基金會的慈善與教育活動少之又少，但有助於減輕捐助人的稅務負擔；還有個人控股公司：這類公司要遵守相對嚴格的規定，讓利用個人服務（例如寫作和表演）賺取極高收入的人，可以把自己當成公司，來降低稅負。然而，在稅法這麼多漏洞裡，最多人詬病的，應該是石油耗損折讓比例。稅法裡用到「耗損」一詞，指的是不可取代的自然資源會不斷枯竭，但用在石油業者的所得稅申報書上，則代表的是一種神奇美稱，用來稱呼通常稱爲「折舊」的現象。製造業者會申報機器折舊作爲減稅項，直到機器的原始成本完全扣抵完爲止（到這時，理論上機器已經沒有價值，沒有耗損的問題），但基於某些理由，以個人或企業之名投資油井的人拒絕前述的邏輯，永無止盡地申報產油井的耗損比例，就算折讓的金額早就超過油井原始成本很多倍了，他們還是要繼續享有這項補貼。石油耗損折讓一年是二七．五％，最高不得超過石油投資人淨利的一半（有些自然資源的折讓額度比較低，例如鈾是二三％，煤是十％，蚵殼和蛤蠣殼是五％），大大影響石油投資者的應稅所得，再結合其他節稅方法，效果更是可觀。以最近五年來說，石油業主的淨利若爲一四三〇萬美元，他要付的所得稅爲八萬美元，只有〇．六％。耗損折讓比例總是爲人詬病，這不出奇，同樣也無須覺得奇怪的是，總是有人全力捍衛。甘迺迪總統在一九六一年和一九六三年提出的稅法修正案，這兩次行動合起來，通常被視爲美國史上由最高行政首長提出的最廣泛稅制改革方案，但就連這些改革方案也沒有膽量建議廢除折讓，可見反對廢除者態度之激烈。一般的主張是，必須要有耗損折讓比例，才能彌補石油從業人員從事高風險鑽井活動時承擔的風險，從而確保石油的供給量足以供應全國所需，但很多人認爲，這樣的論點相當於說「耗損折讓是聯邦政府給予石油業的有必要且爲人樂見之補助」，這根本自打嘴巴，因爲補助個別產業並非所得稅應做的事。

所得稅法鼓勵商務行為？

《一九六四年稅收法案》並沒有做任何事把漏洞堵起來，但確實使得漏洞沒這麼好用；這套稅法大幅調降高所得基本稅率，很可能也讓這些身處高級距的納稅人不想再麻煩，放棄比較不便或效果沒這麼好的避稅手法。至於新法案能把稅法的承諾與實際差距拉近多少，只能說，新法案是一種偶一爲之的改革。（有一個辦法可以解決所有所得逃漏稅的問題，那就是完全廢除所得稅。）舊稅法中除了蘊藏詭辯主張（還好一九六四年後已經有減少）之外，還有一些顯著且令人擔憂的特點至今從未改變、未來可能也很難有所改變。例如，當企業主本人出差、或企業員工出差但公司不補助相關費用時，差旅與娛樂開支的抵稅實務問題；根據合理估計，近來這類抵稅金額約爲一年五十億到百億美元之譜，讓聯邦稅入少了約十到二十億美元。差旅交際費用（travel-and-entertainment，一般簡稱 T & E）問題存在已久，雖然有很多人試過出手解決，但都功敗垂成。從歷史來看，一九三〇年是差旅交際費問題很重要的時間點，當時法院裁定演員兼作曲家喬治・柯漢（George M. Cohan）可以根據合理的估計值扣抵差旅費，就算無法佐證他支付了宣稱的數目或無法提出詳細帳目也沒關係，之後每一個人也都可以這麼做了。這個案例日後稱爲「柯漢判例」，三十多年後仍然有效，這段期間，一到春天就有成千上萬商業人士引用此例報稅，就像回教徒去麥加朝聖，是老規矩了。幾十年間，隨著估計費用的人們膽子愈來愈大，他們申報的估計差旅費用扣抵額也像野草一樣愈長愈多，使得很多想改革的人開始砲火猛攻柯漢判例以及差旅交際費規定中其他的彈性空間。一九五一年時，國會提出大體上廢除、甚至完全廢除柯漢判例的法案，一九五九年又捲土重來，但都被打了回票（其中一次，反對者大聲疾呼若廢除了

T&E，也代表肯德基德比賽馬會（Kentucky Derby）未來也辦不成了」，一九六一年甘迺迪總統提案立法，不僅主張完全廢除柯漢判例，也要把這類金額降至一個人一天餐飲費用能扣抵的部分限於四到七美元，爲美國生活中的隨意扣抵時代畫下句點。但這些根本性社會變動都並未成眞。提案一出馬上就引發商界、餐旅業者、夜店大聲且不絕的哀號，甘迺迪很多提案就這樣被快速揚棄了。然而，國會於一九六二年通過一系列的稅法修正案，以及國稅局一九六三年提出一套施行細則，確實導致了廢除柯漢判例，並規定一般而言，今後要扣抵商務費用的話，不管金額多小，就算沒有實際的收據，也要有紀錄佐證。

然而，瀏覽一下改革之後的法律，會發現差旅交際費的新規定也並不理想，事實上，當中充斥著荒誕無理，其基本原則正是媚俗。要扣抵差旅費，前提是旅程主要是爲了公事而非度假，而且必須「遠離本地」，這也就是說，通勤不算。「遠離本地」的規定引發了「哪裡叫本地」的問題，也帶出了「納稅本地」（tax home）的概念，差旅地點必須遠離納稅本地，才能扣抵差旅費；不管擁有多少鄉間別墅、狩獵小屋與分支辦事處，商業人士的納稅本地是他主要就業地所在的地區（而不只是某棟特定的建築物）。因此，在兩個城市間通勤工作的已婚夫婦可能各有納稅本地，但還好，稅法仍承認他們是一體的，容許他們享有其他已婚夫婦的稅務好處；雖然也有人因爲稅務上的好處而結婚，但爲了稅務上的好處而離婚這種事，暫時還未出現。

至於交際費，如今撰寫國稅局規定的人一定不知道早已成過去的柯漢判例，他們被迫要以近乎神學的細膩做出區分，最後的結果就等同於直接補貼商界所有企業不分晝夜隨時談公事的習慣（有些人覺得，反正多年來早就已經是這樣了）。比方說，規定中寫到，和公務相關的夜店、戲院或音樂會等娛樂費用要能扣抵，前提是在這些活動之前、當中或之後要有「大量且實質的業務討論」。（如果商業人士在戲劇表演或音樂會中大量會談商務，那眞是一幅讓人不願想像的畫面。）另一方面，如果有生意人在「安靜的商務場合」招待客戶夥伴，比方說沒有現場表演的餐廳，就算實際上談到生意的部分很少或根本沒有，只要會談有商業目的，仍可扣抵這次的餐飲費。總而言之，去的場合愈熱鬧、愈讓人眼花撩亂或活動愈是五花八門，就要一定有更多的商業對話；規定中具體把雞尾酒會納入喧囂熱鬧的類別，因此，要扣抵稅金的話，必須在之前、期間或之後要有大量的商務會談，如果是主人在家中招待商務夥伴用餐，就算完全不講生意，費用也可以扣抵稅金。然而，關於後者，拉瑟稅務研究院（J. K. Lasser Tax Institute）在其廣受歡迎的指南《您的所得稅》（*Your Income Tax*）中提出警示，指你必須「準備好證明你的動機……是商業性質而非社交性質。」換言之，爲求安全起見，不管怎樣都要談生意。赫勒斯坦因曾寫道：「今後，稅務從業人員必會敦促客戶隨時隨地談生意，並請他們告誡妻子，如果想要繼續過已經習慣的生活，請勿阻止先生談工作。」

一九六三年之後的判例都反對奢華等級的娛樂交誼，但就像拉瑟稅務研究院的小冊子所指（而且還講得滿高興的），「國會並未具體制定禁止奢華或極致娛樂活動的法律規章。」反之，國會規定，商業人士可以拿包括遊艇、狩獵小屋、游泳池、保留球道或飛機等「娛樂設施」的折舊與營運費用抵減稅額，但前提是有一半以上的時間拿來作商務用途。商務清算公司（Commerce Clearing House, Inc.）定期出版許多刊物作爲稅務顧問人員的指南，其中有一本宣傳小冊子《一九六三年開支帳戶》（*Expense Accounts 1963*），就用以下的範例來解釋這條規定：

> 假設納稅人養一艘遊艇……作為招待客戶之用。遊艇有二五％的時間用於放鬆休息。由於其中有七五％的時間為公務用途，主要用於推動納稅人的業務，因此七五％的維修保養費用……可計為可扣抵的娛樂設施費用。如果這艘遊艇只有四〇％的時間用於公務，那就不能扣抵。

這一條沒有規定遊艇主人應該用什麼方法衡量公務時間與休憩時間。大致上來說，當遊艇停在旱塢，或是出航時只有船組員工，那就不算休閒也不算商務（當然，可能會有人說，船主人光是看著定錨的船搖搖晃晃就感到很開心）。可以用來計算商務或休閒時間，一定是有他和有客人在船上的時間，他要遵守法律，最有效率的方法可能是安裝兩個碼表，一個在左舷一個在右舷，一個記錄商務用途的航行時間，另一個記錄娛樂用途的航行時間。一次社交航海活動可能因爲一陣順吹的西風早了一小時返航；或者，九月商務航程中的最後一段因爲逆風而慢了，使得這一季的商務時間超過了關鍵的比例五〇%。船主都會祈求能來一陣這種及時風，因爲遊艇的抵減額可以輕輕鬆鬆就讓他當年的稅後所得高了兩倍。簡言之，這種法律眞是沒有道理。

有些專家認爲，變更差旅交際費的規定對整個社會來說是好事，這樣一來，過去敢於憑恃柯漢判例這類一般性條款報好報滿扣抵項的納稅人，就沒有膽量或心思假報濫報了。人民遵守這種法律雖能社會帶來好處，但，守法也會造成人民的生活品質下降，相形之下得不償失。很少見法律這麼積極推動社交商業化，或者說嚴厲懲罰業餘活動的精神；理察．霍夫士達特（Richard Hofstadter）在他的書《美國生活中的反智主義》（*Anti-Intellectualism in American Life*）裡曾說過，業餘活動的精神正是美國建國先賢的特質。納稅人從事技術面來說是商業性質、但事實上是社交的活動，然後申報抵稅額（也就是說，表面上的守法），這麼做最大的風險或許是讓人民看輕自己的人生。可能有人主張，如果美國的建國先賢仍在世的話，也不屑把社交和商業、業餘和專業混在一起，他們會自制，除了最明確無誤的費用之外，不會多報。然而，在現行的稅法之下，問題是他們能否負擔高額的重稅，以及是否該要求他們從中做個選擇。

以慈善為名的逃稅行為

一直有人主張，稅法歧視腦力工作，主要證據是各式各樣耗損性實質資產都可以申報折舊，天然資源也可以申報耗損折讓，但從事創意工作的藝術家或發明家，並不能就心智或想像力的耗損申報抵減折讓，但，腦力耗損對於他們日後的工作和所得影響有時候更爲明顯。（一直也有人主張專業運動員也受到歧視，因爲稅法並不容許他們申報身體的折舊。）美國作家聯盟（Authors League of America）等組織進一步主張，稅法對待作家以及其他創意工作者不公平；由於工作性質以及行銷經濟動態之故，這些人各年的年所得常會有大變動，大賺的年頭會被課重稅，能留下的錢少之又少，讓他們難以度過時運不佳的年頭。一九六四年的法案有一條規定打算要處理這著情況，讓創意工作藝術家、發明家以及其他一下子會收到大額所得的人分成四年申報，以平均值計算，減輕情勢好年頭的稅負。

但如果說稅法眞的反智，很有可能並非故意，而且顯然前後不一。稅法賦予慈善基金會免稅地位，讓學者一年能領到幾百萬美元的獎助學金（其中大部分資金若非作爲慈善之用，就會變成政府稅收），支應他們在執行各種研究專案時的差旅與生活費。稅法中也有關於捐贈資產增值（無論是刻意或偶然）的特殊條款規定，常常幫助畫家和雕塑家的作品賣得更高價，也讓幾千件私人收藏作品出現在市場上，進入公共博物館。如今大家已經很清楚這套流程的運作方式，這裡只需要大略提一下即可：收藏家將藝術品捐給博物館，可用捐贈時作品的公平市價扣抵稅額，買入之後若有任何增值，也無須繳納資本利得稅。如果增值幅度很大，收藏家適用的稅率級距就很高，他甚至可以靠捐贈來賺到一筆。這些規定讓某些博物館收到如雪球般滾來的捐贈，讓員工忙得不可開交，更讓有所得稅制以前富人喜好藝術的舊時風氣又重新吹了起來。近年來，有些高所得級距的人養成了收藏不同系列的習慣：有幾年流行後印象派，之後可能是中國玉器，接下來則是美國現代畫作。每一段期間結束時，收藏家就會把全部收藏捐出去，算一算他本來應該要支付的稅金之後，會發現他幾乎不花一毛錢就完成了這次的冒險。

無論是藝術作品、金錢或其他資產，高所得人士做慈善捐贈的成本很低，這是稅法最奇特的結果之一。每年個人所得稅申報書中，申報的可抵稅捐贈金額約五十億美元，到目前爲止，比較大的部分是資產價值增值，而且是來自於所得極高人士，背後理由可用以下的簡單範例闡明：假設有一個人的最高稅率是二〇%，他捐贈了一筆現金一千美元，這麼做的淨成本是八百美元。有一個人的最高稅率是六〇%，他同樣捐了一千美元，他的淨成本是四百美元。反之，如果高所得級距的人捐的是他當初用二百美元買進的股票，他的淨成本則只有二百美元。稅法熱切鼓勵大規模的慈善活動，使得很多年收百萬美元的人根本不用繳稅；稅法中有一條很奇特的規定：回溯前十年，如果納稅人在其中八年所得稅和捐贈金額加起來達到應稅所得的九成或更高比例，當年度就可以獲得獎勵，不受通常的可扣抵捐贈金額上限限制，因此可以完全不用繳稅。

稅法這些規定，常讓人假慈善之名行財務操作之實，更坐實了人們經常的指控說稅法在道德面上和稀泥，甚至更不堪。這些條文也在其他面向上和稀泥。舉例來說，檢視近年來的大型募款活動訴求，很難區分到底是號召人們行善，還是向捐贈者主打稅務上的好處。普林斯頓大學在一項大型的募款活動發行一本很周詳的小冊子《節稅省更多……建設性的方法》（*Greater Tax Savings ... A Constructive Approach*），是一個很有教育意義的範例。（哈佛、耶魯和其他很多教育機構也出版類似但不完全相同的小冊子。）「領導的責任重大，在這個政治人物、科學家與經濟學家都必須做出幾乎必會影響幾代人決策的時代，尤其如此。」文宣的序言一開始高瞻遠矚地宣告，之後繼續說明，「這本小冊子的主要用意，是要敦促所有有意捐贈者更認真看待自己的捐贈方式……捐贈者有很多方法可用，以相對低的成本捐出大額的贈禮。很重要的是，有意捐贈的人本身必須知悉這些機會。」後面幾頁詳述的機會包括透過捐贈增值證券、工業性資產、租賃、權利金、珠寶、古董、股票選擇權、住所、人壽保險和存貨來節稅，以及善用信託（「信託這種管道極具靈活度」）。宣傳小冊子在某處建議，擁有已增值證券的捐贈者與其無償捐贈，不如賣給普林斯頓大學，由大學用現金以捐贈者當初買進的價格購入。對於心思比較單純的人來說，這顯然是一樁商業交易，但文宣資料指出，以稅法的角度來看，證券目前市值高於捐贈者售予普林斯頓大學的價格，兩者間的差價無疑就是單純的慈善活動，因此完全可以扣抵。「雖然我們非常強調審慎規畫稅務的重要性」，最後一段寫著，「但我們希望，不會因此得出捐贈的想法與精神應屈就於稅務考量之下的結論。」確實不應該，也無必要；經此操作，捐贈的本質已經被巧妙地減到最少、甚至可說實際上已經被抹去了，捐贈的精神應該自由自在飛走了。

過於複雜，集結出一支稅務顧問大軍

講到稅法最明顯的特質之一（我們檢視稅法特質的旅程也來到結尾），是其複雜性，這樣的複雜也造成了稅法一些最無遠弗屆的社會效應：基本上，如果想要合法盡量降低稅負，很多納稅人都必須尋求專業協助，最優質的顧問服務價格高昂而且供不應求，因此，富人又比窮人多了一項優勢，稅法的條文規定很民主，但執行時卻並非如此。（所有的稅務顧問費都可抵稅，這代表愈來愈有錢的人可以用愈來愈低的成本買到的東西又多了一樣：徵詢稅務建議。）國稅局為納稅人提供免費的教育與協助方案（這些方案的範圍很廣，而且立意甚佳），根本無法與傑出的獨立財務專家提供的付費服務相提並論，這是因爲，首要職責爲收稅的國稅局卻向民眾說明如何節稅，顯然涉及了利益衝突。一九六〇年時，美國的個人所得稅稅收有一半來自調整後所得總額爲九千美元或以下的個人，這不完全是因爲稅法規定所致，事實上，有部分理由是因爲低所得的納稅人負擔不起請別人教他們節稅。

稅法的複雜性造成的奇特且惱人副作用，是養出一大群人專門提供稅務顧問建議（在這一行，這種人被稱爲「執業人士」）。這一群人到底有多少不得而知，但可從一些指標當中一窺其規模。根據最近統計，有八萬人持有美國財政部核發的執照（多數都是律師、會計師與國稅局前任員工），得以正式擔任稅務顧問，並可用此身分與國稅局往來；此外，有爲數不明的人替人收費報稅（這些人並未持有執照，而且通常沒有特殊專業資格），這是任何人都可合法提供的服務。律師在稅務界就算不是理所當然的貴族，也是無可爭論的富豪，在美國，應該找不到任何執業一整年卻沒有碰到過稅務的律師，每一年，單純從事稅務的律師也愈來愈多。美國律師公會（American Bar Association）的稅務組大部分都是純稅務律師，會員約有九千人；以大型的紐約律師事務所來說，每五名律師裡就有一名專門負責稅務；紐約大學法學院的財稅系，是培養稅務律師的大本營，一個系就比其他一般的法學院還大。一般認爲，節稅這門業務吸納了一些最優秀的法律人才，很多人主張，從事這項業務的菁英，正代表了這個國家被浪費的資源，某些一流的稅務律師也欣然接受這番論點，他們很得意地肯定幾件事：其一，他們的心智確實傑出，第二，他們傑出的心智確實被浪費在小事上。「法律界也有周期。」有一位稅務律師最近就說了，「以美國來說，一八九〇年以前最紅的算是財產法，接下來有一段期間是公司法，現在則有各種不同的專攻領域，當中最重要的就是稅務。我非常樂意承認我從事的是社會價值有限的工作，說到底，談到稅法，我們講的是什麼？在最好的狀況之下，唯一的問題只有個人或企業應如何公平納稅以支持政府。好吧，那我爲何要從事稅務工作？一開始，這和訴訟一樣，都是一場很讓人沉醉的鬥智遊戲，以現在執行實務的狀況來說，很可能是法律界最能挑戰智商的一個分支。第二，雖然從某種意義上而言這是一個專科領域，但從另一層意義上來看也並不盡然。這項業務會切入每一個法律領域。某一天你可能是和好萊塢的製片合作，隔天面對的是地產大亨，接下來又換成企業高階主管。第三，這一行獲利豐厚。」

不公平，但暫時無法可取代

表面上虛僞公平但骨子裡是系統性的寡頭政治、複雜到荒謬不合理、莫名其妙的歧視、似是而非的論據、吹毛求疵的用字遣詞、敗壞慈善的道德面、反對論述、鼓勵談工作談生意、浪費人才、堅定支持資產階級並把重擔加在低薪族身上、對藝術家與學者的善意多變等等，如果說稅法映射出的美國形象是以上這樣，其中還是有好的地方。誠然，在我們想得到的所得稅法中，沒有哪一套能討好每個人，任何一套堪稱公平的稅法，甚至可能討好不了任何人。路易．艾森斯坦（Louis Eisenstein）在《稅賦的意識形態》（*The Ideologies of Taxation*）一書中提到，「稅賦是一種努力讓其他人付錢而創造出來的不斷變動的產物。」除了公然的特殊利益條款之外，美國稅法看來是一份以誠懇寫成的文件（但嚴重誤入歧途），目標是以最公平的方法從前所未見的複雜社會中收取前所未見的高額稅金，要助長國家的經濟，還要鼓勵有價值的活動。如果能像近期這樣，用智慧與良心來管理，美國的所得稅法很有可能是全世界最公平的一套稅法。

但是，施行一套讓人不滿的法律、只是嘗試用良好的管理來彌補缺點，顯然是很荒謬的作法。極右派的某些人提出廢除所得稅，是一個比較合乎邏輯的解決方案；這些人認爲，所得稅是社會主義或共產主義的產物，他們認爲，只要聯邦政府不再花錢就好了；某些經濟學家雖然也推動廢除所得稅，但他們認爲這是學理上的理想狀態，實務上不具可行性，他們四處尋找替代方案，希望從其他管道能收到至少一大部分目前由所得稅創造的稅收。有一個選項是加值稅，在加值稅制之下，會對製造商、批發商與零售商就商品買價與賣價間的差價課稅，他們主張，加值稅有一點優於所得稅，前者能把稅負更平均地分散在生產過程，而且讓政府更快就收到稅金。包括法國和德國在內的幾個國家都有加值稅，他們用這輔助所得稅，而不是當成替代品，但美國近期之內看不到會出現這種聯邦稅制。其他也有人提出用來減輕所得稅制負擔的方法，是增加課稅項目並是用統一稅率，就相當於創建聯邦營業稅制；提高使用者支付的規費，例如聯邦政府擁有的橋樑費用與娛樂設施門票；實施容許聯邦政府經營彩券的法律，就像過去在一八九五年殖民時代容許政府出售彩券一樣，這項財源幫忙支應了多項計畫，例如創建哈佛大學、支應美國獨立戰爭（Revolutionary War）費用以及興建許多學校、橋樑、運河和道路。這些方案都有一個明顯的缺點，那就是收到的稅收和根據能力賦稅的相關性很低，因爲這個以及其他原因，不管是哪一項，在可預見的未來都沒有機會成爲事實。

有一項理論學家特別鍾愛、但其他人都不喜歡的辦法，叫支出稅（expenditure tax）：人民被課稅的基準，是他們的年度總費用而不是總所得。支持這種稅制的人（他們是堅信經濟學中稀少性理論的人）主張，這種稅最大的優點就是簡單，而且能發揮鼓勵儲蓄的效果，同時這也比所得稅更公平，因爲課徵的標的是人們從經濟體裡面拿出來的東西，而不是他們投入的東西，再者，支出稅也讓政府能握有非常便利的控制工具，維持經濟體順利運作。反對者宣稱，這種稅制根本一點都不簡單，而且非常容易就能逃稅，也會造成富者更富，而且無疑會更吝嗇，最後，支出稅是在懲罰支出，很可能會助長蕭條。

無論如何，兩邊都勉為其難地承認，要在美國實施這種稅制，目前的政治環境還不可行。一九四二年時，美國財政部長小亨利・摩根索（Henry Morgenthau, Jr.）大力建議美國實施支出稅，一九五一年時，一位劍橋的經濟學家尼古拉斯・卡爾多（Nicholas Kaldor）也建議英國推動支出稅（他後來成為英國財政部的特別顧問），但這兩人都沒有提議廢除所得稅。兩人的提案也都遭受眾人的噓聲。「支出稅用想的是很好，」有一位支持這種稅制的人近期表示，「幾乎可以避免所得稅所有的缺失，但這是一個夢想。」以西方世界來說確實如此，僅有印度和錫蘭實施這種稅制。

改革的難題

眼前還看不到有什麼替代方案，所得稅制看來會繼續存在，想要有更好的稅制，只能寄望改革所得稅。美國這套稅法最大的問題之一就是複雜，或許可以從這裡開始改革。一九四三年，摩根索部長成立了一個委員會來研究這個問題，自此之後就經常有人努力簡化，偶爾也會小有成就。舉例來說，在甘迺迪任內，針對活動相對不複雜、想要列舉扣除額的納稅人，政府提供了簡式指引和表格。但，顯而易見的是，這些都只是游擊戰式的勝利。稅法會這麼複雜，完全是考量到要公平對待每一個人，因此，顯然無法在不犧牲公平性之下消除這些複雜性，這是阻礙全面改革的問題之一。撫養親屬特殊條款的演變便是一個很明顯的範例，說明追求公平有時爲何會直接導致複雜。一九四八年之前，有些州有、有些州沒有夫妻共同財產制，已婚夫婦如果住在有共同財產制的州，會享有一項優勢：就算夫妻一方所得很高、另外一方完全沒有所得，但可以用所得平分的方式扣稅，而且只有住在這些州的夫妻可以。爲了修正這種明顯的不公平，聯邦政府修訂稅法，讓所有已婚人士都可以適用所得平分權。這麼一修正，變成歧視單身沒有撫養親屬的人（在今日美國稅法中，這種單身歧視仍在，而且沒有人去挑戰），此外，還變成修正一種不公平導致另一種不公平，修正第二種不公平又會再導致第三種，在先有雞還是先有蛋的循環有解之前，稅法還考慮了沒有婚姻但是必須撫養家庭者的合情合理特殊問題，接著是職業婦女上班時間的托育費用，然後是喪偶者的處境。每一次的變動，都讓稅法變得更複雜。

漏洞是另一個問題。以漏洞來說，複雜無助於維持公平，剛剛好相反，漏洞的持續存在，是讓人更困惑的矛盾。在美國的體系之下，照理說法律是由大多數人所制定，制定出一套不顧其他人、公然優待一小群人的稅法，顯然代表了濫用公民權原則：這樣的稅法一種反歧視方案，但保護的對象是有錢人。新稅法立法的過程便是如此：財政部或其他人發起提案，由眾議院籌款委員會、眾議院、參議院財政委員會（Senate Finance Committee）、參議院依序通過，接下來由參眾兩院的協商委員會（conference committee）讓兩院之間達成協議，然後再交由參眾兩院再通過一次，最後，送交總統簽署；這套流程確實曲折迂迴，法案在任何階段都可能被扼殺或被束之高閣。大眾雖有很多機會反對特殊利益條款，但支持這類條款的公眾壓力，還大過反對的。菲利普．斯特恩（Philip M. Stern）寫了一本談稅務漏洞的書《國庫大掠奪》（*The Great Treasury Raid*），他說他認為有幾股反對實施財政改革措施的勢力在運作，其中包括反改革遊說人士的技巧、勢力和組織；政府內部支持改革派太過分散且不具政治運作能力；還有就是一般大眾的冷感，人民不會寫信給國會議員，也不會透過其他方式，實際表達的就是不在乎稅務改革，有一大部分原因很可能是不了解而讓他們不知所措，再加上稅務改革的技術面很擾人，也讓人們之後只能沉默。這樣來看，稅法的複雜性是無處隱藏、但又無法戳破的不可說。負責聯邦稅收的財政部，本來就有責任改革稅務，但總是連同其他改革派的議員，如伊利諾州參議員保羅．道格拉斯（Paul H. Douglas）、田納西的艾伯特．高爾（Albert Gore）和明尼蘇達的尤金．麥卡錫（Eugene J. McCarthy），一起被丟在孤獨又站不住腳的風口浪尖。

樂天派相信，某個「危機點」最終會導致那些受到特殊優惠待遇的人放下私利，美國社會中的其他人也會戰勝自己的被動，某種程度上，所得稅制將會比今天為美國創造更美好的局面。如果真有這麼一天的話，那會是何時？他們沒有明說。但我們知道的是，最關心所得稅的人大致上最希望看到的所得稅制是什麼模樣。很多改革派人士想像中未來理想的改革稅制，特色是稅法簡短，稅率相對低，例外情況盡量減至最少。理想所得稅制的主要結構性特徵，應該會很像一九一三年的所得稅制，那是美國有史以來第一次在承平時期實施的所得稅。如果最終將能實現今天無法達成的境界，這表示所得稅制在兜兜轉轉之後又繞回了起點。

第4章

合理的時間

德州海灣硫磺公司一案的內線交易

無論是之後會公開的事件、即將發生的業務發展甚至是政治人物的健康狀況，這些非公開資訊對證券交易員來說都是很寶貴的商品，其價值之高，連很多名嘴都說證交所是股票交易所，更是非公開資訊交換所。資訊的市價，通常可以用此資訊帶動的股價變化來精準衡量，而資訊也像其他商品一樣，幾乎隨時可以拿來換錢；確實，從某種程度上來說，交易員之間會以資訊換資訊，這就是某一種貨幣。此外，有幸獲知訊息的人適當運用內線情報以替自己賺取財富，過去大致上不會受到質疑，直到很近期情況才有所改變。德國猶太裔傳奇金融納森．羅斯柴爾德（Nathan Rothschild），搶先知道威靈頓（Wellington）公爵在滑鐵盧大勝並明快運用本項資訊，正是羅斯柴爾德家族在英國財富的主要根基，而且完全沒有任何皇家委員會展開調查，也沒有憤怒大眾起身抗議。同樣的，幾乎在同一時間，大西洋彼岸的約翰·雅各·阿斯特（John Jacob Astor）也因爲事先知道將會簽訂《根特條約》（*Ghent treaty*）以結束一八一二年戰爭，得以在無人挑戰之下賺得大量財富。在美國，南北戰爭之後，投資大眾仍像過去一樣，認份地接受內部人士有權根據專有情報進行交易，能夠撿到對方掉下來的任何麵包屑，就讓人心滿意足了。〔老牌的內線交易人丹尼爾·卓（Daniel Drew）連一點小惠也不肯給，他丟了有毒的麵包屑，故意把會造成誤導的投資方案備忘錄遺落在公共場合。〕十九世紀，美國人即便不是靠內線交易累積出大部分的財富，也是藉由這個管道富上加富。如果當時有效制止這些內線交易，今日美國的社會經濟秩序將會有大不相同的面貌；雖然現在去想這個問題已經無用，但這仍是一個讓人很著迷的主題。一九一〇年之後，才有人公開質疑企業主管、董事與員工交易自家股票是否符合道德；一九二〇年代之後，一般人才會認爲容許這些人相當於做牌的手段來玩弄市場，是天理不容的事；國會爲了恢復公平性而立法，那是一九三四年以後的事了。這套《證券交易法》（*Securities Exchange Ac*）規定，企業內部人士短期交易自家公司股票的任何已實現獲利，都必須交還公司，一九四二年時又施行一條「10B-5」進一步規定，股票交易人員不得使用任何伎倆欺瞞或「對任何重要事實作出任何不實聲明或者……忽略不提重要事實。」

忽略不提重要事實，是使用內線資訊圖利的本質，雖然法律並未禁制內部人士買進自家股票，他們持有股票超過六個月的話也可以留下獲利，但確實已禁止炒作手段。然而，在實務上，這條法律幾乎被視爲無物，直到近至一九四二年才有所改變；根據《證券交易法》成立的聯邦機構證券交易委員會（Securities and Exchange Commission）很少引用這條法律，非不得已要用，也是等到情況讓人髮指，就算沒有這一條也可根據普通法起訴之時。這樣的放鬆態度顯然有理由。首先，普遍認爲讓高階主管利用自家公司的商業祕密套現是必要的激勵誘因，藉此攏絡他們鞠躬盡瘁，某些權威人士冷冷地主張，不禁止內線人士遊走市場當然違反公平競爭原則，但基本上有助於交易平順有序地進行。此外，一般人也認爲，不管從技術面來看算不算內部人士，大部分的股票交易員都握有藏有某些內線情報，或者至少希望或相信自己有，因此，一體適用「10B-5」規定，除了導致華爾街大亂，別無好處。

華爾街內線交易的經典案例

也因此，證券交易委員會就讓這條規定安坐在法典中二十年，很少動用，他們特意畫地自限，不去打擊華爾街一個最大的弱點。然而，試幾次之後，證交會出重手了。證交會的行動，是針對德州海灣硫磺公司（Texas Gulf Sulphur Company）及該公司十三名董事或員工提起民事訴訟。此案從一九六六年五月九日開始，由佛利廣場（Foley Square）的美國地區法院在無陪審團之下審到六月二十一日，審判長杜德利・邦沙（Dudley J. Bonsal）在審判中曾經很平和地說：「我想我們都同意，某種程度上我們是在開墾新的領域。」是開墾，而且可能也是播種。亨利・曼尼（Henry G. Manne）在他最近出版的《內線交易與股市》（*Insider Trading and the Stock Market*）中說，此案經典呈現內線交易的整個問題，並認爲其決議「可能會決定未來多年這個領域的法律走向。」

促使證交會出手的幾個事件始於一九五九年三月。一家總部設在紐約的德州海灣硫磺公司，是全球數一數二的硫磺生產商，當時開始在加拿大地盾（Canadian Shield）進行空中地質物理探測；此地位在加拿大東部，廣袤、荒蕪且人跡罕至，在遙遠但尚未被人遺忘的過去，曾經是富饒的黃金產地。德州海灣公司的飛行員要找的既不是硫磺，也不是黃金，他們的目標是硫化物：這是一種硫磺沉積物，當硫磺與鋅、銅這類有用的礦物經化學結合時就會產生。他們想要的是能找到可開採這些礦物的礦脈，以利德州海灣公司分散生產活動，降低對硫磺的依賴，因爲硫磺的價格已經一路下滑。公司的調查工作斷斷續續進行了兩年，掃描機上的地質物理探測器時不時會出現奇怪的狀況，指針會不斷擺動，指向地下有會導電的物質。發生這種狀況的地區，地質物理學家稱之爲「異常區」（anomaly），調查人員會正確登錄與標注，加起來，他們總共發現幾千個異常區。雖然多數硫化物都能導電，但也有很多其他物質也能導電，包括石墨與被稱爲愚人金、毫無價值的黃鐵礦，甚至是水，只要是具備這些常識的人，都很清楚從找到異常區到找出可開採的礦藏還差很遠，然而，在德州海灣公司的人找到的異常地區中，有幾百處被認爲很值得進行地面調查，在這當中最被人看好的是一處在地圖上被標示爲「Kidd-55」的區塊：這個區塊是一平方英里的青苔沼澤地，樹木很少，幾乎沒有突出地面的岩石，位於加拿大安大略省蒂明斯市（Timmins, Ontario）以北約十五英里處。蒂明斯市本身是一個老金礦小鎮，在多倫多西北方三百五十英里。「Kidd-55」是私有地，公司的第一個問題就是要先取得土地、或者說要取得夠大的面積，才有可能進行地面探勘。一家大公司要收購一片眾所皆知和礦藏探勘有關的土地，顯然事涉敏感，德州海灣公司一直要到一九六三年六月之後才取得許可，在「Kidd-55」東北角區域開鑽。當年十月二十九日與三十日，德州海灣的工程師理查．克萊頓（Richard H. Clayton）在東北角進行電磁調查，結果讓他很滿意。探鑽設備移到這裡，十一月八日開始進行第一次測試探鑽。

接下來幾天在「Kidd-55」，讓人興奮也不安。探鑽團隊的負責人，是德州海灣公司一位年輕的地質學家肯尼斯．達可（Kenneth Darke），他抽雪茄，眼裡露出放浪瀟灑的光芒，看起來比較像是傳統上實地探勘礦脈的人，而不是公司裡的主管。探鑽作業進行三天，鑽出一筒直徑一．二五英吋的物質，這是第一個實際的樣本，讓他們知道「Kidd-55」地下的岩石中有什麼東西。當圓筒拉出來時，達可謹慎研究，一吋一吋、一呎一呎地，什麼儀器都不用，光憑他的雙眼以及他腦中的知識；他知道不同的礦藏在自然的狀態下應該是什麼模樣。隔天十一月十日周日，傍晚時分探鑽進度來到一百五十英尺深處，達可打電話到在康乃狄克州史坦佛市（Stamford, Conn），找住在當地的直屬長官、也就是德州海灣公司的首席地質學家華爾克．霍利克（Walter Holyk），報告到目前爲止的狀況（他是回到蒂明斯市才打電話，因爲「Kidd-55」開鑽現場沒有電話）。霍利克後來說，當時達可「很興奮」。霍利克聽到達可說的話之後顯然也是，因爲他馬上有了動作，幾乎讓整家公司在周日晚上翻天覆地。當晚，霍利克打電話給主管理查．莫利森（Richard D. Mollison）；後者是德州海灣公司的執行副總裁，住在格林威治（Greenwich），離霍利克很近。而，莫利森（同樣在當天傍晚）又打電話給他的主管查爾斯．佛加提（Charles F. Fogarty），把達可的報告再傳下去；佛加提是執行副總裁、也是公司的第二號人物，他住在附近的芮市（Rye）。隔天，透過同一條繁複的報告管道，由達可告知霍利克、轉告莫利森、再轉告佛加提，又傳遞了更多消息。結果，霍利克、莫利森和佛加提都決定要前往「Kidd-55」親自看一看。

霍利克先到；他十一月十二號就來到的蒂明斯市，入住邦艾爾汽車旅館（Bon Air Motel），搭乘吉普車和沼澤拖車，趕在鑽洞作業完成前抵達現場，並幫忙達可目視評估與記錄圓筒內的物質。十一月中，蒂明斯市的天氣本來還可以出入無虞，但那天卻變得很差。事實上，霍利克這個四十幾歲、擁有麻省理工學院（Massachusetts Institute of Technology）地質學博士學位的加拿大人後來說，當天的天氣「非常惡劣」，「很冷，風很大，下雪又下雨，大到會威脅人身安全，而……我們比較在乎人身安全，超過對圓筒中物質詳細內容的興趣。達可在寫東西，看著圓筒，想要估計礦物的內容物。」有些圓筒從地上鑽出來時上面覆有泥土和油污，必須先用汽油清洗，才能猜測裡面有什麼，在這種天候條件下在戶外工作本已困難，這麼一來更是難上加難。即便有這些困難，霍利克仍順利評估了圓筒裡面的物質，他說，地底下的東西最起碼能讓人大吃一驚。他估計。在總長度超過六百英寸的圓核樣本中，平均銅含量約爲一．一五％，鋅含量爲八．六四％。一位非常了解礦業的加拿大股票經紀商後來說，挖出這麼長的圓核樣本，再加上這麼高的礦物含量，「完全超越你最狂野的想像。」

提早知道消息，搶先購入股票

德州海灣公司還沒有找到必會成功的礦藏；他們總是有可能遇上太長、太窄、礦藏有限不值得從事商業開採的礦脈，而且，鑽井大有可能剛好「直下」：這是指，就像劍插入劍鞘一樣，直直深入礦脈。公司要做的模式，是多鑽幾個地方，從地表上不同地點下手，用不同的角度進入地層，以確定礦藏的型態和數量。在德州海灣公司取得另外四分之三的「Kidd-55」部分之前，無法啓動這樣的作業模式。要取得土地的話，就算能辦得到，也需要時間，而在此同時，公司可以、也確實採取了幾項行動。測試開鑽處現場的鑽井台移走了，開鑽洞口的周圍地表上栽了一些樹苗，好讓此地的景觀恢復到像自然地貌。德州海灣還大張旗鼓，在不遠處開鑽了第二個測試洞口，他們預期這裡鑽出的圓核裡什麼都沒有，確實也如此。這些掩人耳目的做法，遵循的是礦業長久以來的實務操作（當開礦的人懷疑自己中了大獎，就會這麼做），同時也配合德州海灣公司總裁克勞德．史蒂文斯（Claude O. Stephens）的命令，他要求，在實際從事探勘的團隊之外，就算是公司內部，也不能對任何人透露找到了什麼。

十一月底，這些圓核被切開然後運走了，送到鹽湖城的聯合化驗處（Union Assay Office），以科學分析其內容成分。當然，德州海灣公司也開始低調試水溫，想要買下剩下的「Kidd-55」。

此時，有些人也展開其他行動，這些可能和蒂明斯市北方發生之事可能有關、也可能無關。十一月十二日，佛加提買進三百股德州海灣的股票，十五日時又再加碼多買進七百股，十一月十九日再進五百股，十一月二十六日又買了兩百股。克萊頓在十五日買了兩百股，同一天莫利森也買了一百股，霍利克太太則在二十九日買了五十股，十二月十日又加買一百股。事實證明，這些人購買股票的行動只是一個先兆，預告了之後有一段時期德州海灣公司的幹部與員工會對公司股票青睞有加，甚至他們的朋友也是。十二月中，鹽湖城傳回圓核的分析報告，顯示霍利克粗略的估計竟然非常精準，銅和鋅的含量就差不多如他所說，每公噸裡還有三．九四盎司的銀，這算是額外的獎品。十二月底，達可去華府以及附近地區出差，他向一位他認識的女孩以及她的母親推薦德州海灣的股票；這兩人（她們在審判中被指明是「不當取得內線消息人士」）又向另外兩個人推薦，而這兩個人理所當然成為「不當取得內線消息次級人士」。從十二月三十日到隔年二月十七日，與達可有關的「不當取得內線消息人士」與「不當取得內線消息次級人士」總共買進二千一百股德州海灣的股票，此外，他們買進了券商所說的「買權」（call），有權再買進一千五百股。買權是一種選擇權，可以在約定期間內隨時以固定價格（通常很接近目前市價）買進約定數量的特定股票。多數上市股票的買權，都是由專營該檔股票的交易商出售。買進買選擇權的人通常支付的金額很低，如果股票在約定期間內上漲，漲幅幾乎完全等於買方的獲利，如果股價不動甚至下跌，他就像賭馬的人撕掉賭輸的馬票一樣撕了選擇權，除了買進時的成本之外，也不會多虧。也因此，買權是在股市裡博殺的最廉價方法，也是把內線情報變成現金最方便的方法。

達可回到蒂明斯市以後，因為冰天雪地再加上「Kidd-55」土地所有權的問題，讓他暫時放下地質學家的工作，但他看來也忙得很，並沒有時間覺得煩悶無聊。一月，他和一位並非德州海灣公司員工的當地人組成私人合夥事業，侵占附近的官地（Crown land）[12]並宣告所有權，以圖利自己。二月，達可對霍利克說起某個寒冷冬夜裡蒂明斯一家酒吧裡的談話；達可的一個熟人說自己聽到謠言，傳說德州海灣公司在附近已經挖到礦，所以他也要去宣告土地的所有權，準備賺一筆。霍利克一聽嚇壞了，他後來說，他要達可一改過去像避開瘟疫一樣避開「Kidd-55」的策略，「前進……當地，盡量占地並宣告所有權，以取得所有我們需要的土地」，在此同時，也叫達可「遠離這個人，用直升機或什麼載他離開都可以，反正就讓他別擋路。」達可理所當然奉命行事。在一九六四年的前三個月，達可大買三百股德州海灣股票，也買進可再買三千股的買權，然後又讓他的「不當取得內線消息人士」名單有多了好幾個人，其中一個還是他的兄弟。霍利克和克萊頓在這段期間沒這麼積極從事財務操作，但他們也大量加碼德州海灣的持股部位：以霍利克和他的妻子來說，他們特別喜歡使用買權；他們之前幾乎沒有聽過買權，但這在德州海灣的圈子很快就紅了起來。

確定挖到寶礦，算出市場價值

春天終於現蹤，同時也爲這家公司收購土地的行動帶來了成功的終局。到了三月二十七日，德州海灣公司差不多已經得到必要的土地了，亦即，公司在剩下三塊「Kidd-55」地區要不就擁有了明確的所有權，要不就享有開礦權，但在其中兩個地區必須折讓十%的利潤，其中一個收取折讓金的頑固業主，是柯提斯出版公司（Curtis Publishing Company）。達可、他的「不當取得內線消息人士」以及「不當取得內線消息次級人士」在三月三十日與三月三十一日大舉買進（他們這些人兩天共買了六百股以及可再買五千一百股的買權），之後，「Kidd-55」仍然冰封的青苔沼澤地又恢復了探鑽工作，這一次，霍利克和達可兩人都在場。新開鑽的洞（這是第三個，但實際上僅是第二個作業現場，因爲十一月開鑽的地方有一個是假的，只是爲了轉移注意力）離第一次開鑽處有點距離，而且兩者之間的角度很斜，做的是交叉採礦流程。出土時霍利克在旁邊觀察並登錄，因爲天氣寒冷，他幾乎握不住鉛筆，但他的內心想必非常溫暖，因爲挖到第一個一百英尺後，就開始出現很有希望的礦化現象。四月一日，他打電話給佛加提，送出第一份進度報告。如今，在蒂明斯市和「Kidd-55」，每天都要做一件很煩人的差事：實際動手的探鑽團隊長留現場，

12 譯注：直譯為皇室土地，即國有地，由於加拿大屬大英國協，因此名義上屬於英國皇室。

地質學家就負責讓紐約的主管隨時收到最新消息，必須經常往返蒂明斯打電話。蒂明斯市與探鑽營地之間相距十五英里，這條小徑上的積雪達到七英尺深，通常一趟要花掉三．五到四個小時。在異常地周圍的不同地點，以不同的角度定位，開始出現一個又一個新鑽的洞，鑽入地層。一開始，由於供水不足，鑽井台無法全面運作，一次只能用一座鑽井台。地面仍是凍土，積雪很深，必須要從距離「Kidd-55」半英里處一個池塘裡辛苦地從冰下把水抽上來。第三個洞於四月七日完成探鑽，馬上就用同一座鑽井台開始鑽第四個洞，隔天，供水不足的問題比較緩解了，就找來第二座鑽井台開鑽第五個洞，兩天後（四月十日）又找來第三座鑽井台，湊合著開挖另一個洞。在四月初這前面幾天，幾個負責開鑽工作的主事者都忙個不停；在這段期間，他們購買德州海灣選擇權的行動實際上也都停了下來。

探鑽行動一點一點顯露出礦藏豐富的輪廓。第三個洞確定了第一個洞並不像大家擔心的那樣「直下」礦脈，第四個洞則確定了礦脈很深很讓人滿意，凡此種種。某個時候（到底實際上是哪個時候，則很有爭議），德州海灣公司知道自己挖到一處可開採比例甚高的礦脈，到了這時，關注的焦點就從探鑽人員與地質學家身上轉移到幕僚人員與金融人員身上，後面這些是日後證交會非難的主要對象。四月八日蒂明斯下了大雪，四月九日大部分時候也在下，地質學家連從市區到「Kidd-55」都沒辦法。到了九日傍晚，他們耗了七個半小時歷經了一趟驚險的旅程，終於抵達，一點也不比前一天冒險先到的副總裁莫利森輕鬆多少。莫利森在探鑽現場待了一整晚，隔天大約中午時離開，他後來說，這是爲了不想和戶外作業的員工一起在「Kidd-55」吃午餐，那一頓飯對他這種坐辦公室的人來說太豐盛了。臨走之前他指示要再鑽一個研磨測試洞（mill test hole），取出一個大圓核，用來判斷礦物適不適合進行例行的研磨處理。通常除非確定已經挖到可開採的礦脈，不然不會開鑽研模測試洞。德州海灣公司的情況也可能是這樣；證交會兩位礦物專家日後力駁辯方專家的意見，堅持莫利森下了這道命令之時，該公司憑藉的資訊基礎，是算過「Kidd-55」的鑑定價值至少兩億美元。

說法前後反覆，最後終於證實

到此爲止，加拿大礦業著名的小道消息網已是沸沸揚揚；回顧當時，這件事能長期維持相對低調，還眞是一件奇事。〔審判時，一名多倫多股票經紀人曾說：「我看過開鑽的人丟下鑽井機，卯足全力快速衝進券商辦公室……要不然拿起電話就打到多倫多。」這位經紀人接著說，每當有人打出這種電話之後，在一段時間裡，就決定了多倫多金融區灣街（Bay Street）哄人買潛力股的人裡誰吃的開，標準就是和挖到礦的開鑽人關係有多密切，就像哄人買馬票的人地位靠的就是他說自己和某位騎師或某一匹馬有多熟。」四月九日，多倫多一份對於礦業股很有影響力的周刊《北國礦人》（*The Northern Miner*）說：「德州海灣公司在『Kidd-55』地區的行動傳得沸沸揚揚，據報有很多探鑽工作正在進行中。」同一天，多倫多的《每日星報》（*Daily Star*）也宣稱，蒂明斯此地「人們的眼珠子興奮到都要掉出來了」，而且「每條大街小巷、每一家美容院的魔法關鍵詞，就是德州海灣。」德州海灣紐約總部的電話響個不停，很多人瘋狂地打電話進來詢問，公司幹部冷冷地置之不理。四月十日，總裁史蒂文斯非常關心傳聞，去徵詢一位他很信任的同事湯瑪斯．拉蒙特（Thomas S. Lamont）；拉蒙特是德州海灣公司的資深董事，曾是摩根大通的第二代合夥人，之前在摩根擔保信託公司（Morgan Guaranty Trust Company）擔任過不同職務，目前也還在職，一直以來是華爾街大名鼎鼎的人物。史蒂文斯對拉蒙特說起蒂明斯北方的狀況（這是拉蒙特第一次聽說），他講得很清楚，他本人不認爲有什麼證據足以引發這股狂熱，他請問拉蒙特，請後者想想能做什麼來因應這些誇大的報導。拉蒙特回，如果只是出現在加拿大的媒體，「我認爲你可能就算了。」但他補充，如果美國的報紙也登出來的話，應該要對媒體發表聲明，以直接留下紀錄，避免股市不當的波動。

隔天，四月十一日周六，消息也在美國的報紙上炸開來了。《紐約時報》和《先鋒論壇報》

（*Herald Tribune*）都報導了德州海灣的發現，後者登在頭版，指說「這是自六十多年前加拿大發現金礦以來找到的最大礦藏。」史蒂文斯讀了這些報導，可能眼珠子都有點凸出來了，他通知佛加提發一篇新聞稿，周一及時見報。佛加提在幾位公司幹部協助之下，周末完成。在此同時，「Kidd-55」那邊也沒閒著，相反地，後來作證時提到，那個周六和周日從充滿銅礦和鋅礦的開鑽洞裡挖出愈來愈多圓核，礦藏可估計的價值幾乎是一個小時高過一個小時。佛加提周五晚上之後就沒有再和蒂明斯那邊聯繫，他和同事周日下午發給媒體的說法，並非以最新的資訊爲憑。無論是因爲這樣或是有其他原因，官方的聲明並沒有傳達出德州海灣公司認爲此地是新康斯多客大礦（Comstock Lode）[13]的意味，新聞稿說登出來的那些報導誇大不可靠，只承認最近在「靠近蒂明斯附近的一處土地上」探鑽，得出「初步的跡象，但需要進行更多探鑽工作才能適當地評估前景」，並繼續說道「到目前爲止的鑽地工作尚未有決定性的結論」，之後又用幾乎是差不多的說法再講一次同一件事，補充說「目前爲止所完成的工作並不足以得出確定的結論。」

周一早上各大報登出新聞稿，大家都接受了文中的說法，甚至可說這樣的說詞開始發酵。如果官方沒有跳出來反駁《紐約時報》和《先鋒論壇報》的樂觀報導，德州海灣公司的股票在當周應該會早早大漲，但並沒有。這檔股票前一年十一月的價格大概在十七、八美元，經過幾個月之

13譯注：十九世紀中在美國發現的大銀礦。

後悄悄漲到約三十美元，周一在紐約證交所開三十二美元，與周五的收盤價相比幾乎漲兩美元，但在當天收盤時逆轉，跌到三十．八七五美元，接下來兩天續跌，周三時一度來到低點二八．八七五美元。顯然，德州海灣周日發出的反駁之詞，大大影響了投資人與交易員。然而，同樣是這三天，加拿大與紐約的德州海灣員工心情大不相同。四月十三日周一，各報登出公司低調的新聞稿，那天「Kidd-55」研磨測試洞已經完工，接著又開鑽另外三個常規測試洞，莫利森、霍利克和達可帶著一位《北國礦人》的記者到處看看，並做簡報。回顧當時，他們對記者講的話很明確，指向無論起草新聞稿的人周日的看法是什麼，「Kidd-55」那邊的人周一時就知道他們挖到礦了，而且是一座很大的礦；但，這個世界還不知道，至少訊息源頭口風很緊，直到周四早上下一期的《北國礦人》現身在訂戶的信箱和報攤才炸開。

周二傍晚，莫利森和霍利克飛往蒙特婁，他們計畫出席加拿大礦業冶金學會（Canadian Institute of Mining and Metallurgy）的年會，預計有數百位一流的礦業與投資界人士與會。莫利森和霍利克抵達伊莉莎白女王飯店（Queen Elizabeth Hotel）時會議已經開始，他們很驚訝地發現自己受到電影明星一樣的待遇。關於德州海灣的傳聞顯然已經在這裡傳開，每個人都想先取得第一手內幕消息；事實上，電視台已經在這裡架好一整排攝影機，顯然是要報導這兩位來自蒂明斯的密使會透露出哪些訊息。莫利森與霍利克沒有得到授權，什麼都沒說，兩人急著轉身走人，逃離伊莉莎白女王飯店，當晚在蒙特婁機場的一間汽車旅館裡躲了一夜。隔天，四月十五日周三，在安大略省礦業部長與副部長的事先安排之下，他們從蒙特婁飛往多倫多公司，途中向部長簡報「Kidd-55」的狀況，部長明說，他想要盡快發表公開講話以釐清情勢，於是在莫利森的協助下草擬了一篇聲明。根據莫利森保留的一份副本，這篇聲明中說到「目前知道的訊息……讓該公司有信心容許我宣布：德州海灣硫磺公司已經找到可開採鋅礦、銅礦和銀礦的礦區，規模巨大，可以盡快開發並投入生產。」有人讓莫利森和霍利克相信部長會在當天晚上十一點十於多倫多發表聲明，透過電台與電視發布，這樣一來，德州海灣的利多訊息會搶先變成公開訊息，比隔天《北國礦人》一早出刊的出刊時間早幾個小時。但因爲某些沒有講明的理由，部長當天晚上並未發表聲明。

位於紐約公園道二〇〇號（200 Park Avenue）的德州海灣總部，瀰漫著一股類似危機山雨欲來的氣氛。公司剛好周四早上排定要開董事月例會，周一時，一位住在德州休士頓而且沒聽說「Kidd-55」的董事法蘭西斯．寇特斯（Francis G. Coates），打電話問史蒂文斯他是不是一定要去開會。史蒂文斯說要，但沒有說明理由。探鑽現場不斷傳來愈來愈多的好消息，周三時，德州海灣公司的幹部決定，此時也該發一篇新的新聞稿了，發布時機就訂在周四早上董事月例會之後的記者會上。史蒂文斯、佛加提和公司的祕書大衛．克勞佛（David M. Crawford）當天下午擬了一篇新聞稿。這一次，新聞稿的根據是極新的消息，此外，文中的用語極力避免了重覆與含糊不清。文中寫道：「德州海灣硫磺公司在蒂明斯地區找到了大量的鋅、銅和銀……現在基本上已經有七個探鑽孔完成探鑽工作，指出礦體至少有八百英尺長、寬百英尺寬，垂直深度超過八百英尺。這是一大發現。初步資料指向礦藏量超過二千五百公噸。」至於這篇新聞稿與三天前那一篇為何有這麼大差異，新的聲明說期間「累積了更多數據。」沒人能駁斥這一點；超過二千五百公噸的礦藏，代表價值並不只前一周計算出來宣稱的兩億美元，應該會多很多倍。

在紐約，這一天也同樣忙亂，工程師克萊頓與公司祕書克勞佛倫時間打電話給自己的股票經紀人，下單替自己買入德州海灣公司股票，克萊頓買了兩百股，克勞佛買了三百股。克勞佛很快就判定他買得不夠多；在公園道飯店（Park Lane Hotel）歷經全神貫注的一夜之後，隔天早上八點剛過，他又打了第二通電話吵醒經紀人，加倍下單。

官方消息發布，股價一路走揚

周四早上，第一個明確講出蒂明斯地區挖到大礦的消息傳遍了北美投資圈，速度很快，而且四面八方流傳。從七點到八點之間，多倫多的郵差和報攤開始分送《北國礦人》周刊，裡面登載了前去「Kidd55」參訪的記者寫出來的報導，他用了大量的礦業術語來描寫這次的成功，但也沒忘了用誰都看得懂的白話文說這是「一次非常漂亮的探測成就」，是一處「大型的鋅銅銀礦區」。大約就在同時，《北國礦人》也要越過國界送到底特律和水牛城的南方訂戶手上，九點到十點間則有幾百份送到了紐約的書報攤上。但在實體書面報導出現之前，已經有人從多倫多用電話傳達了訊息，大約在九點十五分時，紐約所有券商都在談論德州海灣公司確定中大獎的消息。位在第十六街（Sixtieth Street）的券商赫頓公司（E. F. Hutton & Company）有一位服務客戶的經理後來抱怨，公司裡的經紀人那天早上都占線，忙著講電話聊德州海灣的訊息，害得他很難聯絡自己的客戶，但他還是想盡辦法打了一通電話給兩個客戶，幫這一對夫妻短線獲利了結德州海灣的股票；事實上，不到一小時就賺了一萬零五百美元。〔當班薩爾法官（Judge Bonsal）聽聞此事，他的評論是：「我們走錯行了。」還有，已故的德國指揮家威蘭·華格納（Wieland Wagner）在另一個場合也說：「很明顯，華爾街就是英靈殿，永遠能重生。」〕當天稍早，在證交所裡，交易員聚集在午餐俱樂部（Luncheon Club），享用十點開盤前的早餐，把德州海灣的情勢發展配著雞蛋吐司一起吃下去。

在公園道二〇〇號召開的董事例會九點準時開始，董事們看到了等一下就要發給媒體的新聲明，史蒂文斯、佛加提、霍利克和莫利森是探勘團隊代表，他們又對蒂明斯的相關發現發表一些看法。史蒂文斯也提到安大略礦業部長前一天晚上公開發表的聲明（當然，雖然是無意的，但他說錯時間了；事實上，幾乎就在史帝芬斯演講的同時，部長也在多倫多的安大略國會媒體室發表聲明）。董事會約十點結束，德州海灣公司的董事人都還沒離開，就有一群記者（總共二十二人，代表美國各大報章雜誌，包括綜合性和財經性的刊物），大步走進會議室等著召開記者會。史蒂文斯分發新聞稿副本給記者，之後，他遵循進行這類事務奇特的儀式，大聲讀了出來。當他多此一舉念稿之時，有些記者開始走人（拉蒙特後來的說法是：「他們開始溜出會議室。」），打電話向自家出版機構報告這條讓人熱血澎湃的大消息，記者會後還有一系列活動，比方說播放一些無關痛癢的彩色幻燈片，內容是蒂明斯附近鄉村景色，以及由霍利克展示與解說某些開鑽出來的圓核，有更多人離開，等到整個結束時約十點十五分，現場只剩下幾名記者。這當然不代表這場記者會失敗了，剛好相反，記者會可能是唯一結束前離開的人數愈多代表愈成功的活動。

寇特斯和拉蒙特兩位德州海灣董事接下來半小時左右的行動，是證交會起訴時最有爭議的部分。這項爭議如今已經入法由法律規範，可想而知，至少一個世代的交易員都會好好研究這些行動，等到他們從事內線交易時才會知道應該怎麼做才能安全脫身、或至少免人唾罵。這項爭議的本質是時機，具體來說，是寇特斯和拉蒙特利用道瓊新聞服務播報（這是投資人很熟悉的播報即時新聞機構）德州海灣相關新聞以進行操作的時機點。美國幾乎沒有不使用道瓊新聞社服務的投資公司，這家新聞社聲名卓著，在某些投資圈裡，甚至是以寬帶上播報出來的時間點當作資訊公開的時間點。一九六四年四月十六日早上，一位道瓊新聞社的記者和大家一起參加德州海灣記者會，也跟眾人一樣提早離開打電話回辦公室。這位記者事後回想，他說他是在十點十分到十點十五分之間去打電話的；他回報的消息事關重大，在道瓊新聞社資訊從東岸到西岸各大辦公室裡，照理說此等大事在電話打進來兩、三分鐘內機器就會把消息打出來。但事實上，德州海灣的訊息一直要等到十點五十四分才報導出來，整整過了四十幾分鐘，讓人難以理解。這個寬帶新聞之謎，就像礦業部長發表聲明之謎一樣，都因爲與案情無關之故，在審判中並無沒有人追究。證據法則有一個很有趣的面向，那就是常會留下一些想像空間。

寇特斯是德州人，他是第一位展開行動，踏上這趟極具歷史意義旅程（他當時很可能並沒有想到會這樣）的董事。就在記者會快要結束之前或是剛結束之後，他走進會議室旁邊的一間辦公室，借了電話打給在休士頓擔任股票經紀人的女婿佛瑞德．海米瑟格（H. Fred Haemisegger）。寇特斯後來說，他對海米瑟格講了德州海灣的大發現，並說了一句，他一直等到「發布公開聲明」之後才打電話，因爲他「年紀大了，不想惹上證交會。」之後，他替自己擔任受託人、但並非受益人的四個家族信託下了兩千股的德州海灣股票。這檔約二十分鐘前以稍高於三十美元開盤的股票交投熱絡，不完全是走多頭，但現在開始飆漲，因爲海米瑟格出手，替寇特斯在三十一與三

一．六二五美元之間替寇特斯大量買進，寬帶還沒播出消息（不知不知爲何拖延了），他就已經把單下給自家公司的場內經紀人。

拉蒙特採用的手法是華爾街式而非德州式的操作，優雅地決定了他的行動，一派從容不迫。他並沒有在記者會一結束時就離開，而是在那裡待了將近二十分鐘，也沒做什麼，他日後說，就是「四處走來走去……聽大家聊聊天，跟某些人拍拍背打打招呼。」到了十點三十九分或四十分時，他走進附近的一處辦公室，打電話給他一位任職於摩根擔保信託公司的同事兼友人隆史崔．辛頓（Longstreet Hinton），他是這家信託公司的執行副總裁，也是信託部門主管。當周稍早時，辛頓曾經問身爲德州海灣公司董事的拉蒙特能不能透漏一些消息，講一下報上說的發現礦藏傳聞是怎麼一回事，拉蒙特說不行。拉蒙特後來說，他當時對辛頓說的是：「寬帶可能播過、要不然就是很快會播些消息了，跟德州海灣硫磺公司有關，你可能會想了解一下。」辛頓問：「是好消息嗎？」拉蒙特的回答是「很好」或「極好」。（這兩人都不確定拉蒙特原話怎麼說了，但這不重要，因爲以紐約銀行圈來說，「很好」就意味著「極好」。）不管拉蒙特說了什麼，辛頓都沒有聽進他的話去看一下道瓊新聞社的機器，就算離他的辦公室二十英尺處就有一部機器他也懶得去查，反之，他隨即打電話給銀行的交易部門，問他們德州海灣的市場報價多少。查到報價之後，他替拿騷醫院（Nassau Hospital）的戶頭買進了三千股（他是這家醫院的出納主任）。從拉蒙特離開記者會算起，花不到兩分鐘就辦完了這些事了。買單從信託公司傳到證交所並且成交了，拿騷醫院也買到了股票，就算辛頓真的去查德州海灣到底發生了什麼事，做完這些交易的時間都還不夠他查出任何訊息。而他根本沒去查；他在忙別的事。替拿騷醫院下完買單之後，辛頓去找摩根擔保信託公司負責退休金信託業務的部門主管，建議他替各檔信託買一點德州海灣。前後不到半小時，信託公司就替信託基金以及兩千個共享獲利的帳戶下單買進七千股，其中兩千股是在寬帶播放相關聲明前買進，其餘的則是在播出訊息當中或之後的幾分鐘內繼續加碼。大約一個多小時之後，到了十二點三十三分，拉蒙特替自己和家人買了三千股，這一次他的進價是三四．五美元，因爲此時德州海灣的股價已經開始大漲。這股漲勢持續了幾天、幾個月、幾年。當天下午的收盤價是三六．三七五美元，當月稍後來到了五八．三七五美元，等到一九六六年年底，「Kidd-55」礦區終於開始進入商業開採階段，新礦的採礦量預料將占加拿大每年銅產量的十分之一，占鋅年產量的四分之一，股價來到超過一百美元的水準。任何在一九六三年十一月十二日到一九六四年四月十六日早上（甚至到了午休時間）買進德州海灣公司股票的人，至少都翻了三倍。

是保守行事，還是刻意欺騙大眾？

德州海灣一案之所以引人注目，除了真的鬧上法庭之外，還有來到邦沙法官眼前的形形色色被告，有眼光犀利的探勘專家克萊頓（他是威爾斯人，擁有卡地夫大學（University of Cardiff）博士學位）；有充滿活力、每天被追著跑的企業高階人士佛加提和史蒂文斯；有投機取巧的德州人寇特斯，也有光鮮亮麗的金融界要人拉蒙特。（達可一九六四年四月之後就離開德州海灣成為個人投資人，這可能代表他已經財務自由，也可能不是；他拒絕出席審判，所持理由是他是加拿大籍，美國法院無司法管轄權，證交會對他拒絕出席之事大表不滿，然而，辯方律師很鄙夷地堅稱證交會其實樂見達可不出席，這樣一來，控方才能把他描繪成躲在別人羽翼下的壞蛋。）證交會的律師小法蘭克・肯納莫（Frank E. Kennamer Jr.）宣布，他打算「把這些被告的不當行為攤在陽光下，以受公評」，之後證交會要求法院發出永久禁制令，禁止佛加提、莫利森、克萊頓、霍利克、達可、克勞佛以及幾名其他在一九六三年十一月八日到一九六四年四月十五日間買進股票或選擇權的公司內部人士，永遠不得「從事任何……以買賣證券而言對有關人士構成或會構成詐騙或欺瞞情事之行為。」此外，證交所也開闢出一個全新的戰場，要求法院命令被告返還金錢給據稱遭到他們詐騙的人；這些被告憑著內線消息行動，從不知情的人手中買到了股票或選擇權。證交會也指控四月十二日發布的悲觀新聞稿是刻意欺瞞，並因此要求禁止德州海灣公司「發出任何不實的重要事實聲明或故意忽略聲明重要事實。」這項指控除了讓企業顏面盡失，還會造成其他麻煩，如果做成判決，很可能會廣開訴訟之門，任何在發出第一篇與第二篇新聞稿期間賣掉股票給任何人的股東，都可以對這家公司提起法律行動。這段期間轉手的股票高達幾百萬股，這眞的會是一個大麻煩。

除了法律技術面的攻防之外，被告律師還主張十一月開鑽第一洞時得出的資訊並不確定，不知是否眞的找到了前景可期的可開採礦區，只是沒有把握的提案，以此作爲早期內線交易買股的主要辯護理由。爲了支持這個論點，被告的律師請了一大群開礦專家上法庭，他們證實了最初幾個開鑽洞結果如何極難預測，有些證人更進一步，說到看起來很理想的開鑽洞到最後很可能不見得是德州海灣的資產，反而是負債。那年冬天買進股票或買權的人堅稱，開鑽洞的結果如何和他們的決定少有或沒有關係，他們主要買進的動機，是覺得綜合來看德州海灣是一項好投資，克萊頓還把自己突然成爲大額投資人這件事歸因於他剛剛和一位富家女成婚。證交會也自行找來一群專家作爲反擊，堅持第一個圓核的成分性質已經足以證明豐富礦藏大有機會存在，因此，知悉這些事的人掌握的是重要事實。證交會在審判後簡報中譏諷地指出：「指稱尚未確定礦藏眞的存在之前，被告都可自由買股，這相當於主張在馬賽中把賭注下在知道被施以非法刺激的馬並無不公，因為這匹馬很可能在最後一段賽程中就暴斃了。」被告的律師拒絕評論這種以賽馬來比喻的主張。至於四月十二日的語帶悲觀的新聞稿，證交會指出大致上的事實是雖然當時「Kidd-55」、蒂明斯和紐約之間的聯繫非常順暢，佛加提身為主要擬稿人，卻根據已經過了幾乎四十八小時的舊資訊來發布新聞稿，不做更新。證交會的意見是：「要解釋佛加提博士奇特的行為，最寬容的理由就是他並不在乎根據舊資料發表的聲明會不會讓德州海灣以及一般大眾失望。」被告方把過時這個問題放在一邊，主張這篇新聞稿「準確說明了史蒂文斯、佛加提、莫利森、霍利克和克萊頓對於開鑽進度的想法」，而「現在討論的問題顯然是一個判斷上的問題」，當時公司的立場非常艱難敏感，如果反過頭來發布過度樂觀的報告，日後才證明一切的根據都是虛假的希望，也會因此被控詐騙。

從第一個開鑽孔得到的資訊是否為「重大」資訊是關鍵問題，邦沙法官在衡量時的結論是，在這種情況下必須以保守的立場來定義「重大」。他指出，重大與否要看是否涉及公開政策：「在我們這套自由企業系統之下，很重要的是鼓勵包括董事、幹部與員工在內的內部人士持有自家公司股票。這些人會因為擁有股票而有誘因好好表現，這對公司和股東來說都是好事。」從保守的觀點來定義，他決定，四月九日三個開鑽洞合在一起才確認了礦藏的長度、寬度和深度，那天傍晚之前公司內並無重大資訊，內部人士在此前買進德州海灣的股票，就算根據的是開鑽的結果，這樣的決定要承擔很大的風險，也完全合法，是一種「根據知識做出來的猜測」。（有一位報紙專欄作家不同意邦沙法官的意見，他說要根據知識做出這麼精準的猜測，那得讀到有資格拿書卷獎的程度。）以達可爲例，法官發現，他的「不當取得內線消息人士」與「不當取得內線消息人士」在三月最後幾天大量買進，看來極有可能是因爲達可說「Kidd-55」的探鑽工作即將復工；但，根據邦沙法官的邏輯，此時公司內還沒有重大資訊，因此，也就沒有根據重大資訊行動或再傳遞給別人的問題了。

四月九日晚上之前買進股票或向「不當取得內線消息人士」建議的人，是「根據知識做出猜測的人」，因此，針對他們提出的訴訟被駁回了。至於克萊頓和克勞佛，他們很不智地在四月十五日買進股票或下單，那又是另一個問題了。法官查無證據，無法證明他們打算欺瞞或詐騙任何人，但，他們買進股票時已經完全知悉已經找到了大型礦脈，而且隔天就會發布消息，簡言之，他們手上有重大的非公開資訊，所以說，他們違反了第「10B-5」條規定。他們被判在一定時間內不得再有同樣的犯行，而且必須把錢還給在四月十五日時把股票賣給他們的人，當然，前提是可以找到這些賣股的人；股票交易很複雜，要找到哪些人參與了哪一樁特定的交易，不見得那麼容易。我們這個時代的法律，用一個幾乎可說是不切實際的角度來處理人的問題，未來可能也會是如此；在法律的眼中，企業是人，股票交易也就像菜市場一樣，買方與賣方面對面喊價，電腦則幾乎不存在。

關於四月十二日的新聞稿，法官在回顧時認為內容「很悲觀」而且「不完整」，但他承認，新聞稿意在修正當時已經出現的誇張流言，這一點很有價值，他判定證交會無法證明這篇稿子有虛假、誤導或欺瞞的問題，因此駁回德州海灣公司故意混淆股東和一般大眾的指控。

經過多少時間，才不算是內線消息？

到了這個時候，證交會贏了兩局，但輸了一大串；顯然，只要探礦者鑽的洞是一系列中的第一個，就可以保留大多數丟掉鑽井台、改為衝向券商辦公室的權利。然而，在這個有很多互相衝突議題的案子裡，還有一個問題待解。和這個問題最有關係的，是股東、股票交易商和全國的經濟，而不是企業的礦藏探勘團隊。這個問題就是寇特斯和拉蒙特四月十六日時的作為。此事之所以重要，是因為這啓動了一個問題：從法律的觀點來看，某一項資訊何時不再是內線情報，而成為了公開訊息？這個問題過去從未像這樣面對檢驗，因此，德州海灣一案的結果馬上就會成為此一主題的法律權威意見，直到更細緻的案例出現為止。

證交會的基本立場是，寇特斯買股、以及拉蒙特透過電話謹慎地傳達情報給辛頓，都屬非法使用內線資訊，因爲這些事都在道瓊新聞社的寬帶訊息發布找到礦藏之前就完成了；雖然道瓊新聞社非常樂意享有權威，但除了社會慣例之外，並沒有任何官方地位，然而，證交會的律師不斷地指稱這是「官方」聲明。證交會還更進一步。證交會說，就算兩位董事在「官方」聲明之後才打電話，但除非時間夠長，讓沒有資格出席記者會、甚至無法適時看到寬帶新聞的投資大眾能好好消化此一訊息，不然這也是非法不當的行爲。被告的律師則從相當不同的角度看事情。他們認爲，不管他們是在寬帶播報聲明之前還是之後行動，這都不算是罪行，無論之前之後，他們的客戶都無罪。律師主張，寇特斯和拉蒙特很有理由相信消息已經播出了，因爲史蒂文斯之前在董事月例會上就已經說過，安大略礦業部長前一晚已經發表聲明，所以說，寇特斯和拉蒙特都是秉持善意作爲。律師繼續說，其次，各大券商已經傳得沸沸揚揚，交易所當天早上很早時也已經一片興奮，就算寬帶的機器還沒播出新聞、幾通引發爭議的電話還沒接通，透過口耳相傳以及《北國礦人》，實際上消息已經傳開。拉蒙特的律師團主張他們的客戶根本沒有建議辛頓買進德州海灣，只是建議對方去看一下寬帶新聞，提出這樣的建議何罪之有？至於辛頓之後做了什麼，那完全是他自己的事了。總而言之，兩邊的律師對於有沒有人犯法、甚至有沒有法可犯，都沒有達成共識；確實，被告的主張之一，就是指證交會正在要求法庭寫下新的法規、然後溯及被告，原告則堅持他們僅要求以奎斯伯里侯爵（Marquis of Queensberry）[14]注重公平的精神，從寬解釋舊有規定第「10B-5」條。

審判接近尾聲時，拉蒙特的律師團出重手，在法庭上營造騷動氣氛，提出一項讓人意外的證據：一幅大型精緻的美國地圖，上面布滿各色的旗子，有藍色、紅色、綠色、金色和銀色，律師指出，每一面旗子代表了在拉蒙特有所行動或寬帶播出新聞之前德州海灣重大訊息傳播到的地方。經過詢問之後，發現除了其中八面旗子之外，其他全是美林證券在全美各地的辦公室，該公司的內線在十點二十九分時已經傳遞了這條新聞；這種傳播的範疇非常有限，指出這一點之後，或許讓這份地圖的法律效力大打折扣，但顯然無損於法官對本作品的美學觀感。他大喊：「這幅地圖做的可眞美啊！」證交會的人因爲懊惱而七竅生煙，得意洋洋的辯方律師團裡則有一個人注意到地圖上有幾個地點被忽略了，指出上面應該有更多旗子才對，還在發呆讚嘆的邦沙法官搖搖頭，說他認爲不用了，因爲所有已知的顏色都用上了。

拉蒙特極度小心翼翼，一直等到十二點三十三分才替自己和家人買進股票，距離他打電話給辛問已經過了差不多兩小時，但證交會並不在乎他的謹慎；證交會之所以站上法庭，是他們決定站上最前衛的立場，要求法院做出未來也能勇敢無畏踏進法律叢林的判決。證交會的簡報資料裡寫出了他們的立場：「證交會的立場是，即便新聞媒體已經發布了企業資訊，內部人士仍有義務迴避證券交易，直到合理的時間過去，讓證券業、股東和投資大眾能評估發展並做出周全的投資決策……內部人士必須至少等到追蹤市場動態的一般投資人可以知悉訊息、而且有機會加以考慮之時爲止。」證交會主張，以德州海灣一案來看，在寬帶開始播送新聞之後的一小時三十九分，並不足以供人們做出上述的評估，證據是在這之前幾乎看不到什麼德州海灣公司股價大漲的跡象，因此，拉蒙特在十二點三十三分買進，顯然違反了《證券交易法》。那，證交會認爲多長才叫「合理的時間」？證交會的律師肯納莫在結辯陳詞中稱，這要「視情況而定」，根據內線情報的性質不同而有不同。舉例來說，調降股利這種事很可能連最駑鈍的投資人都可以在極短時間內知悉，但像德州海灣這種非比尋常且難以理解的訊息，可能就要花很幾天、甚至更久。肯納莫說，「制定嚴謹的規則以適用到所有這類情境，近乎不可能的任務。」因此，證交所的標準是，內部人士要知道自己等待的時間是否已經長到可以進場買進自家公司的股票，唯一的方法就是進法院，看法官怎麼判。

14 譯注：十九世紀奎斯伯里侯爵制定拳擊比賽規則，對現代拳擊運動有很大的影響。

從嚴解釋，指控經判決不成立

由哈薩德・吉里斯派（S. Hazard Gillespie）領軍的拉蒙特律師團面對此一立場時，也像製作前述的地圖一樣，就算還不到歡樂的程度，也是帶著相當的熱情，緊咬不放。吉里斯派說，證交會先堅稱寇特斯打給海米瑟格和拉蒙特打給辛頓都做錯了，因爲這兩通電話都是在寬帶新聞播出之前就打了；接著，證交會又說，拉蒙特後來買股的行爲是錯的，因爲那這雖然是在發表聲明後買的，但相距的時間不夠長。如果這兩種方向明顯相反的行動都是詐騙，那什麼才是正當的行爲？證交會看來希望訂出他們想要的規則，或者說，希望法庭訂出他們想要的規則。吉里斯派以更正式的用語來談這個問題，他說證交會是在「要求法庭訂出……法律規定，溯及既往，讓拉蒙特先生因爲做了他合理相信完全正當之事而被判詐騙罪成立。」

邦沙法官同意，這沒道理，而在這件事上，證交會認爲寬帶播出新聞的時間也就是資訊公開的時間，也沒道理。他採取比較狹義的觀點，以過去的判例來看，關鍵時間一向指的是有人出來朗讀了新聞稿並交由記者傳播，即便外部人士（基本上，也就是說一般人）要過了一段時間才會知悉這件事也沒關係。這個結論的隱含意義顯然讓邦沙法官很不安，他後來又補充：「就像證交會主張的，我們或許應制定更有效的規定，以排除內部人士在資訊發布之後、一般大眾還未能消化之前就開始行動。」但他不認爲應該由他來制定這樣的規範，也不認爲該由他來決定拉蒙特在十二點三十三分下單之前等待的時間是否夠長了。他說，如果這些事要由法官來決定，「很可能導致不確定。某個案子的判決無法顧及另一個事實不同的案子。內部人士不會知道自己等待的時間是否夠長了……如果要決定統一的等待時間，最適合由證交會來決定。」沒有人想做替貓掛鈴鐺的老鼠，證交會控告寇特斯和拉蒙特一案，也因此撤銷。

上訴翻案，美國證交會獲得著名勝利

證交會對於所有被撤銷的指控上訴，唯一被判有罪的兩名被告克萊頓和克勞佛，則對他們被判的刑責上訴。在上訴摘要中，證交會煞費苦心地重審所有證據，對巡迴法庭指稱邦沙法官的解讀有誤，在被告的上訴書中，克萊頓與克勞佛的重點則是放在用來判他們有罪的法條可能造成的損害效應。舉例來說，法條會不會變成意味著每一位盡力找出特定公司少有人知事實、之後向客戶推薦這檔個股以善盡職責的證券分析師，都可以因其勤勉而判他是不當傳播情報的內線人士？這條法規會不會導致「扼殺了公司內部人士的投資，並阻礙公司資訊流向投資人？」

有可能吧。無論如何，一九六八年八月，美國上訴法院的第二次巡迴審理做出判決，打從核心完全否決了邦沙法官的結論，但他對克勞佛與克萊頓的判決除外，他們的罪名坐實了。上訴法庭判定，十一月鑽的第一個洞提供了指向有珍貴礦藏的實質證據，因此，佛加提、莫利森、達可、霍利克和其他在當年冬天買進德州海灣公司股票或買權的內部人士，確實犯了法；四月十二日發表的悲觀新聞稿，語焉不詳，而且很可能造成誤導；寇特斯在四月十六日記者會後馬上下單，不當且非法的操之過急行動。僅有拉蒙特（他在前一級的法院判決出爐不久後就過世了，對他的指控也隨之撤銷）與一位德州海灣的辦公室主任約翰．莫瑞（John Murray）無罪。

這樣的判決對證交會來說是一大勝利，華爾街最初的反應，是大聲嚷嚷說這樣的結果會讓人非常困惑。在上訴到最高法院之前，至少引發了很有趣的實驗。全世界有史以來第一次，有人很努力地在華爾街經營一個不能使用做牌手段的股市。

第5章 全錄，全錄，全錄，全錄

現代複印機的誕生

一八八七年，芝加哥的迪克公司（A. B. Dick Company）在市面上推出原創的油印機（這是第一部實際上可供辦公室使用的書面複印機），當時並未席卷全美。反之，創辦人迪克先生發現自己陷入了非常麻煩的行銷問題（他過去是一位伐木工，很懶得用手抄寫價格表，試著自行發明一部複印機，最後向發明者湯瑪斯．阿爾瓦．愛迪生（Thomas Alva Edison）取得相關權利，生產油印機）。「那時大家並不想複印多份辦公室文件，」他的孫子、也是迪克公司（這家公司目前生產一系列的辦公室影印機與複印機，其中包括油印機）現任副總裁小馬修．迪克（C. Matthews Dick, Jr.）這麼說，「大致上，第一批的使用者都是教堂、學校以及童子軍這類非營利事業，爲了吸引公司以及專業人士，祖父和他的同仁們付出了很多心力倡導。用機器複印辦公室文件是讓人不安的新概念，顛覆了長久以來的辦公室運作模式。以一八八七年來說，畢竟打字機上市才十餘年，使用還不普遍，複寫紙也一樣。如果商界人士或律師想要五份副本，就叫員工製作五份，用手打。就有人對我祖父說：『我爲何要複製這麼多份到處放？這些東西只會讓辦公室變得雜亂，並引人虎視眈眈，還浪費了很多品質很好的紙。』」

老迪克先生會碰到問題，還有另一層的理由，可能和複製圖像此一概念流傳已久的壞名聲有關。在英文中，「copy」（複製）不管是當成名詞還是動詞使用，都有很多弦外之音，正是反映出前述的壞名聲。《牛津英文辭典》（*Oxford English Dictionary*）講得很清楚，幾世紀以來，這個詞就和欺瞞的意味有牽連；自十六世紀末到維多利亞女王時代[15]，英語中「copy」和「counterfeit」（僞造）幾乎是同義詞。（中世紀時，把「copy」當名詞使用時蘊含著很濃厚的「大量」或「豐饒」的意思，到了十七世紀中葉這種用法已經淡去，僅剩下形容詞「copious」還有這類正面的意思。）法國作家德．拉羅什福柯（La Rochefoucauld）一六六五年時在他的書《箴言集》（*Maxims*）中說：「唯有凸顯出原作缺失的副本，才是好的副本。」一八五七年時英國藝評家約翰．拉斯金（John Ruskin）也斷然地說：「千萬別買複製畫。」他要警示的不是欺騙的問題，而是怕人們自貶身價。複製書面文件也有同樣的疑問。英國哲學家約翰．洛克（John Locke）一六九〇時寫了一段話：「經過驗證的紀錄副本是很好的證據，但副本的副本無法獲得適當的驗證……不得成爲法庭的證據。」大約在同一時期，印刷業的蓬勃發展創造出一個意有所指的用語「foul copy」（字面意義爲骯髒的副本），指「畫滿塗改修訂的草稿」。維多利亞時代有一個很流行的習慣，會說某個物品或某個人是「pale copy」，意爲「拙劣的模仿」。

工業化造成大量複印需求

工業化程度大增，導致實務上需要很多副本，無疑是二十世紀人們對副本態度大逆轉的主因。無論如何，辦公室文件副本的數量開始大增。（這樣的成長趨勢剛好和電話問世時間相同，看起來好像很矛盾，但其實不然。各種證據指出，人與人之間不管用何種方法溝通，都不會因爲完成目的就結束，一定會滋生出更多溝通的需求。）打字機和複寫紙在一八九〇年之後普及，油印則在一九〇〇年之後很快成爲標準的辦公室作業程序。一九〇三年時，迪克公司自認可以誇口：「沒有愛迪生油印機的辦公室就不算完整。」到那時，使用中的油印機已達十五萬台，到了一九一〇年，可能已經上看二十萬台，到一九四〇年時，幾乎來到了五十萬台。一九三〇、四〇

15 譯注：一八三七年至一九〇一年。

年代，各辦公室已經很習慣使用膠印機（offset printing press）了（這是油印機強悍的對手，製作出來的成品比油印機更漂亮），現在更是多數大型辦公室裡的標準配備。但就像油印機一樣，使用膠印機要先準備好一頁特殊的母版（master page），才可以開始複印，這樣的流程相對昂貴，也很耗時，因此，只有在大量印製才具經濟效益。以辦公室設備產業的術語來說，膠印機和油印機都是「複製機」（duplicator）而不是「複印機」（copier），複製和複印的差別，通常以十到二十份之間做爲分界。開發高效率且具經濟效益複印機，技術落後很多。無須製作母版的影印（photographic）設備〔其中最有名、到如今仍大名鼎鼎的是佛特斯泰公司（Photostat）〕，直到約一九一〇年才開始出現，但因爲成本高、速度慢且難操作，用途僅限於複製建築與工程草圖和法律文件。過去要製作商業文書或打字稿的副本，唯一實用的機器就是打字機，並在壓紙滾筒上墊上一張複寫紙，這種情況要到一九五〇年後才有變化。

一九五〇年代是在辦公室以機器製作副本的先行時期。短時間內，市場上出現各式各樣無需使用母版就能重製多數辦公室文件的機器，印一份只要幾美分，在一分鐘甚至更短時間內就能印好一份。不同的機器技術更有不同：明尼蘇達礦業與製造公司（Minnesota Mining & Manufacturing，簡稱 3M）於一九五〇年上市的熱感複印機（Thermo-Fax），使用的是熱感應複寫紙；美國影印公司（American Photocopy）一九五二年的岱爾美自動黑白複印機（Dial-A-Matic Autostat），是以普通的影印技術爲基礎加以微調；柯達伊士曼（Eastman Kodak）一九五三年推出的微利費（Verifax），應用了染料轉印法（dye transfer），凡此種種。這些產品和迪克先生的油印機不同，幾乎馬上就找到了市場，部分原因是這些機器滿足了眞正的需要，至於另外一部分原因，以現在來看就很明顯：這些機器本身和提供的功能有一種魅力，影響了使用者的心理。在一個向來以社會學家所說的「大眾化」爲特色的社會裡，把一個類別裡只有一個選項變成一種類別裡有多個選項，永遠都是讓人難以抗拒的想法。然而，所有打先鋒的複印機器都有很嚴重而且讓人深感挫折的缺點，比方說，岱爾美和微利費很難操作，會弄濕副本，得花時間晾乾。熱感複印機印出來的副本如果接觸到太多熱源，會變得一片黑。還有，這三款機器都只能使用由製造商提供的特殊用紙才能印製副本。要讓這種讓人難以抗拒的想法發展成熱潮，需要的是科技上的突破，而這必要的突破就出現在一九五〇、六〇年代之交，此時市場上有一種以新技術靜電複印術（xerography）來運作的機器，可以用一般的紙製做出優質、可以長存的乾式副本，而且很省事。效果立竿見影。美國一年以複印製做出來的複印副本（相對於手工製作的副本），估計從一九五〇年代中期的兩千萬份開始增加，到了一九六四年達到九十五億份，一九六六年則有一百四十億份，更別提如果算上歐洲、亞洲和拉丁美洲要多加好幾十億，這大部分都拜靜電複印術之賜。此外，教育人員對於印製成冊的教科書、以及商業人員對於書面溝通的態度，也出現了明顯的變化。前衛哲學家說，靜電複印術的重要性可比輪子發明，都是重要的革命，賣糖果的雜貨店和美容院也開始出現投幣式複印機。這股熱潮已然成形，雖然不像十七世紀荷蘭的鬱金香熱（tulip mania）一開始就造成混亂，但影響力很可能注定比鬱金香熱更無遠弗屆。

一九六〇年代美國最輝煌的商業成功

這項重大突破背後的主要推手公司，當然就是紐約州羅徹斯特市（Rochester, New York）的全錄（Xerox Corporation），他們的機器複印出這幾十億副本中的大部分。全錄也因此成爲二十世紀最輝煌的大企業成功典範。一九五九年，全錄〔當時稱爲哈洛伊德全錄公司（Haloid Xerox, Inc.）〕推出了第一部辦公室用自動靜電複印機，營業額達三千三百萬美元。一九六一年的營業額是六千六百萬美元，一九六三年爲一．七六億美元，到了一九六六年則超過五億美元。公司的執行長喬瑟夫．威爾森（Joseph C. Wilson）就說了，如果幾十年都能維持這種成長率（不可能會有這種事；但這對大家來說或許是好事），全錄的營業額就會超過美國的國民生產毛額了。全錄一九六一年時沾不到《財星》（*Fortune*）雜誌全美前五百大工業公司排行榜的邊，到了一九六四年時排第二二七名，一九六七年則排到一二六名。《財星》雜誌的排名依據是年營業額，如果換成某些其他標準，全錄的排名會高於一七一。舉例來說，一九六六年初，全錄的淨利在全美排第六十三，銷售淨利率（profit to sales ratio）可能排第九名，如果以股票市值來算則約是第十五名。在最後這個面向上，全錄這家後起之秀追上了很多歷史悠久的巨型企業，例如美國鋼鐵、克萊斯勒、寶僑（Procter & Gamble）和美國無線電公司（R.C.A）。確實，投資大眾對全錄展現出來的熱情，讓該公司的股票成為一九六〇年代的股市寶山（Golconda）[16]。在一九五九年底買進股票並一直持有到一九六七年初的人，會發現自己手上的持股價值比原價高了六十六倍。眞正有遠見在一九五五年就買進哈洛伊德全錄股票的人，會發現原投資成長了一百八十倍（你也只能說這也太神了）。無須意外的是，這個世界上出現了一大群「全錄百萬富翁」，總共有好幾百人，他們要不是住在羅徹斯特，就是來自那裡。

一九〇六年創辦於羅徹斯特市的哈洛伊德公司，是全錄的前身；哈洛伊德公司的創辦人之一，是身兼當鋪老闆與羅徹斯特市長的約瑟夫．威爾森（Joseph C. Wilson），他也正是與其同名、於一九四六年到一九六八年在全錄掌舵的小約瑟夫．威爾森的祖父。哈洛伊德公司製造感光相紙，和其他攝影同業一樣（尤其是羅徹斯特地區的企業），都活在鄰近的大型企業伊士曼柯達

16 譯注：Golconda，十六世紀時，曾是印度南部顧特卜沙希王朝的首都，也是繁榮的鑽石貿易中心，後用以指稱蘊含豐富價值的礦山或是巨大的財富。

巨大身影之下。即便只有微弱的光，仍足以讓哈洛伊德公司平平安安度過大蕭條時代。然而，在二次大戰之後，競爭加劇與勞動成本驟起，使得哈洛伊德公司必須去開發新產品。公司內部的科學家找到的機會之一，是俄亥俄州哥倫布市（Columbus, Ohio）一家大型非營利工業研究機構巴特勒紀念研究院（Battelle Memorial Institute）正在研究的一項複印流程。這整件事要說回一九三八年紐約市皇后區奧斯托利亞（Astoria, Queens）一家酒吧樓上的二樓廚房，這裡一直以來都當成臨時實驗室來用，主人是一位三十二歲的無名發明家卻斯特．卡森（Chester F. Carlson）。他父親是瑞典裔的理髮師，他自己則畢業於加州理工大學（California Institute of Technology）物理系，之後任職於馬洛里公司（P. R. Mallory & Co.）設在紐約的專利部門；這家公司總部在印第安納波里斯（Indianapolis），製造電氣與電子零件。卡森求名、求利更求獨立，他把空餘時間都拿來發明辦公室複印機，爲了找人幫忙，他聘用了一位德國難民物理學家奧托．克奈（Otto Kornei）。這兩人做了很多實驗，在使用大量笨重的機器與製造出可觀的煙霧和惡臭之後，在一九三八年十月二十二日終於開花結果，得出了一道流程，把「10–22–38 Astoria」這幾個字從一張紙傳到另一張紙上。這道卡森名爲電子照相術（electrophotography）的流程有五個基本步驟（到現在也一樣）：用靜電讓光電導表面增加感光度（比方說，用毛皮摩擦）；把這個表面放在寫了字的頁面上，形成靜電成像；在表面灑上只會吸附到產生靜電區塊的粉末，顯現出潛在影像；把影像轉到另一張紙上；用熱固定影像。這裡的每一個步驟都很爲人熟悉，也和其他科技併用，但這樣的組合是全新的，就因爲太新了，商業界的大亨與領導者很晚才體認到此流程的潛力。卡森善加利用他在市區專利部門任職學到的知識，隨即以這項發明爲核心建構出一個複雜的專利網（克奈沒多久之後就轉往他處任職，自此在電子照相術領域失去蹤跡），並做好準備開始推銷自己手上的專利。在接下來五年，他一邊繼續任職於馬洛里公司，一邊也用新方法做兼職，向美國境內每一家重要的辦公室設備製造公司兜售這道流程的相關權利，但每一次都被拒之於門外。到了一九四四年，卡森終於說服巴特勒紀念研究院以他的流程爲基礎做進一步的開發，條件是如果能銷售或授權出去的話，對方可以拿到四分之三的權利金。

話當年就在這裡結束，這也就是靜電複印術的由來。到了一九四六年，巴特勒研究院以卡森的流程所做的相關研究，引起哈洛伊德公司裡好幾個人的注意，其中一個就是後來成爲公司總裁的小喬瑟夫．威爾森。威爾森跟一個新朋友索爾．林諾威茲（Sol M. Linowitz）聊起自己有興趣的部分；他這位新朋友是一個聰明、有活力且注重公義的年輕律師，剛剛從海軍退役，正忙著成立一家新的羅徹斯特電台，準備傳播自由派的觀點，以平衡甘尼特（Gannett）報業旗下各大報的保守派角度。雖然哈洛伊德公司裡也有律師，但威爾森很欣賞林諾威茲，就邀他來看看巴特勒研究院的研究工作，由林諾威茲專案「單次」承包這個案子。後來林諾威茲說：「我們去了哥倫布市，看到一片用貓毛皮摩擦過的金屬。」經過這一趟以及其他幾次差旅，他們簽訂了一項協議，哈洛伊德公司有權使用卡森流程，條件是支付權利金給卡森和巴特勒研究院，並承諾和巴特勒研究院分享成果與分擔開發成本。看起來，正是這項協議導引出了其他的一切。一九四八年，當他們要替這道卡森流程命名時，一位在巴特勒任職的員工和俄亥俄州立大學（Ohio State University）一位古典語言學教授合作，他們結合了古希臘語中的兩個詞，拼湊出「xerography」一詞，這是「乾式書寫」之義。在此同時，巴特勒研究院和哈洛伊德公司裡有幾個科學家小團隊正在努力發展這套流程，他們遭遇了一個又一個難以解決、意料之外的技術問題，哈洛伊德公司的員工一度非常沮喪，他們甚至考慮把大部分的靜電複印術權利賣給國際商業機器公司（International Business Machines，簡稱ＩＢＭ）。但交易最後取消了，隨著他們繼續做研究，成本愈墊愈高，哈洛伊德公司投入開發這項流程，慢慢陷入了不成功便成仁的狀況。一九五五年，新的協議出爐，哈洛伊德完整取得卡森所有專利權，並承擔所有開發專案的成本，爲了支付成本，哈洛伊德發出大量股票給巴特勒研究院，巴特勒又轉發了一些給卡森。開發成本極高。從一九四七年到一九六〇年，哈洛伊德公司在靜電複印術的相關研究上花掉約七千五百萬美元，是同期常態營運收益的兩倍之多；爲維持收支平衡，公司大量舉債，並大量發行普通股給任何或好心、或魯莽、或有先見之明願意買進的人。羅徹斯特大學（University of Rochester）出於不忍見當地產業苦苦掙扎，用捐贈基金買了大量的股票，之後因爲除權的關係，價格大概是一股五十美分。一位大學高層曾經很緊張地事先對威爾森發出警示：「如果幾年後我們發現必須出售哈洛伊德公司的股票停損，請不要對我們發脾氣。」威爾森保證不生氣。在此同時，他和公司其他高階主管以領取股票充作大部分的薪資，有些人甚至還拿出自己的積蓄與拿房子去抵押貸款，幫忙公司走下去。（到了這時候，其中一位最重要的高階主管就是林諾威茲，到頭來，他和哈洛伊德之間的關係並不是單次就結束了，反而成爲威爾森的得力助手，負責公司裡重要的專利事宜，安排與導引公司的國際結盟，最後還一度成爲公司的董事長。）一九五八年，雖然當時公司還沒有在市場上推出任何占有重要地位的靜電複印術產品，但經過仔細考慮之後，決定更名，加入靜電複印術字首「xero」，變更爲「Haloid Xerox」（中譯名爲哈洛伊德全錄）。哈洛伊德早在幾年前已經把「XeroX」當成商標使用，威爾斯承認，這就是坦坦蕩蕩在模仿伊士曼的「Kodak」。最後一個大寫的「X」很快就變成小寫，因爲大家根本懶得最後再大寫，而，就像伊士曼難以抗拒「Kodak」一樣，這種近乎回文[17]的寫法還是保留了下來。威爾森說過，不管是「XeroX」還是「Xerox」，公司很多顧問都強烈反對採用與保有這個商標，他們擔心一般人根本不知道怎麼念，也怕有人以爲這是一種防凍劑，甚至會讓很在乎錢的人想起一個讓人很不開心的字：「zero」（零）。

17 譯注：回文指順著念倒著念都一樣。

一九六〇年迎來了大爆發，一夕之間什麼都逆轉了。這家公司已經不再擔心商標會不會成功，現在要擔心的是公司太成功，人們的口語對話與書面文件中開始出現一種新用法，把「xerox」當成動詞，意思是去複印，威脅到這家公司的專有名稱權，導致公司必須發起一項精心策畫的行動，以反制這種用法。〔一九六一年時，公司做的很徹底，只用了「Xerox」一詞，把名稱改為全錄公司（Xerox Corporation）。〕全錄的高階主管也不再擔心自己和家人的未來，現在他們煩的是自己曾經自以為明智地建議一些親朋好友不要投資自家公司，當時的股價是一股二十美分，他們不知道自己如今在這些人心目中會得到什麼評價。總而言之，持有大量全錄股票的人發了財或富上加富，比方說那些縮衣節食又犧牲奉獻的高階主管、羅徹斯特大學、巴勒特研究院。這當中一定要提的是卻斯特・卡森，他和全錄簽訂了很多協定，一九六八年時，他手上全錄的股票價值好幾百萬美元，根據《財星》雜誌的統計，他是全美排名第六十六的富豪。

社會企業先驅

一個寂寞的發明家守著自己簡樸的實驗室；一間家族管理的小公司，一開始飽受挫折，以專利系統做後盾，從古希臘與中尋找商標名稱，最後光榮大勝、驗證自由企業體系的優越，這樣就講完全錄發跡史的重點了，當中有一種老派、甚至可以說是十九世紀的氛圍。但全錄還有另一面。說到除了股東、員工和客戶之外，還要對整體社會展現責任感這件事，全錄凸顯了自己和多數十九世紀的公司大不相同，事實上，更是替二十世紀的企業開了先河。威爾森說過：「訂下高標準，懷抱幾乎無法達成的抱負，讓人們相信有志竟成，這些和財務報表一樣重要，甚至有過之而無不及。」全錄其他高階主管也常特意強調「全錄精神」並不是達成目標的手段，而是為了強調「人性價值」本身。當然，唱這種高調在大企業界並不少見，從全錄高階主管口中講出來，通常還會讓人挑眉質疑，考慮到這家公司賺了這麼多錢，甚至會惹人生氣。但有證據證明全錄說到做到。一九六五年，該公司捐贈一六三萬二五四八美元給教育和慈善機構，一九六六年捐了二二四萬六千美元，這兩年受贈金額最高的都是羅徹斯特大學和羅徹斯特社區公益基金（Rochester Community Chest），兩個單位的受贈金額都大約是公司稅前淨利的一．五％，比多數大型企業拿出來行善的比例高了非常多。我們可以舉幾個例子，來看看經常受人稱讚慷慨大方的企業表現如何：美國無線電公司一九六五年捐贈的金額為稅前淨利的〇．七％，AT＆T則遠低於一％。全錄決意堅持這份高尚的情操，可從一九六列年公司堅持履行「百分之一方案」的承諾中看出來，這套方案常被稱為克里夫蘭計畫（Cleveland Plan）：方案的發源地就在克里夫蘭市，當地企業同意，除了各家企業其他的捐贈之外，大家每年撥出百分之一的稅前淨利捐給當地的教育機構，如果全錄的獲利繼續節節上漲，羅徹斯特大學以及其在該地區的姐妹機構就可以安安心心迎接未來。

在其他方面，全錄也會基於和獲利無關的理由而冒險。威爾森在一九六四年一次演講中就說：「企業不能拒絕在重大公共議題中選邊站。」這在商業界根本就是異端邪說，在公共議題上選邊站，顯然就是自絕於立場相反的顧客和潛在顧客。全錄在公共議題上的主要立場，是支持聯合國（United Nations），這也代表了與反聯合國的人分庭抗禮。一九六四年初，全錄決定花四百萬美元（這是該公司一年的廣告預算）贊助製作一個探討聯合國的電視節目系列，節目播出時不插播廣告，除了每一集開始與結尾會聲明由全錄付錢之外，不會有其他全錄的企業識別。

當年七月與八月（距離公司宣布此一消息後約莫過了三個月），全錄收到大量的來信反對本項計畫，敦促公司放棄此舉。這些信件大約有一萬五千封，有人溫和說理，也有人大聲叫罵、激動斥責。很多人信誓旦旦，直指聯合國是剝奪美國人憲法權力的工具，聯合國有部分憲章是由美國共產黨執筆，聯合國一直被用來推動共產主義的相關目標。有幾封信是企業總裁寫的，他們直白地威脅，除非取消這一系列的節目，不然他們要把辦公室裡的全錄機器全部丟掉。有一小群人在信中提到極右派反共組織約翰博奇協會（John Birch Society），沒有任何人自承是成員，但以環境證據來看，這些大量的來信代表了該協會進行的是一場仔細規畫的行動。例如，約翰博奇協會近期一份出版品鼓勵成員寫信給全錄，對聯合國節目系列表達抗議，文中還說，大量寄信這一招已經成功說服一家大型航空公司把飛機上的聯合國標誌拿掉。全錄主動進行一項分析，從中又發現更多證據指向這是一次有系統的行動：約四千人共寫了一萬五千封信。無論如何，全錄上下拒絕被勸服也拒絕被威脅，一九六五年，這一系列的聯合國電視節目在美國廣播公司（American Broadcasting Company，簡稱ABC）電視網中播出，獲得一片掌聲。威爾森後來說，這個系列以及決定無視於各種抗議行動，讓全錄交了很多朋友，超過樹立的敵人。每一次他針對此事公開發言，都堅持把許多觀察家認為相當罕見的企業理想主義之舉描述為簡單穩健的商業判斷。

市場漸趨飽和，開始多角化經營

一九六六年秋天，全錄自引進靜電複印術以來第一次遭遇逆境。到這個時候，辦公室複印機產業已經有超過四十家公司，有很多都向全錄取得授權以生產靜電複印設備。（技術中唯一重要、全錄拒絕授權的部分，是一種叫做硒鼓（selenium drum）的技術，這讓全錄的機器可以用一般的紙製作副本。其他所有競爭產品都需要用特殊處理過的紙。）全錄享有的重大優勢，是新領域中先行者向來的優勢：收取高價的優勢。到如今，就像八月號的《巴倫周刊》（*Barron*）說的，看來，「這項一度風光的創新就像所有技術進展終究要面對的命運一樣，很快就變得大家見慣的尋常。」後起的削價競爭者紛紛湧入複印業，有一家公司五月的致股東函裡講到，他們預見將會出現一部叫價十到二十美元、「當成玩具」銷售的複印機（一九六八年時，確實有一部售價三十美元的機器），甚至講到必須用免費贈送複印機來推銷複印紙，就像刮鬍刀公司早就用免費送刮鬍刀來推銷刀片一樣。全錄意識到讓自己安逸的小小壟斷地位最後會因爲專利變成公共財而化爲烏有，數年來都透過購併其他領域的企業來開拓業務，主要都是出版業與教育業，比方說，一九六二年時全錄買下大學微縮膠卷公司（University Microfilms），這是一座未發行手稿、絕版書、博士論文、期刊和報紙的微縮膠卷資料庫。一九六五年時，全錄又買下另外兩家公司，一是美國教育出版公司（American Education Publications），是全美最大型的中小學期刊出版商；另一家叫基礎系統公司（Basic Systems），這是一家教具製造商。但這些布局都無法說服市場放下對全錄的既有成見，全錄的股價陷入跌勢。一九六六年六月底時全錄的股價爲二六七．七五美元，到了十月初，已深跌至一三一．六二五美元，公司的市值不只腰斬。從十月三日到十月七日，就單這個交易周，全錄跌了四二．五美元，十月六日這天的狀況尤爲嚴重，導致全錄在紐約證交所的交易必須暫停五小時，因爲掛出來的賣單約有二千五百萬美元之譜，但沒有人想買。

914：史上第一部最成功，也最有個性的複印機

我發現，一家公司最有意思之時，也就是正在經歷小小的逆境之時，因此，我選擇檢視一九六六年秋天時的全錄和相關人士；我心裡有這個計畫大約一年了。我首先做的是詳細了解它的代表產品。在當時，全錄的複印機與相關產品的產品線已經很完整了，比方說，他們有像桌子一樣大小的機器「914」，不管內容是印刷、手寫、打字或繪圖，只要正本尺寸不超過九乘以十四英寸，幾乎都能製作黑白副本，大概六秒就能印一份；「813」型是體積小很多的機器，可以放在桌面上，基本上是「914」型的縮小版（或者，就像全錄的技師愛講的，「這是消風的914」）；「2400」是高速複印機，看起來像現代廚房用的爐台，可以用一分鐘四十份、一小時兩千四百份的速度炮製出副本；「Copyflo」可以把微縮膠卷的頁面放大成普通的書本紙張大小，然後印出來；「LDX」可以透過電話線、微波無線電或同軸電纜傳輸文件；「Telecopier」是一種非靜電複印的設備，製造商是美格福斯公司（Magnavox），但由全錄銷售，這是初階版的「LDX」，是一般人最感興趣的產品，因爲這款機器只有一個小盒子，連上一般的電話後，用戶就可以快速的將小幀照片傳給任何電話裝有同樣小盒子的人（當然，發出的吱嘎吱嘎、喀哩喀哩噪音聲也很大）。在這些產品當中，「914」是第一代的自動靜電複印機，也是重大技術突破的

體現，對全錄和顧客來說，仍是最重要的一項。

有人說，「914」是史上最成功的商品，但官方並沒有證實或否定這種說法，因為全錄並未公布精準的個別產品營收數字，但公司確實說了，一九六五年時，「914」在全公司的總營收中占了約六二%，而當年度的總營收金額超過二・四三億美元。一九六六年時，這部機器的價格是兩萬七千五百美元，也可以用每個月二十五美元的價格租用，外加至少四十九美元的複印費（一份要收四美分，設有最低數量限制）。收費經過刻意的設定，意在讓租比買划算，因為全錄到頭來靠出租機器賺的錢高過於賣機器。「914」機器漆成米色，重達六五〇磅（約二九五公斤），看起來像摩登的「L」型金屬桌子，不管是單頁、書本打開的兩頁，還是像手錶或獎牌這類小型的立體物品，要複印的物件正面朝下放在平坦表面的玻璃窗上，按下按鍵，九秒鐘之後印好的副本就會進入紙匣；如果把「914」想成一張辦公桌，副本就相當於放在「已發送」的籃子裡。「914」的技術非常複雜（某些全錄的業務員堅稱，這款機器比汽車更複雜），是以常會出錯，令人惱怒，因此全錄必須養幾千名現場維修人員，他們要在很短的時間內隨時回電。最常見的故障，是複印用紙送紙時夾住了，全錄替這個問題取了一個很有畫面的名稱叫「錯噴」（mispuff），因為每一張紙都要由內部的噴氣機噴高，來到可複印的位置，當噴氣出錯時，就會故障。

偶爾會發生很嚴重的錯噴問題，紙張接觸到發熱的零件因而燒起來，害得機器發出讓人驚心動魄的白煙，如果發生這種事，全錄強烈要求操作人員什麼都別做，最多就是使用隨附的小型滅火器，因爲如果就這樣放著，起火問題相對無害，但若把水倒在「914」上，可能會導致會致命的電壓傳到金屬表面。除了故障問題之外，操作人員還要經常照料保養機器，而各家公司裡操作複印機的都是女性。（操作最早期打字機的女性後來被人稱爲「打字人」，還好，現在沒有人稱呼操作全錄複印機的女性叫「複印人（xeroxes）」。）複印用紙和稱爲碳粉（toner）的黑色靜電粉末常常需要補充，最重要的零件硒鼓則必須用特殊的防刮棉布定期清理，還要經常上蠟。我花了幾個下午和一部「914」複印機以及機器操作員相處，我想，這必然是我看過女性與辦公室設備之間最親密的關係。操作打字機或是交換機的女性對於手上的機器沒有興趣，因爲沒有什麼神祕之處，操作電腦的女性則會覺得煩，因爲她們根本搞不懂電腦。但「914」有截然不同的生物靈性：這部機器需要有人餵有人照拂，有點嚇人，但也可馴服，偶爾會出現意外的暴衝行爲，但大致而言，誰對它好，它就對誰好。「一開始我很怕它，」我觀察的操作員對我說，「全錄那邊的人說：『如果你怕它，它就不會好好工作。』這話說得很對。它是個好夥伴，我現在很喜歡它。」

複印的多種用途，以及可能爭議

我和一些全錄的業務員聊過，從對話中知道他們永遠在想公司的複印機還有哪些新用法，但他們發現大眾永遠跑在他們前面。靜電複印術有一種很奇特的用法，可以保證新娘得到她們想要的新婚禮物。準新娘會列出她們偏愛的禮物清單傳給百貨公司，百貨公司把這張清單再傳到內部的新娘登記櫃台，這裡配有一部全錄複印機。新娘的朋友們都會事先巧妙地收到消息，來到這個櫃台，拿到一份清單副本，他們可以依此採購，然後把副本交回櫃台，順便把已經有人買物品勾掉，這樣就可以一直修正主清單，讓下一位來買東西的人有所依循。（就像英國詩人讚頌希臘主管婚姻的海曼神（Hymen）一樣，讓人忍不住高呼：「海曼神，偉哉海曼神，海曼大神！」）紐奧良（New Orleans）和多地的警局不再辛苦繕打收據，記錄他們從必須在拘留所過夜的人身上收走了哪些財物，現在他們把這些財物（錢包、手錶、鑰匙等等）放在「914」的掃描玻璃上，幾秒鐘後就可以得出照相收據。醫院用複印來製作心電圖和實驗室報告的副本，券商也能更快就把熱騰騰的情報傳遞給客戶。事實上，任何人有任何可以靠複印推動的點子，都可以到附近裝有投幣式複印機的菸草店或文具店，滿足一下自己。（有一件事很有趣值得一提，那就是全錄生產了兩種規格的投幣式「914」，一種要投一角硬幣，一種要投二十五美分硬幣；機器的主人或租用人可以自行決定要用哪一種。）

但複印也遭到濫用，而且問題很嚴重，最明顯的一種是浮濫複印。有一種之前被認爲是官派作風的傾向，現在普遍可見：就算只要一份副本就夠了，還是有人急切地希望持有兩份或更多；根本不需要副本時，也會有人來一份。「一式三份」（triplicate）一詞過去用來指稱公家機關的浪費，但現在顯然是低估的說法。隨時就緒等著有人按下的複印按鍵、機器滾動的動作、直接送進匣中的漂亮副本，這些因素綜合起來營造出輕鬆方便的複印體驗，新上任的複印機操作員也覺得必須盡責，印完自己手中的所有紙張。一個人一旦用過複印機之後，就再也離不開了。這種複印癮頭最危險的地方，不是製造出一堆堆的檔案、重要的資料淹沒在其中消失不見，而是大家對原始正本逐漸萌生出負面觀感：一份文件若非有副本或者本身就是副本，不然就沒什麼重要。

複印造成的另一個更直接的問題，是複印會讓人非常想要違反著作權法。幾乎所有大型的公家與大學圖書館（以及很多高中圖書館）如今都配有複印機，老師或學生如果需要已出版書籍中的某些詩文、選集中的某一篇短篇故事或是學術期刊中的某些論文副本，他們已經習慣從圖書館的書架上把書拿下來，拿到圖書館的複印部門，要求全錄的機器複製他們需要的份數。當然，這麼做的結果是剝削了作者與出版商的收益。從法律紀錄中無法得知這種侵害著作權的行爲有多嚴重，因爲出版商和作者根本就不知道發生了侵權行爲，故而幾乎也不會控告教育工作者；此外，教育工作者本身也並不知道自己的行爲違法。幾年前，一個教育工作者委員會發布一項通知給美國各地的老師，明確告知他們重製受著作權保護的資料時擁有哪些與沒有哪些權利，幾乎馬上就導致教育工作者致函出版社請求許可的信件大增，這也間接顯示複印很可能在無意中造成侵害著作權。還有更明確的證據證明了這種情況：比方說，一九六五年時，新墨西哥大學（University of New Mexico）圖書館學院一位員工公開主張，圖書館應把九成的預算花在員工、電話、複印、傳真等等，僅把一成（就像教會的什一稅）花在購買書籍和期刊上。

某種程度上，圖書館也試著自主糾舉複製行爲。紐約公共圖書館（New York Public Library）主館的複印服務單位，一周要處理約一千五百件複印圖書館資料的要求，他們就告知複印者「重製受著作權保護之內容，不得逾越『合理使用』的範疇」，這也就是說，重製的數量和類型，通常限於簡短擷取，而且必須符合過去判例制定的不構成侵權行爲範疇。圖書館繼續說，「申請複印者要承擔任何因爲製作副本與使用製成品而導致的問題。」這份聲明的前半部，看來像是由圖書館承擔責任，但後半部卻撇清了，這種矛盾的態度很可能反映了使用圖書館複印機的用戶普遍感受到的不安。在圖書館之外，不安感通常沒這麼強烈。其他方面謹遵法律的商業人士，顯然不認爲違反著作權比穿越馬路更嚴重。我聽過一件事，有一位作家受邀參與由職位很高、情操也很高的產業界領袖舉辦的研討會，他很驚訝地發現，自己新書中的某一章被印出來並發給與會人員，當作討論的基本根據。作家表達抗議時，這些商界人士有點猝不及防，甚至有點受傷，他們以爲作家會很樂見他們關注他的作品，但說起來，這樣的恭維就好像小偷偷走女士的珠寶又在主人面前讚美那有多美多好一樣。

著作權保衛戰

有些評論家認爲，到目前爲止的情況，僅是圖像革命的第一階段。「複印讓出版界經歷了恐怖時期，因爲這表示每一位讀者都可以成爲作者和出版者。」加拿大哲學家馬歇爾．麥克魯漢（Marshall McLuhan）在一九六六年春季號的《美國學者》（*American Scholar*）期刊中寫道，「有了複印，寫作和閱讀都變成了生產導向的事……複印是電氣入侵印刷世界，代表這個古老世界裡一場完完全全的革命。」就算麥克魯漢是一個想法奔放、常常改變心意的人（他曾自承：「我每天都會改變想法。」），他在這件事上可是很堅持。各種雜誌文章都預測，現在還存在的書籍終將消失，把未來的圖書館勾畫成一部怪獸電腦，可以用電子和複印的方式儲存與取用書籍內容。在這樣的圖書館裡，「書籍」就是一顆顆小小的電腦膠卷晶片，「萬版歸一」。大家都同意，短時間內還不會出現這樣的圖書館。〔但過不了多久，有先見之明的出版商就採取了謹慎因應行動，以防範於未然。一九六六年底開始，哈考特布雷世界出版社（Harcourt, Brace & World）出版的全部書籍版權頁上，長久以來大家熟悉的「版權所有」那一行字，被改成讀來有點嚇人的聲明：「版權所有。本出版品任何部分不得以任何形式或用任何方法重製或傳輸，無論電子或機械手段均不可，包括影印、錄製或任何資訊儲存與檢索系統……」其他出版商很快起而效尤。〕一九六〇年代末期，全錄的子公司大學微縮膠卷公司採用了一種非常相近的保護版權作法，這家公司可以、也確實放大其絕版書的微縮膠卷，印製成吸引且清晰易讀的平裝書，顧客每一頁要付四美分；如果書受著作權保護，公司每一本副本都會支付權利金給作者。而幾乎每一個人都可以用低於市價的成本自行複印出版書的時代不遠了，就是現在。業餘出版者需要的，就是找來一台全錄的機器以及一台小型膠印機，就夠了。靜電複印術有一項比較不顯眼但同樣重要的特質，那就是可以印製膠印機使用的母版，而且比過去便宜，速度也更快。美國作家聯盟的法律顧問厄文・卡普（Irwin Karp）就說，在一九六七年，透過前述的技術組合，幾分鐘內，就可以用一頁〇・八美分的成本，妥妥貼貼「發行」一版五十本的印製書（不含裝訂費），如果這一版的發行量更大一點，成本還更低。一名老師如果要用每本六十四頁、售價三・七五美元的詩集當作教材，分發給班上五十名學生，假設他打算不管著作權法，他可以用每一本稍高於五十美分的成本辦到。

作家和出版社主張，新科技的危險之處是，這些讓書本消失的科技也會消滅他們，從而消滅寫作本身。普林斯頓大學出版社（Princeton University Press）社長小赫伯．貝禮（Herbert S. Bailey, Jr.）在《周六評論》（*Saturday Review*）裡寫道，他有一位學者友人已經取消訂閱所有學術性期刊，現在改爲在公共圖書館瞄一瞄目錄，然後複印他有興趣的論文。貝禮評論：「如果所有學者都（這麼）做，就沒有學術性期刊了。」從一九六〇年代中期開始，國會就考慮修訂自一九〇九年首次立法以來迄今適用的著作權法，聽證會上，代表全國教育協會（National Education Association）以及一群其他教育團體的委員會，堅定且強力地主張，如果教育要跟上國家的成長，必須在學術層面放寬目前的著作權法以及合理使用規定。毫無意外地，作家和出版商反對放寬，他們堅持認爲任何對現有權力的擴展，某種程度都將剝奪他們的生計，靜電複印術未來的發展還不知道會怎樣，以後可能更加嚴重。眾議院司法委員會（House Judiciary Committee）通過一項法案，明確規定合理使用條款，以教育爲目的之複印行爲也不得豁免，看來是他們贏了。但這場拉鋸的最終結果到了一九六八年仍未有定論。麥克魯漢相信（或者說，他在撰寫《美國學者》刊登的那篇文章時是這麼相信），所有爲了維護舊有作者保障的相關作爲，代表的都是想要走回頭路，注定失敗。「除了運用科技，我們不可能保護自己免受科技影響。」他寫道，「當你用第一個階段的科技發展營造出新環境，就必須用下一個階段來營造相反的環境。」但作家很少精通科技，在相反的環境中可能也無法蓬勃發展。

面對自家產品開啓的潘朵拉盒子，全錄公司似乎仍頗能契合威爾森訂下的高遠理想。雖然鼓勵（或者，至少是不阻撓）大家把能讀的東西都拿來複印對全錄來說極有商業利益，但這家公司盡心盡力敬告機器用戶應負哪些法律責任，舉例來說，每一部機器出貨時都會附上一張公告紙板，列出一大串不得複印的物件，其中有紙鈔、政府債券、郵票、護照和「未獲得版權所有人許可的任何形式或種類的受著作權保護之素材。」（這些公告有多少最後進了垃圾桶，是另一回事。）此外，全錄雖然在修訂著作權法之爭當中左右爲難，但這家公司仍堅決不爲求賺得最多利潤而作壁上觀，展現了社會責任的典範；至少從作家與出版商的眼中看來是這樣。反之，複印產業大致上要不是中立，就是倒向教育工作者這一邊。一九六三年有一場修訂著作權法的研討會，有一位業界代表滔滔不絕，主張學者使用機器複印只是一種比較方便的手抄複寫衍伸，一般認爲手抄複寫是合法行爲。但全錄不這麼想。一九六五年九月，威爾森反而寫信給眾議院司法委員會，堅決反對任何新法中出現任何特殊複印豁免。當然，在評估該公司這種唐吉軻德式的立場時，我們要記住，全錄是一家複印機公司，但也是出版公司；確實，以其旗下美國教育出版公司和大學微縮膠卷公司來說，全錄是全國規模最大的出版公司之一。我從研究當中猜想，傳統出版商有時候會認爲，在他們熟悉的世界裡，這家抱持未來主義的巨型企業是外來的威脅，但同時也是充滿活力的同業與競爭對手，要與之對抗眞的是很讓人困惑的事。

實地參訪全錄，拜會公司重要人士

我檢視了一些全錄的產品，好好思考了一下使用這些產品的社會意義是什麼。之後我去了羅徹斯特，親自熟悉這家公司，想知道全錄的人在實質上與道德上如何回應他們遭遇的問題。在我出發之時，實質的問題看來比較重要，因爲股價一周慘跌四二．五美元，還是不久前的事。搭機時，我面前放了一份全錄最近期的股東委託書，上面列出了截至一九六六年二月每一位董事持有的全錄股數，我爲了好玩，算了一下某些股東在十月份情勢很糟的那周帳面損失了多少（前提是他們仍緊抱持股）。比方說，董事長威爾森二月時持有十五萬四〇二六股普通股，他損失了六五四萬六一〇五美元。林諾威茲持有三萬五一六六股，損失一四九萬四五五五美元。主掌研發的執行副總約翰．德紹爾（John H. Dessauer）博士持有七萬三八四五股，因此，推算出的損失是三一三萬八四一二．五美元。即便是全錄的高階主管，這些也不是小數目。那麼，我會在他們公司裡看到一片悲慘、或者至少會顯現出飽受打擊的樣子嗎？

全錄的高階主管辦公室在羅徹斯特中城塔樓（Midtown Tower）的高樓層，一樓是室內購物商場中城廣場（Midtown Plaza）。〔當年稍後，公司的總部搬到對街的全錄廣場（Xerox Square），這是一棟複合式建築，裡面有三十層樓高的辦公大樓、一座可供一般人與企業使用的大廳，以及一處下沉式滑冰場。〕上樓前往全錄的辦公室之前，我先去購物商場轉了幾圈，發現這裡有各式各樣的商店、一家咖啡店、售貨亭、水池、樹木；雖然這裡的氣氛極爲祥和富足（我想是溫柔的背景音樂營造出來的），但室內長椅上仍有一些流浪漢，露天購物商場裡的長椅也一樣。因爲缺少陽光和空氣，樹木都顯得沒有生氣，流浪漢看起來倒還好。我搭電梯上樓，見到和我約好的全錄公關部同仁，我馬上問他公司如何因應股價下跌的處境。「喔，沒有人把這事看得太嚴重。」他回答，「你會在高爾夫球俱樂部聽到很多人漫不經心談到這件事，會有某個人對另一個人說：『換你去買酒，昨天我的全錄股票又虧了八萬美元。』交易所必須暫停交易，的確讓威爾森有一點受傷，除此之外他都處之泰然。事實上，有一天股票跌了，當天的宴會上很多人聚集在他身邊，問他這代表什麼意思，我聽見他說：『喔，你知道，機會難得來敲兩次門。』至於在辦公室裡，你很難得會聽到有人講起這件事。」事實上，我在全錄期間很少聽到有人再提這件事，到頭來，這種冷靜沉著還是滿有道理的，一個多月之後，股價完全漲回來了，再過幾個月，更是來到了歷史新高。

那天早上，我用剩下的時間去拜訪三位全錄的科技人員，聽聽早年開發靜電複印術的懷舊老故事。第一位是德紹爾博士（前一周他虧了三百萬美元），他是我見過最冷靜的人。我早應該要猜到會這樣，他手上的全錄股票價值據估計仍超過九百五十萬美元。（幾個月後，他的股票算算價值不下兩千萬美元。）德紹爾博士生於德國，是公司的老臣，自一九三八年以來就負責研究與工程，也是副董事長，他是第一個讓威爾森注意到卡森發明的人：一九四五年時，他從一份技術性期刊上讀到一篇相關文章。我注意到，他牆上掛著一張辦公室同事寫給他的卡片，他們在卡片上尊稱他爲「大神」，我見到的他是一個面帶微笑、看來很年輕的人，講起話來的口音聽起來就像神人。

「你想聽聽以前的事，對嗎？」德紹爾博士說，「嗯，那段時間很讓人熱血沸騰，很神奇，但也很可怕。有時候我覺得自己會瘋掉，我是說眞的瘋掉。主要的問題是資金。公司的財務勉強有賺錢，但遠遠不夠。我們的團隊成員都賭了下去。我甚至拿房子去貸款，我只剩下人壽保險了。我冒了險。我的感覺是，如果不成功，我和威爾森都會是商業界的失敗案例，但以我來說，我還會變成科技界的失敗案例。我再也找不到工作了。我必須放棄科學，改去拉保險或推銷別的。」德紹爾博士陷入了過去回憶，瞥了一下天花板，然後繼續說：「早年幾乎沒有什麼人樂觀以對。我們這個團隊裡很多成員都跑來跟我說，這玩意不可能成功。最大的風險，是到頭來發現靜電根本無法在很潮濕的環境下發揮作用。幾乎所有專家都這麼認爲，他們會說：『你們在紐奧良沒辦法成功複印啦。』就算可以，行銷人員也覺得我們的潛在市場最多也不過幾千台機器。有些顧問告訴我們，持續推動這項專案絕對是瘋了。嗯，你也知道啦，後來一切順利，『914』可用，就算在紐奧良也沒問題，而且市場很大。接著又出了桌上型『813』。我再度冒險，交出某些專家認爲太過脆弱的設計。」

我問德紹爾博士目前有沒有又在冒險做新的研究，有的話，是不是像靜電複印術這麼刺激？他回答：「兩個問題的答案均爲是，但除此之外，就是機密了。」

科技突破，總是多少有點瞎打誤撞

接著我去會見哈洛德．克拉克（Harold E. Clark）博士，德紹爾博士是他的主管，他直接負責靜電複印術開發計畫；他爲我提供更詳細的資訊，讓我知道他們如何細心調整照料卡森的發明，到最後變成商業產品。克拉克博士個子很小，帶著教授的風度，事實上，他於一九四九年加入哈洛伊德之前眞的是一位物理學教授。他一開口就說：「卡森是一個很形態學的（morphological）人。」我很可能看起來一副茫然，因為克拉克笑了一下，然後繼續解釋：「我其實也不知道『很形態學』實際上是什麼意思，我想這應該是指把一樣東西和另一樣加起來，然後組成新東西。反正這就是卡森。過去的科學研究中實際上並沒有靜電複印術的基礎，卡森是把很多奇怪的現象搭載一起，每一種本身都不太起眼，而且過去沒有人想過這些東西彼此之間居然可以有關。最後，他得出自攝影術出現以來最了不起的影像處理技術。此外，科學界的風向完全不看好他，他在完全沒有得到協助的情況下做了出來。你知道，在整個科學史上，總是會有幾十個同樣的發明同步出現，但當時沒有任何人的發明和他同步。我第一次聽說他的發明，就非常驚豔。以發明來說，這真的很了不起。唯一的問題是，以產品來說，真的不太好。」

克拉克博士又笑了笑，繼續說明在巴特勒紀念研究院何時出現轉捩點，過程非常符合科學有進展多多少少都是陰錯陽差的傳統。主要的問題出在卡森的光電導表面，上面塗有硫，複印幾次之後就會消失，然後就沒有用了。巴特勒的研究員憑著一個沒有科學理論的直覺，嘗試在硫裡面加一點硒；硒是一種非金屬元素，之前主要用在電阻器上，也是一種將玻璃染成紅色的染色劑。硒加硫的表面效能比全硫的好，因此巴特勒的人試著再多加一點硒，效果又更好了一點。他們逐步增加硒的占比，一直到表面全部都塗上硒，完全不用硫。這樣的表面效能最好，後來倒推回去，發現完全用硒的話，靜電複印術就可行。

「想想看，」克拉克博士看起來自己也在思考，「就一個簡單的東西，比方說硒，這是在地球上總共差不多百種元素當中的一種，一種很常見的元素，結果變成了關鍵。雖然當時我們並不知道，但發現硒的效用之後，成功就不遠了。我們仍握有在靜電複印術中使用硒的各種專利，幾乎每一種元素都有一個專利，還不壞，對吧？我們並不完全了解硒如何發揮作用，到現在也一樣。比方說，硒沒有任何記憶效應，之前複印的東西都不會在塗有硒的硒鼓上留下痕跡，而且，硒理論上可以無限期地持續使用，這讓我們摸不著頭緒。在實驗室裡，塗了硒的硒鼓上複印了一百萬次之後仍維持原狀，在那時候我們都不知道有沒有什麼原因會讓硒耗損。所以，你看，靜電複印術的發展大致上是透過實證而來的。我們是受過訓練的科學家，不是紐約那些單純動手做的素人，但我們在紐約式的動手做與科學探問之間找到一個平衡。」

接著我去和何瑞斯．貝克（Horace W. Becker）聊；他是全錄的工程師，主要負責把「914」從工作模型階段帶入上線生產。他很聰明，是布魯克林人，能把讓人煩惱的事說得很動人，很適合這份工作，他對我說起過程中很驚險的障礙和危難。他一九五八年進哈洛伊德全錄，他的實驗室在羅徹斯特一家園藝種子包裝工廠樓上，屋頂有點問題，天氣很熱時會有瀝青流下來，濺到工程師身上和機器上面。

最後，一九六〇年初，「914」最後在果園街（Orchard Street）的另一個實驗室裡臻於成熟。「那也是一處破爛老舊的頂樓，電梯會吱嘎吱嘎作響，還看得到旁邊的鐵路，車廂裡載滿了豬隻往前駛去。」貝克對我說，「但我們有了需要的空間，而且不會有瀝青流下來。我們最後是在果園街成功的。別問我是怎麼辦到的。我們決定，是時候該建立組裝線了，於是就去做了。大家都很興奮。工會成員暫時忘了要抱怨，主管也暫時忘了績效評核的事，在那裡，你分不清楚誰是工程師、誰是組裝工人。沒有人置身事外；周日組裝線休息，你還是會去工廠，你會看到有人在那裡做點調整，或者到處看看、佩服我們做出來的成果。換言之，『914』終於走出了自己的路。」

但，貝克說，一旦機器離開工廠，進到展示間出現在顧客面前，他的麻煩就來了，因為他現在要負責處理故障和設計上的缺點。後來機器出了一次大問題，大眾的目光完全聚焦在這裡，此時的「914」基本上就變成了福特的愛德索汽車。錯綜複雜的繼電器無法運作，彈簧斷裂，無法供電，沒有經驗的使用者讓訂書針和紙夾掉進去，造成阻塞無法運作（後來每部機器都安裝了一部訂書針收集器），加上預期在潮濕環境中會出現的問題，再加上未預期到在高緯度會出現的問題。「總而言之，」貝克說，「那時的機器有一個壞習慣，你按下按鍵，但機器動也不動。」要不然就是機器有動，但是做的動作是錯的。以「914」在倫敦的一場重大發表會為例，威爾森本人在現場，儀式性十足地伸出食指要按下按鍵，一按下去不僅沒有印出副本，反而把一部供電的大型發電機燒了。靜電複印術就這樣進入了英國，英國後來變成「914」最大的海外用戶，考量到當初登場的狀況，真的該向全錄的韌性和英國人的耐性致敬。

回饋鄉里，培養在地人才

當天下午，一位全錄的嚮導開車載我去偉布斯特（Webster），這是安大略湖（Lake Ontario）湖畔的一處農業小鎮，距離羅徹斯特幾英里遠；他要帶我去看貝克口中會有瀝青流下又會透風的頂樓。這裡已經變得跟過去大不相同了，如今此地是由多棟現代工業建築組成的園區，裡面約有一處約一百萬平方英尺廠房，所有全錄複印機（除了某些由公司在英國和日本的關係企業組裝之外）就在這裡組裝，另外一處比較小但比較精緻的地方，則是進行研發工作的地方。當我們走到工廠大樓裡某一條熱鬧繁忙的生產線，嚮導對我說，這條線一天運作十六個小時，分兩班制，這裡和其他生產線一樣，幾年來產量都追不上需求量。目前工廠裡約有兩千名員工，他們所屬的工會是本地的美國合併服裝工會（Amalgamated Clothing Workers of America），會出現這種奇特現象，主要是因為羅徹斯特過去是服飾業中心，服飾業工會向來是此地最強勢的工會。

嚮導帶我回羅徹斯特之後，我自己出去走走，想了解當地對於全錄以及其成就有什麼看法。我發現這裡的人心情很矛盾。「全錄對羅徹斯特來說向來是好事，」本地一位商界人士說，「當然，多年來伊士曼柯達是本城的帶頭大哥，到目前仍是本地最大的企業，但全錄現在也已經爬到第二，而且追得很緊。這樣的挑戰不會對柯達造成任何傷害，事實上還大有好處。此外，本地出現成功的新企業，代表了會有新資金和新工作機會。另一方面，這裡有些人很痛恨全錄。本地多數工業的歷史都可以追溯回十九世紀，他們的員工不必然樂於接納新來的人。當全錄快速竄起，有人就認為泡沫必會破滅，不，他們是希望會破滅。此外，也有人對於威爾森和林諾威茲老是講人道主義但又賺錢賺得很快十分反感。但你知道的，這就是成功的代價。」

我前往佇立位在傑納溪河（Genesee River）河濱的羅徹斯特大學，和校長艾倫．瓦歷斯（W. Allen Wallis）相談。瓦歷斯很高大，有著一頭紅髮，是學院派的統計學家，他擔任羅徹斯特幾家企業的董事，其中包括伊士曼柯達，這家公司向來是大學的恩人，到現在也是每年捐最多錢的企業。對於全錄，大學基於幾個很實在的理由對這家企業很友善。第一，大學本身就是全錄製造出來的大富翁之一，其投資全錄的資本利得達一億美元，已經落袋為安的部分超過一千萬美元；第二，全錄每年捐贈給大學的錢僅次於伊士曼，最近承諾捐出近六百萬美元以響應大學的募資行動；第三，威爾森自己也是羅徹斯特大學的校友，自一九四九年以來就擔任羅徹斯特的校董，一九五九年起更成爲董事長。「我一九六二年來這裡，在這之前，我沒聽過有任何企業像柯達和全錄捐這麼多錢給大學。」瓦歷斯校長說，「他們希望從我們身上得到的回報，就是由我們提供優質的教育，而不是替他們做研究之類的。我們的科學研究人員和全錄之間有很多非正式的技術顧問關係，就像我們和柯達、博士倫（Bausch & Lomb）和其他企業一樣，但這不是他們支持大學的理由。他們希望羅徹斯特大學變成有吸引力的地方，引來他們想要的人才。大學從來沒有替全錄發明過什麼，我猜未來也不會。」

接班人就位，堅持理念是場持久戰

隔天早上，我在全錄的高階主管辦公室見到了全錄三位最重要的非技術人員，最後一位就是威爾森本人。第一位是林諾威茲，他是一九四六年威爾森「暫時」找來的律師，後來一直是他少不了的左右手。（全錄出名之後，一般人多半認爲林諾威茲的角色不只是律師，還認爲事實上他是公司的執行長。全錄的高階主管都知道一般人有錯誤的印象，但不知道原因何在。威爾森到一九六六年之前的職稱是總裁，之後則是董事長，不管他的職稱是什麼，他都是公司的老闆。）我眞的可以說是在半路上攔截到林諾威茲的，因爲他剛剛被任命爲美國駐美洲國家組織（Organization of American States）的大使，正要離開羅徹斯特和全錄，前往華府履新。他五十多歲，充滿活力，完全展現出幹勁、力量與眞誠。他先道歉，說他只能和我談幾分鐘，接著他很快地說，在他看來，全錄的成就證明了老派的自由企業理想仍挺立不搖，讓公司成功的正是理想主義、不屈不撓、勇於冒險和熱心熱忱等特質。他說完就揮手道別，然後消失了。我覺得有點自己像是小鎭的選民，剛剛聽到了參選人站在競選宣傳車後面發表簡短演說；我也像小鎭選民一樣，對於自己聽到的話深感佩服。林諾威茲用的用詞都很貼近生活，你不只會覺得他是眞心的，根本會覺得這些話都是他自己深思熟慮想出來的，我有一種感覺，威爾森和全錄都會很想念他。

接著我見到了彼得．麥考洛克（C. Peter McColough），他在威爾森升任董事長之後成爲公司總裁，這個人顯然最後一定會成爲公司的老闆（他一九六八年時眞的成爲老闆）。他在辦公室裡像就像籠子裡的動物來回踱步，時不時靠著一張高桌旁，寫幾個字或是對著錄音機講幾句話。他和林諾威茲一樣，是自由民主黨派的律師，但在加拿大出生。他外向開朗，四十出頭的他，被視爲全錄新生代代表，負責決定公司接下來要怎麼走。「我面對了成長問題。」他不再踱步、改爲在扶手椅邊緣焦躁地坐了下來。他繼續說，靜電複印術未來不可能出現大規模成長，已經沒什麼空間了，全錄的發展是以教育技術爲走向。他提到電腦和教具，當他說他可能「是做夢，但他想到的是一套系統，你可以在康乃狄克州寫東西，幾個小時後就在全國各地的教室裡印出來。」我覺得，全錄某些教育夢想很可能變成夢魘。但之後他補充說明：「精密的硬體會有一個風險，那就是讓注意力脫離教育本身。如果你不知道要放什麼內容進去，就算是一部神奇的機器，那又有什麼用？」

麥考洛克說，他一九五四年進來哈洛伊德後，就覺得自己待的是三家完全不同的公司：一九五九年之前，這是一家從事危險與刺激賭博的小公司；從一九五九年到一九六四年，這是一家享受勝利果實、正在成長茁壯的公司；現在則是一家觸角伸向不同方向的大公司。我們他最喜歡哪一家，他想了很久。「我不知道。」他最後說，「我曾經享有很大的自由度，我曾經覺得公司裡每個人都對勞資關係等特定議題抱持相同的態度，現在我比較沒有這種感覺了。壓力更大了，公司的人味少了。我不會說這樣的人生比較輕鬆，或是未來可能會變得比較輕鬆。」

當我被領去見喬瑟夫．威爾森時，有很多事讓我意外，有一件不算小的事是，他的辦公室裝潢居然是老派的碎花壁紙。這個手握全錄大權的人居然這麼感性，是最讓人驚異之處。他有一種親切、不會咄咄逼人的風度，和壁紙很搭。他快六十歲了，個子很小，在我訪談期間，他大部分時候都很嚴肅，甚至可以說很沉重，講起話來慢條斯理，有點欲言又止。我問他怎麼會進入家族事業，他說，事實上，他差一點就不來了。他大學的次主修是英國文學，他考慮之後要去找教職，或是在大學端從事財務與行政工作。但畢業之後他進了哈佛商學院，他的成績很優異，因爲這樣那樣……反正，他從哈佛畢業那年就進了哈洛伊德，此時，他忽然對我微笑，並告訴我這成就了今天的他。

威爾森最愛討論的，是全錄的非營利活動與他的企業責任理論。「有人因此討厭我們，」他說，「我說的不只是股東抱怨我們把他們的錢捐出去，這樣的觀點沒根據。我說的是在地社區。你不是眞的會聽到有人這麼說，但是有時候直覺告訴你有人會認爲：『這些年輕的暴發戶以爲他們自己是誰啊，到底？』」

我問他，寫信反對聯合國電視節目系列那件事，是否在公司內引發疑慮或是有人因此就害怕了，他說：「身爲企業組織，我們的立場從不搖擺。幾乎大家都覺得，這些攻擊只是讓人們去注意到我們想要強調的重點：我們的事業就是促成世界合作，因爲倘若做不到，就沒有世界可言，更沒有事業了。我們相信，我們去做這個系列，是遵循很穩健的企業政策。在此同時，我並不是說這是唯一的穩健企業政策。比方說，假設我們是博奇協會的人，我不知道我們是否還會這樣做。」

威爾森繼續慢條斯理地說：「公司決心在會引發爭議的重大公共議題上選邊站，這一點讓我們隨時自我檢視。這是一個平衡的問題。你不能只是做個好好先生，這樣你就沒有影響力。你也不能每一項重大議題都要選邊站。比方說，我們不認爲企業有需要在全國性的選舉中選邊站。還好是這樣，因爲林諾威茲是民主黨，而我是共和黨。但像大學教育、公民權利、黑人就業等等，顯然就是我們的事業。我期望我們有足夠的勇氣站起來支持某個觀點，就算不受歡迎，但只要我們認爲這麼做很適當就好了。到目前爲止，我們從來不曾遭遇我們認爲的公民責任與做好企業之間有衝突的時候，我們沒碰到過這種事。但這種時候可能終會到來，我們可能還是得站上火線。比方說，我們曾經用比較低調的態度行事，試著讓年輕的黑人去做除了打掃等等之外的工作。這套方案需要工會全力配合，而我們爭取到了。但我也很微妙地發現，蜜月期過了，暗地裡的反對就出現。有一些問題開始浮現，如果愈來愈嚴重，可能會讓我們要面對眞正的企業問題。如果反對的人不只幾十個還是幾百個，甚至可能會開始罷工，在這種情況下，我希望我們和工會領袖可以站出來反抗。但我眞的不知道。你無法坦白地預測自己在這種情況下會怎麼做。我只是認爲我知道我們會怎麼做。」

威爾森站起來走向窗邊，他一邊看，一邊說，公司現在最主要、而且未來將投注更多的心力，是放在維持個人性與人本的特質，這正是全錄得以成名的原因。「我們已看到一些跡象指向我們正在失去這些特質。」他說，「我們正嘗試著教育新進人員，但我們在西方世界總共有兩萬名員工，這可不像我們在羅徹斯特只有一千人要管。」

我跟著威爾森走到窗邊，準備要離開了。這是一個潮濕陰暗的早晨，我聽說每年這個時候天氣大概就是這樣，我問他，在像這樣陰鬱的時候，他可曾懷疑過是不是眞的可以保留下舊日的特質。他簡短的點頭並說：「這是持久戰，我們可能贏，也可能不會贏。」

第6章 保障客戶完好無缺

植物油公司詐騙與一位總統之死

一九六三年十一月十九日周二早上，一個三十五、六歲穿著考究但看來垂頭喪氣的男子，出現在華爾街十一號（11 Wall Street）紐約證交所的高階主管辦公室，他自報名叫莫頓．卡默曼（Morton Kamerman），是交易所會員證券公司艾拉豪普特公司（Ira Haupt & Co.）的合夥董事，他想要見證交所裡掌管公司會員的主管法蘭克．考伊爾（Frank J. Coyle）。通報之後，櫃台人員很客氣的說考伊爾先生正在開會，訪客說他的事很緊急，接著要求和該部門的第二把交椅羅伯．畢夏普（Robert M. Bishop）會面。櫃檯人員說畢夏普也沒空，他正在講一通很重要的電話。卡默曼似乎愈來愈心煩意亂，到最後，有人領他去見交易所裡一位職級比較低的官員喬治．紐曼（George H. Newman）。他很清楚地說出了他要說的事：他十分確信，艾拉豪普特公司的儲備資本已經低於證交所規定會員公司應持有的資金量，他根據規定正式通報此事。在卡默曼發表這番讓人驚訝的聲明之時，人在附近某間辦公室裡的畢夏普繼續講那一通很重要的電話，對方是消息靈通的華爾街人士，但畢夏普日後拒絕透露對方的身分。來電的人對畢夏普說，他相信，威利斯頓畢恩公司（J. R. Williston & Beane, Inc.）和艾拉豪普特這兩家證交所的會員公司都陷入了嚴重的財務問題，證交所要特別注意。掛上電話之後，畢夏普打了內線電話對紐曼說了他剛剛聽說的事。畢夏普很意外，因爲紐曼居然已經收到消息，或者說收到部分消息。他說：「事實上，卡默曼現在人就在我這裡。」

一九六三年著名的華爾街危機

就在這個平凡無聊又讓人困惑的辦公室場景中，證交所漫長歷史中最難堪（從許多方面來說也是最嚴重）的一次危機拉開了序幕。這場危機落幕之前，還因爲甘迺迪總統遭暗殺引發更嚴重的國安危機而雪上加霜，證交所爲了擺脫這場危機曾短暫虧了差不多一千萬美元，但是也因此更受到人民（至少是一部分人民）的無比敬重（人們會注意到這個機構，多半不是因爲他們做了什麼事促進了公益。確實，就在事發前幾個月，證交會還指控證交所有反社會傾向，因爲他們把自己弄得好像是私人俱樂部一樣）。讓艾拉豪普特和威利斯頓畢恩這兩家公司陷入窘境的事件，已經成爲歷史的一部分、或者說是期貨史的一部分了。這兩家公司（再加上幾家非屬證交所會員的證券公司）大量的投機部位忽然間大虧，涉及的客戶只有一家：紐澤西貝永市（Bayonne, New Jersey）的聯合植物油提煉公司（Allied Crude Vegetable Oil & Refining Co.）。投資操作的標的，是買進大量未來才要交割的棉籽油和沙拉油契約。這類契約就是所謂的大宗商品契約，當中的投機元素是在交割日當天大宗商品的價格可能比履約價高或低。百老匯二號（2 Broadway）的紐約農產品交易所（New York Produce Exchange）以及芝加哥的期貨交易所（Board of Trade）每天都有植物油期貨交易，代表顧客買賣期貨的，是證交所四百多家會員公司裡的八十家，這是公開交易業務。卡默曼去證交所那天，艾拉豪普特公司（以保證金操作）替聯合植物油公司持有的棉籽油和沙拉油契約量非常大，這些大宗商品每磅的價格變動一美分，艾拉豪普特公司裡聯合植物油公司的帳目價值就會差了一千兩百萬美元。前兩個交易日（十五日周五和十八日周一），每磅的價格平均下跌接近一．五美分，艾拉豪普特公司也因此要求聯合植物油公司補進一千五百萬美元，以免帳戶斷頭。但聯合植物油公司拒絕，艾拉豪普特公司就像其他券商一樣，當以保證金交易的客戶違約時，就必須出售聯合植物油公司的契約，盡可能從投機活動中拿回最多的錢。從另一件事上，可以看出艾拉豪普特公司承擔的風險已經來到接近自毀的地步：該公司十一月初的資本僅有八百萬美元，爲了支持聯合植物油這單一家客戶，必須借三千七百萬美元來支應植物油投機交易所需資金。雪上加霜的是，後來發現，艾拉豪普特公司拿到的擔保品，是大量的聯合植物油公司棉籽油和沙拉油實物存貨；這些油放在貝永市的油槽裡，隨附倉儲的提單證明，載明了油的數量與種類。艾拉豪普特公司把大部分的倉儲提單拿到銀行作爲擔保，向多家銀行借錢以支應聯合植物油公司。這麼做本來沒有問題，但後來發現很多倉儲提單都是假的，上面登載的油很多根本不在、甚至很可能從來就沒來過貝永市。聯合植物油公司的總裁安東尼·德·安傑利斯（Anthony De Angelis），顯然一手導演了自火柴大王的艾瓦·克魯格（Ivar Kreuger）以來最大宗的商業詐騙（安傑利斯日後全數罪名均成立，因而入獄）。

不見的油都去了哪裡？聯合植物油公司的直接與間接債主中包括某些英美兩國全世界最強勢、最精明的銀行，怎麼會他們也都被騙了？某些權威人士估計這樁騙局造成的總損失達一·五億美元，甚至還有可能更高。像艾拉豪普特這樣一等一的證交所會員公司，怎麼會笨到替單一家客戶做風險高到難以置信的交易？十一月十九日那天沒人提起這些問題，更別說答案了；某些問題到現在都還沒有答案，有些則可能要等幾年後才知道爲什麼。十一月十九日當天浮現、並在接下來極爲悲慘的幾天內愈來愈清楚的是，這場即將爆發的災難將波及艾拉豪普特（該公司帳上有兩萬名散戶投資人）和威利斯頓畢恩（該公司有九千名）客戶的個人存款。這些人完全無辜，他們之前根本沒聽過聯合植物油公司，也只大概知道大宗商品交易是怎麼一回事。

初步評估，問題看起來並不嚴重

卡默曼向證交所舉報，不代表艾拉豪普特公司就因此破產，吹哨當下，卡默曼本人一定不認為自家公司會破產；破產和未能達成證交所相對嚴格的資本要求是兩回事，資本要求規定本來的用意就是要有一個安全邊際。確實，多位證交所的官員周二時都說，他們不認為艾拉豪普特公司的問題特別嚴重，至於威利斯頓畢恩公司，一開始就很清楚，狀況更是好很多。主管會員公司的部門最早的行動之一，就是懊惱證交所精密的稽核驗證系統居然沒有發現問題，反而是讓卡默曼帶著問題先一步來到了證交所。對此，證交所不太有點說服力地堅持，這完全是因為運氣不好，而不是管理不善。在日常管理中，證交所要求每一家會員公司每年要填妥詳細的財務狀況問卷，還會有額外的查核，由證交所的專業會計師每年至少到每一家會員公司突擊一次，要求公司交出帳目進行臨檢。艾拉豪普特公司最近一次填寫問卷是十月初的事，聯合植物油公司的大宗商品交易部位是在報告交出去之後才大量累積出來的，因此，問卷並沒有疏漏。至於臨時檢核，證交所派去艾拉豪普特查帳的人在問題爆發之際過去，稽核人員在那裡待了一周，埋首在豪普特公司的帳冊裡；這種查核是很單調乏味的工作，到十一月十九日時，稽核還沒能查到艾拉豪普特的大宗商品部門。「他們替我們的人安排的座位，設在沒問題的部門，」證交所一位官員日後說，「我們大可說他應該要嗅出問題，但事實上是沒有。」

十一月十九日周二上午時分，考伊爾和畢夏普連同卡默曼一起坐下來，看看需要做哪些事才能解決艾拉豪普特的問題，此時此刻有能做些什麼。畢夏普還記得，會議的氣氛絕對不算凝重；根據卡默曼的計算，艾拉豪普特公司需要十八萬美元就可以安全過關。以該公司的規模來說，這筆錢根本不足掛齒。艾拉豪普特公司可以向外借錢，也可以把持有的證券變現，以彌補虧損。畢夏普力推後一種，這比較快也比較確定，卡默曼打電話回公司，指示合夥人立刻開始賣一點證券。這個問題很可能就這樣三兩下解決了。

卡默曼離開證交所之後，就在當天餘下的時間，危機展現出政治圈講的「情勢升高」態勢，看來要演完全套才會善罷干休了。快傍晚時，不祥的消息出現了。聯合植物油公司在紐華克（Newark）申請自願破產。理論上，公司破產不會影響到之前的劵商，因爲劵商持有證劵，可以換回替聯合植物油公司提供的資金，然而，這個消息之所以讓人警覺，是因爲這代表接下來還會有更麻煩的事。確實，壞消息沒多久就傳出來了；當天傍晚，證交所聽說，紐約農產品交易所的經理人想要搶先一步止住他們市場裡的混亂，投票表決要暫停所有棉籽油的交易，靜候通知，並要求所有未結清契約以他們指定的價格結算。指定的價格一定比較低，這表示，艾拉豪普特或威利斯頓畢恩公司能以有利條件從聯合植物油投機炒作危機中脫身的機會，就這樣跑了。

當天晚上，在證交所主管會員公司的部門，畢夏普急著聯絡證交所總裁凱斯．范斯頓（G. Keith Funston）；范斯頓要先去市中心參加一場晚宴，接著搭火車去華府，他已經排定隔天要在一個國會委員會上作證。事情一件接著一件，畢夏普一整個晚上都在辦公室忙著，直到半夜，他發現整個會員公司部門只剩自己一個人，他想，現在要回位在紐澤西凡伍德市（Fanwood, New Jersey）的家也太晚了，那天晚上就在考伊爾辦公室的沙發上躺了下來。他一夜無眠；他之後說，清潔婦的動作很輕，但電話一個晚上都響個不停。

發布噩耗，決定展開救援行動

周三早上九點半整，六樓理事會議室裡（室內鋪著豪華的紅地毯，掛著大幅的老畫像，柱子的凹槽鑲著金邊，讓人不安地想起華爾街浮浮沉沉的過往），證交所理事根據證交所的規定，投票暫停艾拉豪普特和威利斯頓畢恩的交易，理由是這兩家公司的資本周轉不靈。開盤幾分鐘後，證交所公告暫停決定，十點時，由理事會主席小亨利．瓦茲（Henry M. Watts, Jr.）走上可俯瞰交易大廳的講堂，搖了搖通常代表開盤或收盤的鐘，讀了聲明。對一般人來說，本項行動的直接效果是，被暫停交易的兩家公司約三萬名客戶帳戶隨即被凍結，這些帳戶的主人不能賣股票，也不能把錢拿走。證交所的高官不忍見這些不幸的人遭受痛苦，現在全力想辦法幫助受困的公司，籌到足夠的資本以擺脫暫停交易的命運，讓帳戶解凍。以威利斯頓畢恩公司來說，他們的努力很順利成功了。情況顯示，這家公司需要五十萬美元才能重啟業務，因此，很多券商同業伸出援手提供貸款，威利斯頓畢恩公司甚至還必須婉拒多餘的金援。這家公司最後從瓦斯頓公司（Walston & Co.）拿到一部分資金，從美林證券拿到一部分資金（很剛好的是，威利斯頓畢恩公司名稱裡的畢恩，也就是過去美林證券全名美林、皮爾斯、芬納與畢恩（Merrill Lynch, Pierce, Fenner & Beane）裡最後的那個畢恩。）及時的注資讓威利斯頓畢恩公司的財務重返健全狀態，就在周五下午，距離被暫停交易後過了兩天多就擺脫了厄運，公司九千名客戶也從焦慮中解脫出來。

但艾拉豪普特就不一樣了。到了周三局面就很清楚了，當初算出來缺了十八萬美元的資金，只是美夢一場。如果只缺十八萬，即便被迫斷頭賣出植物油契約而出現虧損，這家公司顯然還是有償債能力，但有一個前提：聯合植物油公司放在貝永市油槽裡、提供給艾拉豪普特公司當作擔保的油（此時聯合植物油公司已經破產，這些油就歸艾拉豪普特公司所有），可以用公平市價賣給其他油品加工商。證交所的理事理查．克魯克斯（Richard M. Crooks），有一項幾乎所有其他理事都沒有的特質：他是一位大宗商品交易專家。他設算，如果貝永市油槽裡的油都拿出來，艾拉豪普特到最後可能還有一點賺頭，因此他打電話給美國幾家頂尖的植物油加工商，力促他們去標下這些油。大家的回答都異口同聲，而且答案很驚人。這些一流的油品加工商根本就拒絕出價，克魯克斯有一種感覺，他們對於艾拉豪普特公司持有的倉儲提單存疑，認爲其中有部分、甚至全部都是僞造的。如果他們的懷疑有憑有據，推論下去，提單上背書的某些或全部油品根本就不在貝永市。「事情很簡單，」克魯克斯說，「大宗商品產業基本上把倉儲提單當成是貨幣一樣，現在，艾拉豪普特公司幾百萬美元的資產有可能是僞幣。」

周三早晨，克魯克斯唯一確定的事情是，這些油品商不會競標聯合植物油公司的油，在周三剩下的時間和周四一整天，交易所急著出手，想要幫忙艾拉豪普特公司站穩腳步，跟上威利斯頓畢恩公司。無須多言，艾拉豪普特公司的十五位合夥人也同樣在忙著，爲了能幫上忙，卡默曼周三傍晚還很樂觀地對《紐約時報》說：「艾拉豪普特公司仍有償債能力，財務狀況十分良好。」同樣也是周三晚間，克魯克斯人在紐約，和一位來自芝加哥的老牌大宗商品經紀商共進晚餐。

「雖然我天性樂觀，但經驗告訴我，這種事到頭來總是會比一開始看起來更糟糕。」克魯克斯後來說，「我和這位經紀商友人提到這一點，他也同意。隔天早上大概十一點半時，他打電話給我說：『老克，這件事絕對比你想像中更嚴重。』」更晚一點，到了周四中午時，證交所主管會員公司的部門發現，聯合植物油公司的許多倉儲提單確實都是假的。

幾乎可以斷定的是，艾拉豪普特公司的合夥人也在同一時間發現這件讓人不樂見的事。無論如何，他們當中好幾個人周四晚上沒有回家，在百老匯一一一號（111 Broadway）的辦公室裡留了一夜，設法推算出自己目前的處境。畢夏普當晚回到位於凡伍德市的家中，但他發現，他在家也不會比睡在考伊爾的沙發上安穩，也因此，他天還沒亮就起床了，搭乘五點八分的澤西中央線（Jersey Central）火車進城，憑著本能來到了艾拉豪普特公司。他在合夥人的辦公區（最近剛重新裝潢過，搬來了摩登的單人造型椅、大理石面的檔案櫃，還有僞裝成辦公桌的冰箱）找到幾位合夥人，鬍子未刮也沒有梳洗，正在自己的椅子上假寐。「他們那時候已經很累了。」畢夏普後來說。這也難怪。醒來之後，這些人對畢夏普說他們一整晚都在算帳，大約凌晨三點時得出結論，公司無望了；倉儲提單根本一文不值，從這一點來說，艾拉豪普特公司破產了。畢夏普帶著這個災難性的情報回到證交所，他等著太陽升起，等著大家陸陸續續來上班。

甘迺迪總統遇刺，情況雪上加霜

周五下午一點四十分，艾拉豪普特公司即將倒閉的傳言讓股市惶惶不安，關於總統遇刺的最早幾則報導也傳進交易大廳，但都是片片斷斷。克魯克斯人在現場，他說他先聽到的是總統遇刺，後來又說是總統的弟弟、也就是司法部長遇刺，再來則是聽到副總統心臟病發。克魯克斯說：「傳言滿天飛，就像是機槍隨便掃射。」兩者造成的衝擊確實可相提並論。再接下來的二十七分鐘裡沒有任何確實的消息傳進來，世界末日的氣氛籠罩著，股價以證交所歷史上前所未見的速度一瀉千里。不到半小時，上市股票市值蒸發了一百三十億美元。如果理事會沒有決定兩點七分時收盤、而且當天不再開市，一定還會跌更多。恐慌對於艾拉豪普特公司造成的直接效應，是使得兩萬個遭到凍結的帳戶處境更艱難，因為，現在如果艾拉豪普特破產，之後得要清算的許多帳戶只能用恐慌性賣壓下的價格來計價，帳戶主人將損失慘重。達拉斯的暗殺事件引發讓人不知所措的絕望，影響更加嚴重，而且更難以計算。但華爾街的人（或者說，某些華爾街的人）現在有事不得不處理，這讓他們在心理上比其他美國人們多了一點優勢。接踵而來的災難，讓他們有了一項明確的任務。

范斯頓周三下午在華府結束作證之後，當天傍晚就返回紐約，周四大部分時間和周五早上都在設法讓威利斯頓畢恩公司重返交易。這段期間，情勢慢慢明朗，艾拉豪普特的問題不是資本不足，實際上他們根本破產了，范斯頓相信，證交所以及其他會員公司必須考慮採取某些前所未見的行動：自掏腰包，還錢給受到艾拉豪普特公司不智之舉牽累的無辜客戶。〔和本次行動最相近的前例，是證交所一家小型會員公司杜邦宏喜（DuPont, Homsey & Co.）因為一名合夥人詐欺而倒閉，當時證交所把錢還給這家公司的客戶，他們損失的金額約八十萬美元。〕在股市緊急關閉之前，范斯頓已經匆匆結束午餐約會趕回辦公室，他要將自己的計畫付諸行動，找來了辦公室剛好在附近的三十位一流經紀商，要他們趕來證交所，彷彿是一場非官方的會員代表大會。三點剛過，這些經紀商就在南側委員會會議室（South Committee Room）集合（這裡是理事會會議室的翻版，只是小一點），范斯頓把他剛剛知悉的艾拉豪普特問題相關事實攤在他們面前，並提出他的解決方案大綱。事實如下：艾拉豪普特公司欠了一群英美銀行約三千六百萬美元；該公司資產中約有兩千萬美元的倉儲提單，現在一文不值，艾拉豪普特公司償債無望。因此，以正常的事態發展流程來說，下周法院重啓大門時，艾拉豪普特公司就會被債權銀行告上法院，公司替客戶持有的現金和證券，將會被債權人扣起來。而且，根據范斯頓自己的估計，訴訟曠日費時，歷經冗長過程之後，客戶投入的每一塊錢能拿回的，可能不超過六十五美分。這件事還有另一面。如果艾拉豪普特公司就此倒閉，將引發心理衝擊，再加上該公司會有大量資產倒入市場，造成明顯效應，很可能帶動進一步衰退，讓本來在全國同悲的危機中已經大幅下跌的股市受創更深。到時候，牽涉到的不只是艾拉豪普特公司客戶的利益，很可能和全美人民都有關係了。范斯頓的計畫大綱講起來很簡單，那就是證交所或其會員拿出足夠的資金，讓艾拉豪普特的客戶可以拿回全數現金和證券，以英語銀行界的說法是再度「whole」（完好無缺）。〔銀行界這樣用在語意學上很通，英文裡的「whole」還自於盎格魯薩克森族的語源「hal」，意爲未受損或是從損害中恢復；「hale」（硬朗之意）也源出於此。〕范斯頓進一步提議，說服艾拉豪普特公司的債權人（也就是銀行）延後收債，先照顧這家公司的客戶再說。范斯頓估計，要完成這項工作，需要動用七百萬美元，也可能更多。

聚集在此的經紀商，幾乎每一個人都同意這項就算不是直接行善、也算得上以公益爲先的計畫。但會還沒開完，就出現了一項難題。現在，證交所和會員公司達成了一項要自我犧牲的協議，兩邊某種程度上都面對的一個問題：如何推另外一邊去犧牲。范斯頓慫恿會員公司把整件事接下來，但會員公司敬謝不敏，反過頭來力促證交所出面負責。「如果由我們去做，」范斯頓說，「你們必須把我們付出去的錢還給我們。」經過一番不太崇高的對話之後，協議出爐了，一開始由證交所從公庫拿錢出來，之後由各會員公司按比例攤還。會中成立一個以范斯頓爲首的三人委員會，被賦予權力進行談判，以推動本計畫。

要協商的對象，主要是艾拉豪普特公司的債權銀行。讓他們都同意是推動本計畫的要件，因爲他們當中只要有一個堅持馬上清算貸款，結果會像證交所的董理事會主席極不客氣的說法〔他是一個慈父型的人，畢業於哈佛，一九四四年曾參與奧瑪哈海灘（Omaha Beach）的諾曼第登陸行動〕：「這整鍋就要翻了。」債權銀行中最主要的是四家美國國內極具聲望的銀行：大通曼哈頓銀行（Chase Manhattan）、摩根擔保信託公司、花旗銀行（First National City）和漢華實業銀行（Manufacturers Hanover Trust），他們總共借給艾拉豪普特公司約一千八百五十萬美元。（其中三家銀行三緘其口，不願明講他們到底多倒楣、借了多少錢給艾拉豪普特公司，但怪他們沉默，就好像責怪一個晚上都在輸錢的撲克牌玩家喋喋不休一樣不合理。不過，大通曼哈頓銀行有明說該公司欠了他們五百七十萬美元。）當周稍早時，大通曼哈頓銀行的董事長喬治・錢品安（George Champion）還和范斯頓通過電話，錢品安向他保證，大通曼哈頓銀行會和證交所站在一起，而且銀行也已經做好準備，盡力協助證交所解決艾拉豪普特公司這件事。現在范斯頓打電話給錢品安，說他準備好接受幫助了。他和畢夏普接著開始聯絡大通曼哈頓銀行以及其他三家銀行的代表，立即召開會議。畢夏普還記得，他覺得很悲觀，認爲在周五下午五點前要找來一群銀行家開會，就算這是一個極不尋常的周五，機會也很渺茫，但出乎他意料的是，幾乎每一個人都已經站上戰鬥位置，願意直接過來證交所。

范斯頓和其他證交所的談判人員〔主席瓦茲和副主席瓦爾特・法蘭克（Walter N. Frank）〕在五點過後不久就開始和銀行家協商，一直談到過了晚餐時間。這場會議很緊湊，但也很有建設性。「首先，我們都同意，這件事事態嚴重，」范斯頓後來回憶時說道，「我們直接切入正題。當然，這些銀行家都希望證交所一肩挑起所有事，但我們很快讓他們理解這個想法不可行。我反過頭來向他們提案。我們會拿出一筆現金，單純是要還給艾拉豪普特公司的客戶，交換的條件是，我們拿出多少錢，銀行就對應延後兩倍的債務，暫時不去徵收抵押品。如果真的就像我們估計的，兩千兩百五十萬美元就足以讓艾拉豪普特公司具償債能力，我們會拿出七百五十萬美元，然後銀行緩收一千五百萬美元的債款。銀行不確定我們估的數字對不對，他們覺得我們估的太低了，他們也堅持，要讓銀行先從艾拉豪普特公司的資產裡拿回貸款，證交所之後才可以拿回一開始拿出來的錢。我們同意了。我們都在奮戰和談判，等終於談完可以回家時，已經得出了一份大致列出要點的泛論協議。當然，大家都知道這場會議只是初步的，這是一個開始，也並非所有債權銀行都派了代表，細部作業和很多很困難的討價還價都得等到周末時來做。」

周末異常忙碌的華爾街十一號

到了周六，就很清楚之後還有哪些細部作業和困難的討價還價要做了。證交所的理事十一點開會，理事總共有三十三位，有三分之二以上都出席了。艾拉豪普特公司出事之後，某些理事取消了周末原定計畫，有些人則從他們常待的駐地，比方說喬治亞和佛羅里達等地飛了過來。理事會做的第一件事，是決定周一總統葬禮當天證交所繼續休市，大家也因爲這個決定而大大鬆了一口氣，因爲放假會讓談判人員多了二十四小時，趕在法院和市場重啓的時限之前敲定交易。范斯頓向理事簡報最新資訊，告訴他們目前已知的艾拉豪普特公司財務狀況，以及已經和銀行團展開的協商進度到哪裡了。他也提出了新的估計值，算出要確保艾拉豪普特公司的客戶完好無缺需要多少錢：九百萬美元。在沉默片刻之後，幾位理事站起來發言，他們說，基本上，他們覺得重點不只是錢而已，這個問題，關乎的是證交所與美國數以百萬計投資人間的關係。這場會議暫告一段落，理事們展現了高尚情懷願意成爲後盾，獲得授權的證交所三人委員會去和銀行家協商了。

周六和周日的運作模式就這樣定下來了。正當美國人民呆坐在電視機前，曼哈頓市中心的街道上就像十九世紀初黃熱病大流行的時候空無一人，華爾街十一號六樓卻成爲一個很多人全力奔走的中心樞紐點。證交所的三人委員會跟銀行家密談，一直談到范斯頓和他兩位同仁必須取得更高授權才能談下去爲止。接著，理事會再度開會，看看是要同意給予新的授權還是加以拒絕。在會議之間，理事們會聚在走廊上，或者在沒人的辦公室裡抽菸或沉思。證交所官僚體系裡有一個不顯眼的單位叫行爲與申訴部（Conduct and Complaints Department），這個周末也忙得很。六名員工不斷地講電話，回覆艾拉豪普特公司客戶焦慮的詢問；這些客戶一點也不覺得哪裡「硬朗」了。當然，證交所裡處處可見律師，一位證交所的老員工就說了：「我這輩子沒看過這麼多律師。」考伊爾估計，在這個周末的大多時候，華爾街十一號這裡都有超過百人在忙，當地所有餐廳和證交所的內部餐廳幾乎都關門了，吃飯變成一個大問題。周六，城裡面有一家很機靈決定要開門營業的午餐小館，他們能做出的所有食物都被買光吃光，之後，證交所還派計程車到格林威治村（Greenwich Village）買更多食物。周日，證交所的幾位祕書很貼心地帶來電子咖啡壺和一大袋的雜貨，就在理事會主席的用餐室裡架起了服務站。

現在，銀行家談判團裡又多了兩家周五沒有出席的艾拉豪普特公司債權銀行：紐華克全國州立銀行（National State Bank of Newark）和芝加哥的伊利諾大陸國家銀行暨信託公司（Continental Illinois National Bank & Trust Co.）。另有四家英國債權銀行尚無人代表出席，分別是：亨利安斯巴哈公司（Henry Ansbacher & Co.）、威廉伯蘭特父子有限公司（William Brandt's Sons & Co., Ltd.）、賈菲特有限公司（S. Japhet & Co., Ltd.）和克蘭沃特班森有限公司（Kleinwort, Benson,

Ltd.），由於周末已經過了一半，這些銀行暫時也只能缺席了。大家決定在沒有英國銀行在場的條件下繼續談判，到了周一早上，再把達成的任何協議給他們過目請求核可。銀行家接受了范斯頓的算式，據此，證交所每提撥一美元到這個案子裡，他們就會緩收兩美元的債務。他們並不懷疑艾拉豪普特公司陷入了困境，手握兩千兩百五十萬美元毫無價值的倉儲提單，但他們不相信最多只要這個數就可以讓該公司復活。他們主張，要安全一點，評估的數值應該根據艾拉豪普特公司欠他們的錢爲基準（三千六百萬美元），這表示，證交所要提撥的現金不是七百五十萬美元，而是一千兩百萬美元。這件事的另一個重點是，不管最後達成協議的款項是多少，證交所要付錢給誰？有些銀行家認爲這筆錢應直接進入艾拉豪普特公司的帳戶裡，由公司分配給客戶，不過，證交所的代表沒多久就講了，這項建議的麻煩是，證交所完全無法掌控自己拿出來的資金。最後一項困難是，有一家銀行（伊利諾大陸）顯然完全不願意參加本方案。「伊利諾大陸的代表是從他們銀行的曝險度來思考，」一位證交所的員工很有同理心地解釋，「他們認爲，我們的安排造成的損害，最後很可能比艾拉豪普特公司正式破產並被接管還嚴重。他們需要時間考慮，確定他們採取了適當的行動，但我必須說，他們很配合。」確實，這項規畫中的交易重點主要是證交所的名聲，居然所有銀行都願意合作，眞是奇蹟。畢竟，銀行家在法律上與道德上的職責是盡力爲存款人和股東追求最大利益，他們沒什麼立場大張旗鼓從事公益。然而，就算銀行家的眼神冷峻，他們的內在也很可能藏著一顆不為人知的善心。講到伊利諾大陸銀行，他們很有理由放慢速度謹慎行動，因為該行的「曝險度」超過一千萬美元，比其他任何銀行都高。相關人士沒有一個願意講伊利諾大陸銀行的狀況到底是怎麼樣，可以肯定的是，其他借錢給艾拉豪普特公司不到一千萬美元的銀行或債主無法確切了解伊利諾大陸銀行的感受。

周六傍晚六點左右，協商暫時告一段落，主要議題都妥協出結論：在現金金額爭議上，達成的協議是證交所一開始會拿出七百五十萬美元，如果有必要的話會提高到一千兩百萬美元，至於這筆錢應如何付給艾拉豪普特公司的客戶，解決爭議的辦法是協議指定證交所的稽核長擔任艾拉豪普特公司的清算人。當然，伊利諾大陸銀行還是頑強反抗，他們也還跟英國的銀行接洽。不管怎樣，這天晚上大家決定休兵，但他們保證，雖然隔天是周日，也會在下午時早一點過來。得了重感冒的范斯頓回到格林威治家中。銀行家紛紛回到格倫柯夫（Glen Cove）和巴斯金嶺（Basking Ridge）這些地方。瓦茲堅持從費城通勤過來，他也回到那座寧靜小鎮。就連畢夏普也回到凡伍德家中。

周日下午兩點，洛杉磯、明尼亞波里斯、匹茲堡和里奇蒙等地的人也過來了，證交所理事會的陣容更龐大，他們和三十家會員公司代表一起坐下來開會，後者急著想要知道他們要做出哪些承諾。他們聽取新協議的最新狀況之後，一致都同意要落實計畫。隨著午後時分一分一秒過去，就連伊利諾大陸銀行也軟化了反對態度，打了多通長途電話，試著找到正在搭火車和在機場的伊利諾大陸銀行幹部，大約在六點時，這家芝加哥的銀行同意加入，並說他們這麼做並不是因爲高階主管判斷這是最適當的商業決策，而是爲了公益。約莫同時，《紐約時報》財經版主編湯瑪斯·穆藍尼（Thomas E. Mullaney）打電話給范斯頓（穆藍尼和其他媒體業者都一樣，在整個協商過程中完全被擋在六樓之外），說他聽到傳言，有關當局即將推出一項援助艾拉豪普頓公司的計畫。如果英國的銀行明天讀到國際版新聞，發現有人在沒獲得他們同意、甚至沒有告知他們之下就密謀處置他們的債權，他們至少還有權生氣，因此，范斯頓只好回一個只會讓焦急等待的兩萬名客戶心情更不好的答案，他說：「沒有什麼計畫。」

選出代表，飛往英國談判

周日午後跳出來的問題是，勸服英國各家銀行這項爲難的工作，該由誰去接。范斯頓雖然重感冒，但他非常願意飛一趟英國（他事後承認一件事，這項任務的戲劇性很吸引他），甚至已經叫祕書訂機票。然而，隨著時間漸漸過去，美國國內的問題仍然千頭萬緒，他判定，他沒有空過去。幾位理事很快跳出來自動請纓，最後選中了其中的古斯塔夫·李維（Gustave L. Levy），理由是他任職的銀行高盛（Goldman, Sachs & Co.）和其中一家英國債權銀行克蘭沃特班森有限公司往來已久而且關係密切，李維本人也和克蘭沃特班森某些合夥人交好。（李維後來接下瓦茲的位置，成為理事會主席。）因此，李維在大通曼哈頓銀行一位高階主管和一位律師（會請他們一起，應該是因為希望立下一個合作的典範以激勵英國的銀行）陪同下，五點過後沒多久就離開了證交所，七點就登上前往倫敦的班機。這三人組在飛機上幾乎熬了一整夜，仔細規畫早上時要如何和那些銀行家交手。有很多人建議他們要好好規畫，因為英國銀行沒有理由合作，他們的證交所可沒陷入麻煩。而且，還不只這樣。根據可靠的消息來源指出，這四家英國銀行總共借給豪普特公司五百五十萬美元，這些貸款就像許多由海外銀行借給美國券商的短期貸款一樣，都沒有任何抵押品擔保。有些更靈通的消息人士指出，有些貸款是剛剛才核撥的，距離危機爆發大概還不到一周。貸放的款項以歐洲美元計價（Eurodollar），這是一種真的可以使用的虛擬貨幣，指的是存在歐洲銀行裡的美元存款。當時歐洲金融機構間大約有四十億歐洲美元，交易熱絡；這些英國銀行是先向其他銀行借錢，然後才出借五百五十萬美元給艾拉豪普特公司。當地一位國際銀行領域的專家說，歐洲美元慣例上是大宗交易，利潤相對微薄，比方說，銀行可能用四·二五%的利率借來一大筆錢，然後用四·五%借出去，賺得的淨年利率僅有〇·二五%。顯然，這類交易實務上被視爲無風險。貸放五百五十萬美元、淨賺的年利率爲〇・二五%，如果貸放一周，賺得的利潤就是二六四・四二美元，這些數字指出了如果一切都按照計畫，四家英國銀行借錢給艾拉豪普特公司可以賺得多少利潤，這筆錢他們還要分，而且還要扣掉費用。如今，他們全部都要賠掉了。

在一個陰雨綿綿的早晨，天剛亮沒多久，李維和大通曼哈頓銀行的人雙眼布滿血絲，飛抵倫敦。他們前往薩佛伊（Savoy）飯店漱洗更衣，吃過早餐，然後直接前往倫敦的金融區倫敦自治市。第一場會議就在分秋奇街（Fenchurch Street）威廉伯蘭特父子有限公司的大樓，這家公司的貸款金額在五百五十萬美元中占了一半以上。威廉伯蘭特公司的合夥人很客氣地對美國總統過世表示哀悼，美國人也認同此事很可怕，兩方就從這裡開始切入主題。威廉伯蘭特公司的人知道艾拉豪普特公司快要倒閉了，但不知道美國這邊正在推動一套方案避免公司眞的倒閉，爲的是要援救該公司的客戶。李維說明了相關事宜，接著兩邊討論了一個小時，過程中，英國人表現出不太願意跟隨的態度，這也並不讓人意外。他們已經被一群美國人擺了一道，不急著再被另一群多騙一次。「他們非常不高興，」李維說，「他們對身爲紐約證交所代表的我大表不滿，因爲我們一家會員公司害他們陷入困境。他們想和我們做交易：希望能優先收回債務，交換的條件是和我們合作，並同意延後收債。但是他們在這場交易裡的立場不算有利，進入破產流程後，由於他們的貸款是無擔保貸款，要先由持有擔保品的債權人執行請求權，之後才輪到他們，依我來看，他們一毛錢也拿不回來。另一方面，在我們提出的條件下，除了艾拉豪普特公司的客戶之外，他們會和其他債權人一樣，得到一視同仁的待遇。我們必須跟他們解釋，我們不做交換。」

威廉布蘭特公司的代表回覆，他們需要好好想一想，同時也要聽聽其他英國債權人怎麼說，再做決定。美國代表團隨後前往大通曼哈頓銀行設於藍巴德街（Lombard Street）的倫敦辦事處，那裡已經事先做好安排，他們和另外三家英國銀行的代表會面，李維也有機會和克蘭沃特班森公司的老友們重聚。在這種狀況下重聚顯然不怎麼開心，但李維說他的朋友們很實際看待自己的處境，而且非常客觀，確實幫助了其他英國同業看到了美國這一邊的立場。然而，這場會議也和前一場一樣，沒有人承諾任何事，因而破局。李維和同仁在大通曼哈頓銀行吃了午餐，之後走到英國央行（Bank of England）。英國央行對艾拉豪普特公司貸款案的興趣，僅在於公司倒閉之後會對英國的國際收支造成什麼影響。英國央行派出一位代表向美國的訪客傳達，說他們對於美國總統遭刺這樁全國性的悲劇以及華爾街的地區問題同表哀悼之情，並說雖然英國央行無權要求這些倫敦的銀行怎麼做，但根據他們的判斷，配合美方的計畫是明智之舉。到了兩點左右，美方三人組返回藍巴德街，緊張地等待英國幾家銀行的答案。在此同時，華爾街同樣也開始警戒。紐約時間是周一早上九點，范斯頓剛進辦公室，他很清楚，他們只剩一天來完成這項計畫，他在地毯上來回踱步，等著電話通知他倫敦的情況，看看會不會讓這一整鍋都翻了。

李維記得，克蘭沃特班森公司和賈菲特公司最先同意配合。接著，大約有半小時都沒人講話，期間，李維和同仁開始痛苦地感受到紐約剩下的救命時間正一分一秒地過去，然後威廉伯蘭特的代表點頭了。這很重要；威廉伯蘭特是最大的債權銀行，而且現場其他三家中有兩家都已經加入了，安斯巴哈公司肯定也會進來。倫敦時間約下午四點時，安斯巴哈公司決定參加，李維終能打出這通范斯頓苦苦等待的電話。美國代表團完成任務，直接衝向倫敦機場，三個小時內就搭上返國的班機。

簽名吧！只有百利無一害

接到好消息的范斯頓，覺得整套的協議終於到了很有把握的地步了，但要拍板定案，還需要艾拉豪普特公司十五位普通合夥人簽字；這套計畫對他們來說已經無可損失，只有利得而已。然而，取得簽名是必要完成的工作。每個人都想要避免破產之訴，但不進入破產程序的話，若沒有取得合夥人的許可，就不能指派清算人分派艾拉豪普特公司的資產，就連大理石鋪面的櫃子和冰箱都動不了。就這樣，周一接近傍晚時，艾拉豪普特公司每一位合夥人都帶著律師，一行人踏進理事會主席瓦茲在證交所的辦公室，想知道華爾街這些有權有勢的人替他們安排了什麼樣的命運。

艾拉豪普特公司的合夥人讀著協議時開心不起來，協議中有一條規定，他們得簽下授權書，讓清算人全權處理艾拉豪普特公司的相關事務。一位他們的自家律師與這些人進行一段簡短犀利的談話，指出不管他們簽不簽都要承擔公司的債務，因此，他們最好是考量到公益，簽了協議。講得更簡單一點，他們沒得選。（他們當中有很多人後來申請個人破產。）一件意外打破了這場陰鬱會議的平穩走向。在艾拉豪普特公司的律師講完事實剖析之後，有人注意到人群裡有一張陌生的年輕臉孔，並請他自表身分。此人毫不猶豫地回答：「我是《華爾街日報》的記者羅素．瓦森（Russell Watson）。」眾人一下子驚呆了，都沉默了，意識到此事最後如果洩露出去，將打亂促成本協議的微妙金錢與情緒平衡。瓦森二十四歲，在《華爾街日報》任職已經一年，日後他說明他是如何混進那場會議、以及他又在何種情況下離場。「當時我是證交所這條線的新人，」他後來說，「那天稍早，有傳言說范斯頓很可能會在傍晚某個時候召開記者會，所以我去了證交所。我在大門口問了一位警衛范斯頓先生在哪裡開會，警衛說在六樓，並帶我進電梯。我想他以爲我是銀行家、艾拉豪普特公司的合夥人或是律師。到了六樓，大家都忙得團團轉。我走出電梯，走進開會的辦公室，沒有人阻擋我。我不太知道到底發生了什麼事。我感覺到不管重點是什麼，他們已經達成大致的協議，正在討論很多細節。除了范斯頓，在場的人我一個也不認識。我安靜地在角落約五分鐘，沒人注意到我，但忽然之間，幾乎是每個人異口同聲說：『天啊，請滾出這裡！』他們沒有眞的把我踢出去，但我很識相地離開了。」

在接下來的商討階段（後來拖得很長），艾拉豪普特公司的合夥人和律師在瓦茲的辦公室裡設置了指揮站，銀行代表和他們的律師則駐守走廊另一頭的北側委員會會議室（North Committee Room）。決意要在隔天早上開盤前讓投資人聽到計畫底定消息的范斯頓，脾氣暴躁而且非常沮喪，他很努力加快事情的進度，還自己充當了傳遞消息的小弟兼調停的使節。「周一整個傍晚我一直來來回回地說：『聽我說，他們不會在這一點上讓步，所以你們必須讓步，』他回憶起當時，「或者，我會說：『看一下現在幾點了，距離明天開盤只剩十二小時！在這裡簽字吧。』」

深夜十二點十五分，距離重新開市只剩九小時又四十五分鐘，一位與會者形容現場氣氛是讓人筋疲力竭但大致上也讓人鬆了口氣，二十八位當事人終於在南側委員會會議室簽署了協議。銀行周二早上一開門，證交所就存入了七百五十萬美元（這筆錢大約是證交所可動支儲備金的三分之一），進了一個讓艾拉豪普特公司的清算人可提取的帳戶。同一天早上，由證交所老將詹姆士・馬洪尼（James P. Mahony）擔任清算人，進駐艾拉豪普特公司負責收拾局面。可能是因爲人民對新任總統有信心，也可能是艾拉豪普特公司的問題傳出有解的消息，或是兩者皆有，股市有了支撐，上演有史以來最大的單日漲幅，彌補周五的跌幅綽綽有餘。一周後，到了十二月二日，馬洪尼宣布已經從證交所的帳戶中支付了一百七十五萬美元，把錢還給艾拉豪普特公司的客戶；到了十二月十二日，支付款達五百四十萬美元，到了聖誕節則來到六百七十萬美元。最後，一九六四年三月十一日，證交所提報已提撥九百五十萬美元，除了音訊全無的人之外，艾拉豪普特公司的顧客全都再度完好無缺。這項協議引發了各種不同的反應，有人覺得這無疑暗指證交所認爲，必須爲了其會員的不當行爲甚至霉運對公眾利益造成的危害負起責任。當然，可想而知，得到救援的艾拉豪普特公司客戶感激不盡。《紐約時報》說，這項協議代表了「一種有利於激發出投資人信心的責任感」，而且「可能有助於避開了可能發生的恐慌。」在華府，詹森總統（President Johnson）上任第一天就從辦公室打電話給范斯頓，恭喜他。證交會主席威廉・凱利（William L. Cary）通常不會對證交所說好話，但十二月時他也說證交所展現了「一次充滿戲劇性且讓人佩服的行動，證明了證交所的能力與對公益的關注。」世界各國的證交所對這次事件不予置評，但如果根據他們日常行事的冷靜風格來看，必會有些官員對紐約證交所奇特的做法大大搖頭。被要求分三年分攤這九百五十萬美元的紐約證交所會員公司，大致上認了，只是聽說有些公司抱怨，指某些商業技能與品格聲譽良好的老牌公司不應受牽連，要替逾越本分然後陷入困境的貪婪新興公司賠償損失。奇怪的是，幾乎沒有人對英美兩國的銀行表達感激；兩國銀行最後只收回了半數的損失。也許，除了電視廣告之外，根本就不會有人感謝銀行。

在此同時，證交所本身也出現了拉扯，一方面難爲情地接受了恭賀，另一方面，明智又有點不光彩地堅持，他們的所作所爲不應成爲先例，這是說，未來他們不見得會再做這種事。證交所的官員也不確定，如果艾拉豪普特公司的危機早一點發生，甚至只是稍微提早一點點，他們能不能這樣做。克魯克斯於一九五〇年代初擔任證交所主席，他覺得，在他任期內能採取這種行動的機率大約是一半一半。范斯頓一九五一年時接下克魯克斯職務，他認爲，以他任期中的前幾年來說，這種事會「備受質疑。」他說：「人們對於公共責任的想法會不斷演變。」有人說證交所是因爲內疚才出手，這種話他聽了很多遍，非常討厭這種說法。他覺得，從心理層面來分析這件事毫無必要，而且很粗魯。至於掛在理事會會議室和南北兩側委員會會議室畫框裡盯著談判進行的老理事們做何感想，就只能想像，無法得知了。

第7章

備受打擊的哲學家

奇異公司的溝通問題

如果和任何一位不善高談闊論的產業界人士聊聊，談談美國產業界現今面對的最大問題是什麼，他們會說是「溝通問題」。把一個人腦袋裡的想法拿出來、塞進另一個人的腦袋裡，是眾多產業界人士、知識份子和創意寫作者都非常關注的難題，他們當中有愈來愈多人認爲，溝通（或者說缺乏溝通）不只是產業界最大的問題之一，以全人類來說也成立。（一群前衛派的作家和藝術家以譏諷的方式強調了溝通的重要性，他們斷然且明確地宣稱自己反對溝通。）講到產業界人士，我承認，有好幾年，當我聽到他們說出「溝通」一詞（通常是用很讓人費解的方式講出來），我其實不太知道他們所指爲何。綜括溝通的整體要點，只要能做到兩件事就沒問題了：第一，組織裡的人都能明白彼此在講什麼；第二，其他人能理解這個組織或組織裡的人。讓我感到困惑的是，如今各基金會贊助一項接一項有關溝通的研究，怎麼還是有很多人、很多組織仍無法用他人理解的方式來表達自我，原因又何在？換個角度來說，聽的人怎麼會無法理解自己聽到的話，原因又何在？

一九六一年電氣價格壟斷案

幾年前，我收到兩大冊美國政府出版局（United States Government Printing Office）的出版品《遵照參議院第五十二號決議案之第八十七屆美國國會第一會期美國參議院司法委員會反壟斷小組委員會聽證會》（*Hearings Before the Subcommittee on Antitrust and Monopoly of the Committee on the Judiciary, United States Senate, Eighty-seventh Congress, First Session, Pursuant to S. Res. 52*），在認眞細讀一千四百五十九頁的內容之後，我想我開始理解產業界人士說的溝通問題是什麼了。這一系列的聽證會於一九六一年四月至六月舉行，由田納西州參議員埃斯蒂斯．凱弗維爾（Estes Kefauver）主持，要討論的主題是現在爲人熟知的電氣製造業聯合定價與圍標密謀，同年二月，費城的聯邦法院針對這些行爲做出判決，裁罰二十九家公司以及四十五名這些公司的員工總共一百九十二萬四千五百美元，並有七名員工被判入獄三十天。由於證據不公開，被告有人認罪、有人放棄辯護，而且，大陪審團起訴這些人的紀錄均爲機密，大眾沒什麼機會聽到相關犯行的細節，凱弗維爾參議員覺得整件事有必要公開。這份文字稿顯示聽證會確實把案情詳細公開了，揭露的內情是公司內部的溝通嚴重失能（至少事件中規模最大的那間公司是如此），相形之下，巴別塔（Tower of Babel）的建造都像是彰顯組織默契的勝利[18]。

美國政府於一九六〇年二月到十月間向費城地區法院提起一系列起訴，控告二十九家企業及其高階主管多次違反《一八九〇年薛曼法案》（*Sherman Act of 1890*）第一條，本條規定「任何契約、結合信託或其他形式、或共謀行爲，對美國之國內幾州或國際商業行爲予以不合理之限制」均爲違法。〔老羅斯福總統（Theodore Roosevelt）知名的反壟斷行動便是以《薛曼法案》爲工具，搭配《一九一四年克萊頓法案》（*Clayton Act of 1914*），自此之後成爲政府對抗卡特爾組織（獨占聯盟）與壟斷的武器。〕政府指稱，他們的犯行和銷售各種主要是公民營電力公司需用的大型昂貴設備有關（電力變壓器、配電盤設備組、渦輪發電機組等等），本應爲互相競爭之公司的高階主管們卻共聚一堂開會協商，達成違反法律的結論。這類協商會議早至一九五六年便已開始，持續到一九五九年，會議中約定經由正常商業競爭無法達成的高價，在競標個別契約時先對通常會封緘的投標書動手腳，按一定比例把生意分給每一家參與協商的公司。政府進一步指稱，這些高階主管爲了替會議保密想出各種招數，例如在往來書信中以代碼指稱各家公司，用公共電話或家用電話聯繫而不使用辦公室電話，報假帳以掩蓋所有當事人同一天都在同一個城市的事實。但他們的策略終究無用。在時任美國司法部反托拉斯部門主管羅伯・畢克斯（Robert A. Bicks）強勢領導之下，輔以某些密謀者本人的大力襄助，聯邦政府成功揭穿這些人；最初是一九五九年初秋一家共謀小企業裡一名員工認爲該把事情說出來了，後來才有大批密謀者轉爲污點證人。

一些數據可以清楚呈現整件事在政治與經濟上的意義。共謀期間，一年購買前述機器設備的平均金額超過十七・五億美元，其中近四分之一是聯邦、各州以及各級當地政府（當然，這代表付錢的人是納稅人），其他則是民營電力公司（他們通常會用提高費率，把上漲的設備成本轉嫁給大眾）。來看一個具體範例，以了解一項交易會牽涉到多少錢：五十萬千瓦渦輪發電器是一種大型裝置，可利用蒸氣來發電，其牌價通常爲一千六百萬美元，實際上，業者常打七五折以帶動銷售，因此，如果是正大光明做生意，有可能用比牌價低四百萬美元的價格買到這部機器。生產這種發電機的廠商代表如果召開會議，大家都同意固定一個價格，他們面對客戶時就可以把這四百萬灌回去。而說到底，最後的客戶幾乎確定也就是一般大眾。

18 譯注：聖經紀載，在所有人類都使用相同語言的遠古時代，人們聯合起來興建希望能通往天堂的高塔。為了阻止人類的計畫，上帝讓人類說不同的語言，相互之間不能溝通，蓋出一座不成形的巴別塔。

在費城提起訴訟時，畢克斯說，這群人的整體行徑顯示出「平心而論，可說是在美國任何基礎產業裡都是最爲嚴重、最明目張膽、也最爲普遍的違法行爲。」宣判之前，庫倫．甘尼（J. Cullen Ganey）法官講的話更激烈，他認爲，他們的犯行「是一次讓人震驚的告發，顯露出美國經濟體中有一大塊有問題……此案眞正攸關的，是自由企業體系的存亡。」他判處的刑罰也顯示他是認眞的；通過《薛曼法案》七十年以來，雖然也有很多成功起訴違法犯紀者的案例，但很少有高階主管被判鋃鐺入獄。因而本案在媒體上掀起不小波瀾並不意外。誠然，周刊《新共和》（*New Republic*）抱怨報章雜誌刻意低調處理「幾十年來最嚴重的商業醜聞」，但這樣的指控並沒什麼根據。考量到一般民眾對於配電盤組這種東西根本不感興趣，且涉及反托拉斯法的刑案又「令人遺憾地」缺乏血腥暴力，再加上這些密謀行動的細節甚少浮出檯面，因此，新聞界已經給了許多版面了，就連《華爾街日報》和《財星》雜誌等專業性媒體，都以堅定的立場和非常詳實的報導來說明這次的事件。事實上，媒體上到處可見一九三〇年代的老派反商報導精神又重現了。說到底，看到多位美國最受尊崇的企業中高貴、穿著考究訂製西裝且坐領高薪的高階主管就像毛頭小賊一樣排隊入獄，還有什麼比這更讓人欣慰的呢？本案無疑是自一九三八年紐約證交所前任主席理查．惠特尼因爲盜用客戶資金從事投機交易被判入獄之後，最爲重大的商業詐騙案。甚至有人說這是自茶壺山醜聞案（Teapot Dome）[19]之後最大樁的商業醜聞。

兩大產業龍頭同為被告

更有甚者，最高位者的虛僞造作引起了廣泛的懷疑。本案中規模最大的被告企業是奇異（General Electric），該公司的董事長或總裁都沒有被政府逮到，規模第二大的西屋電氣（Westinghouse Electric）情況也一樣；這四位企業的最高領導人到處放消息，說直到第一次在司法部針對此事作證之前，他們完全不知道在自己轄下到底發生了什麼事。但很多人並不接受這種免責宣言，反之，一般人認爲這些被告的高階主管只是中間人，他們違法，只不過是聽令行事或滿足自家企業偏好議定價格的作風，現在卻要爲了大老闆的罪狀背黑鍋。不買單的人當中就包括甘尼法官，在判刑當時他就說了：「如果有人相信，這些長期持續、影響產業範疇甚廣、涉及成百上千萬美元的違法行爲，這些企業掌舵者全不知情，那眞是太天眞了……我相信這些被告之中，有很多人都在拉扯，一邊是良心，一邊是既定的企業政策，以及升遷、穩定和高薪等獎勵目標。」

人民自然想找出罪魁禍首，後來找到了，箭頭指向在媒體上和小組委員會聽證會中都引發最多關注的奇異公司。奇異的總部設在紐約市萊辛頓大道五七〇號（570 Lexington Avenue, New York City），對於坐鎮總部努力引導公司命運的人來說，事態的發展讓他們極爲驚恐。奇異約有

19 譯注：一九二一年至一九二三年，美國內政部長收受企業賄款爆發相關醜聞。

三十萬名員工，過去十年來年平均營業額約爲四十億美元，不僅是遭訴的二十九家企業中規模最大者，以一九五九年的營業額來說，也是全美第五大企業。奇異遭罰的總金額（四十三萬七千五百美元）遠高於任何公司，入獄的高階主管也比別家多（三人入獄，八人獲得緩刑）。此外，像是爲了值此危機時刻讓眞正相信他們的人更加恐懼與震驚，也讓嘲笑他們的人更加開心似的，奇異的最高層級管理者多年來努力在公眾面前營造公司是成功完美典範，頌讚自由競爭體系；而召開聯合定價會議正是大大嘲弄了這套體系。一九五九年，當奇異的決策者得知政府開始調查違法行爲，就迅速對坦承涉入其中的高階主管處以降職減薪，比方說，一位副總裁就被告知他的年薪將從原來的十二萬七千美元降爲四萬美元。（他還沒調適好面對減薪，甘尼法官又判他罰款四千美元與入獄三十天，在他重獲自由不久之後，奇異就開除他了。）奇異不管法庭怎麼判，公司自有懲戒相關員工的內規，但西屋沒有學奇異未審先判，一直等到法官裁定之後，公司認定法官對員工判處的罰金和刑期已達懲戒目的，無須再處罰員工了。有些人認爲，這種態度就是西屋公司縱容密謀行動的證據，但有人認爲這是一種值得尊敬的默認：縱容員工的公司最高管理階層必須爲整件事負起責任（至少在道德上），因此沒有立場去懲戒犯錯的員工。從這些人的觀點來看，奇異忙著懲罰認罪的犯錯員工，強力證明公司是把倒楣的員工推去送死以保住自身的顏面，或者，就像密西根州的參議員菲利浦．哈特（Philip A. Hart）在聽證會期間酸溜溜的評論：「奇異就是在行本丟．彼拉圖（Pontius Pilate）[20]之事。」

萊辛頓大道五七〇號進入備戰狀態！

多年來，奇異披著亮麗的外衣，營造出明智和善的企業形象，如今，奇異總部公關部門的員工面對了難堪的選擇，在這場聯合定價事件中看是要選笨蛋還是壞蛋的角色出場。他們非常傾向於「裝傻」。甘尼法官本人則說了，他假設，奇異不僅是容忍這些密謀行爲，甚至高層與整家公司根本都核准主管這麼做，他選擇的顯然是「壞蛋」。他的分析可能對也可能不對，讀過凱弗維爾小組委員會聽證會的紀錄之後，我得出很可悲的結論：眞相很可能永遠無法得知。證詞指出，關於奇異的道德責任何在，就算本來透明如一池清水，也因爲溝通障礙被攪成毫無希望看清的渾水。奇異公司內部的溝通障礙讓人費解，有的時候，就算某個奇異的高階主管確實下令要屬下違法，屬下的解讀某種程度上會與原意不同；就算屬下確實向主管報告他和競爭對手開會密謀，主管得到的印象很可能是屬下只是在閒扯草地派對或撲克牌局。具體來說，在奇異公司，當下屬直接接到主管的口頭命令時，必須先決定他聽到的命令意義就如字面，還是說，眞正的意思剛好與字面相反；主管在和屬下對話時，則必須判定是要按字面解讀對方告訴他的說法，還是要用某些他也不確定自己是不是眞正懂的密碼轉譯。總而言之，這就是奇異的問題。我在這裡把話說明

20譯注：此人是羅馬帝國的行政長官，下令把耶穌釘上十字架。

白，大膽爲獲得各基金會獎助的人提供建議，希望幫助他們找到適合主題撰寫計畫書。

奇異指令政策二〇・五

過去約八年來，奇異有一條公司內規叫「指令政策二〇・五」（Directive Policy 20.5），其中的部分規定是：「任何員工均不得與任何競爭者就價格、銷售條款或細則、生產、經銷、畫分地區或顧客達成任何明示或暗示、正式或非正式之理解、協議、計畫或方案；亦不得和競爭對手交換或討論價格、銷售條款或細則或任何與競爭相關之資訊。」實際上，這條規定只是要求奇異員工遵守聯邦反托拉斯法，唯內容比反托拉斯法更具體且明確放在價格議題上。有權管理價格政策的奇異高階主管，幾乎不可能不知道或不理解「二〇・五」，因爲公司爲了確保新任高階主管都熟悉這條規定並喚起老主管的記憶，會定期正式重新發布並傳播，所有高階主管都要在通知上簽名，表示他們目前有認眞遵守這條規定，未來也將如此。問題是，某些奇異的員工，包括經常在「二〇・五」上簽名的人，並不相信公司把這條規定當一回事，至少在法院調查行動涵蓋的期間是如此，而且顯然之前老早就是這樣了。他們認爲「二〇・五」只是擺好看的，公司之所以寫成正式文件，只是爲了替公司以及高階主管提供法律保障而已，公司內部認可找來競爭對手召開非法會議，這是標準操作；如果有高階主管要求部屬主管遵守「二〇．五」，眞正的意思其實是在命令他們違反此規定。這聽起來不合邏輯，但鑑於下列事實就會變得可以理解：有一段時間，當某些高階主管傳達或轉傳命令時，顯然還習慣加上一個絕對不會讓人會錯意的眨眼。一九四八年五月，奇異銷售經理聚在一起開會，會中就公開討論過這種眨眼的慣例。當時擔任奇異高階主管、之後成爲總裁的羅伯．帕克斯頓（Robert Paxton）在會議中發表談話，並像平常一樣傳達了不得觸犯反托拉斯法案的警告，在此同時，時任變壓器部門銷售高階主管、直屬帕克斯頓的威廉．吉恩（William S. Ginn）說了一句讓他很驚訝的話：「我沒有看到你眨眼。」帕克斯頓嚴正地回答：「沒有眨眼這回事，我們是認眞的，這是命令。」凱弗維爾參議員曾問，他何時知道在奇異公司發布命令時偶有伴隨著眨眼暗示這種事，帕克斯頓說，他第一次發現這種作法是在一九三五年，當時他的主管對他下達指令時附帶了眨眼或其他類似的舉動，過了一段時間之後，他開始明白這種肢體語言的意義，他覺得很生氣，要很辛苦才能克制自己不要對著主管的臉直接揮拳，以免毀了自己的事業。帕克斯頓繼續說，他非常反對眨眼示意這種事，也因此公司裡大家都知道他是一個不擠眉弄眼的人，他從來不做眨眼暗示這種事。

帕克斯頓一九四八年時明確發布了不擠眉弄眼、意義明確的命令，解讀上沒有太多模糊的空間，但吉恩並未完全領會到帕克斯頓眞正的意思，因爲命令發布之後沒有多久他就跑出去談貨眞價實的聯合定價問題。（要達成聯合定價協議顯然需要一家以上企業合作，但所有證詞都指向在這些議題上，通常是奇異決定模式、業界其他人遵循。）十三年後，吉恩坐了幾周的牢出獄、丟掉了年薪十三萬五千美元的工作，現身在小組委員會聽證會上說明幾件事，其中一項就是他爲何對於長官明確的命令有這麼奇怪的反應。他說，他不聽令，是因爲奇異另外兩位長官亨利・厄班（Henry V. B. Erben）和法蘭西斯・費爾曼（Francis Fairman）給了他相反的指示。在解釋爲何他聽他們的、不聽帕克斯頓的命令時，他提了一個很有趣的「溝通程度」（degree of communication）概念，這又是另一個拿到基金會獎助金的研究人員可以投入的主題。吉恩說，厄班和費爾曼發布命令時比帕克斯頓布達時更能言善道、更有說服力也更強勢，吉恩強調，費爾曼尤其展現出自己是「出色的溝通者、偉大的哲學家，而且，是堅定相信價格穩定必要性的信徒。」吉恩作證時指出，厄班和費爾曼都直斥帕克斯頓太天眞，在後來一份說明他如何步入歧途的摘要中，他說「擁護魔鬼的人，比推銷上帝的哲學家更能贏得我心。」

如果能拿到厄班和費爾曼本人的說法，講他們在這方面如何勝過帕克森頓，那會很有用，但可惜的是，他們兩個都沒成爲在小組委員會上作證的哲學家，因爲在召開聽證會之前兩人就已經過世。可以作證的帕克斯頓，在吉恩的證詞裡被描述成永遠站在上帝這一邊的講道型推銷員。吉恩宣稱：「我可以替帕克斯頓澄清，我會說，他是我見過最擁護亞當．斯密（Adam Smith）自由經濟體系主張的人，超越我在美國遇見的任何商業人士。」而，一九五〇年時，吉恩曾在閒談時對帕克斯頓自承，他在反托拉斯這件事上「已經妥協」，帕克斯頓僅對他說他這樣很愚蠢，但並未向公司裡任何其他人舉報吉恩的坦白。帕克斯頓作證時有解釋他為何沒舉報，他說，對話當時他已經不是吉恩的主管了，而且，以他個人的道德觀來說，到處去講一個已經不受他管轄的人自爆的內容，是「說閒話」和「打小報告」。

上行大道，下走邪路

在此同時，已經不再直屬帕克斯頓的吉恩，經常和競爭對手開會，在企業裡步步高升。一九五四年十一月，他成為總部位在麻州匹茲菲德市（Pittsfield, Massachusetts）的變壓器部門總經理，這份職務也讓他成為可能的副總裁人選。吉恩上任時，自一九四九年以來就擔任奇異董事長的拉夫．柯丁納（Ralph J. Cordiner）把他召回紐約，明確表達要求他謹遵「二〇．五」，不可背離。柯丁納當時很明確地傳達自己的想法，吉恩很清楚理解了，但等到他離開董事長室、走到厄班的辦公室時，他就把這拋到腦後了。他自己的解讀，掩蓋了他剛剛聽到的話。厄班是奇異經銷單位的主管，職級僅次於柯丁納，是吉恩的直屬上司，吉恩作證時說，一等到他們在厄班的辦公室獨處，厄班就給出和柯丁納完全相反的指示，說：「你以前怎麼做現在就怎麼做，但要聰明一點，在這件事情上用點腦。」厄班卓越的溝通才能又勝出了，吉恩繼續和競爭對手開會。「我知道柯丁納先生會炒了我，」他對凱弗維爾參議員說，「但我也知道我要替厄班先生效命。」

一九五四年年底，帕克斯頓接下厄班的職位，再度成爲吉恩的上司。吉恩還是出去和競爭對手開會，但他知道帕克斯頓不認同這種作法，於是就沒跟主管說。此外，他作證時說到，他在一、兩個月內就知道自己也沒辦法不去開這種會，因爲在一九五五年一月時，整個電氣設備產業卷入極激烈的價格戰，因爲時機關係，再加上給買方的條件很競爭，陷入了所謂的「白色特賣」（white sale）[21]，過去友好的競爭對手開始大力降價，互相比低價。當然，公司間的密謀行動就是爲了防範這種自由企業競爭，但此時電氣設備供給遠大於需求，最初有幾家參與密謀的企業開始打破自己訂下的協議，後來愈來愈多家跟進。吉恩說，他竭盡全力去處理這種情況，「運用了我之前學到的哲理」，他的意思是他繼續召開聯合定價會議，希望至少能落實某些在會議上訂出的協議。至於帕克斯頓，吉恩認爲，這位哲學家不僅對於會議毫無所悉，而且以他一直奉行自由與積極競爭概念來說，他實際上很樂見價格戰，並不在乎這會對於每一家企業的利潤來說都是災難。（帕克斯頓自己作證時強烈否認他樂見價格戰。）

電氣設備產業大約花了一年就走出陰霾開始蓬勃發展，一九五七年一月，吉恩相對順利過關，得到副總裁的職位。在此同時，他轉調到紐約州斯克內克塔迪市（Schenectady），成爲奇異渦輪發電機部門總經理，柯丁納再度把他召回總部，對他講述「二〇・五」的規定。柯丁納常常宣達這項規定，每次有新人進公司就任策略性管理新職，或者老員工獲得拔擢到這個階級，這個幸運的傢伙可以確信會被請進董事長室，聆聽嚴肅信條的演繹。亞歷山大・坎貝爾（Alexander Campbell）在自己的著作《日本之心》（*The Heart of Japan*）中提到，有一家日本大型電氣公司列出了七條公司戒律（例如，「要有禮貌眞誠！」），每天早上，公司三十家工廠的員工都要立正站好，一起複述這七條戒律，然後一起合唱企業歌（「爲了不斷提高產量／愛你的工作，奉獻你的一切！」）。柯丁納並未要求屬下要複誦或吟唱「二〇・五」（就目前所知，他並未將此規定譜成曲），然而，像吉恩這些人已經多次聽過主管宣讀這條規定或者幫忙他們溫故知新，他們一定知之甚詳，隨口就背的出來，即興給一段旋律也可以跟著唱。

這一次，柯丁納要傳達的訊息不僅在吉恩心裡留下印象，而且不打折扣。吉恩本人的證詞指

21 譯注：wihte sale，多指家居用品的大促銷活動，據稱源於美國百貨之父約翰・沃納梅克（John Wanamaker）在一月淡季時，將白色床單以折扣價出售；也有 white goods 的說法，到二十世紀中葉開始指傳統上白色的大型家電，例如冰箱、洗衣機等。

出，他後來悔改了，一夜之間就再也不碰聯合定價這回事。但，他的態度突然轉變並不完全歸功於柯丁納的溝通功力深厚，或是他的諄諄教誨終於起了作用，而是某種本質上的實用主義奏效，就像英國國王亨利八世（Henry VIII）改信新教一樣。吉恩對小組委員會說，他會改，是因爲他的「靠山沒了。」

「你的什麼沒了？」凱弗維爾參議員問道。

「我的靠山沒了。」吉恩回答，「我是說我的保護傘沒了。厄班先生已經離開了，我所有同事也離開了，那時我直接聽命於帕克斯頓先生，我很清楚他怎麼想這種事……過去讓我得以順利發展的原則，如今都沒了。」

如果厄班是他的靠山，但厄班自一九五四年底之後就不是吉恩的主管，那麼，吉恩失去保護也有兩年多了，然而，據推測，在價格戰正激烈的時候，他並沒有注意到失去靠山了。無論如何，現在的他，不僅突然失去了靠山，也丟掉了過去的生存原則。他很快地以另一套新原則塡補過去的空缺，把「二〇．五」廣發給渦輪發電機部門內各單位的經理，更積極加碼，加上他所謂的「痲瘋病隔離政策」（leprosy policy），這是指，他建議部屬不要和競爭公司的員工聯繫，連社交聯繫都免了，因爲「一旦培養出關係，我從多年紮實的經驗中得出的結論是，這樣的關係很容易擴散開來，然後就會開始出現一些花招了。」現在，命運無情地捉弄吉恩，不知不覺中，他站上了柯丁納和帕克斯頓堅守多年的立場：他成爲一位白費力氣的哲學家，對著拒絕接受傳道的人推銷上帝，這些人甚至還很有系統地去做領導者警告他們避開的花招小動作。具體來說，一九五七、一九五八整整兩年，再加上一九五九的上半年，吉恩有兩名屬下一邊很虔心地在「二〇・五」的布達通知上簽字，另一邊又快速地在紐約、費城、芝加哥、維吉尼亞州溫泉市（Hot Springs, Virginia）、賓州天頂市（Skytop, Pennsylvania）以及其他多地會晤競爭對手，召開一系列會議簽下聯合定價協定。

朝令夕改所帶來的衝擊

吉恩擁抱的新哲理正大光明，但他顯然無法把這套原則傳達給他人，追根究柢，他的難處還是那個老問題：溝通障礙。聽證會上有人問，他的部屬怎麼會走得這麼偏，他回答：「我必須承認我在溝通上犯了錯，我沒有對部屬好好傳達這一點……要好好經營企業，價格很重要，原則上，我們必須讓員工清楚知道，聯合定價不僅違法，而且……從很多、很多方面來說都不應該這麼做。但這件事有原則面向，還有溝通面向……雖然……我告誡同仁不要這麼做，有一些人還是持保留態度……我在此必須承認，我自己在溝通上很失敗……我非常願意承擔自己在這方面的責任。」

吉恩說，他很努力去分析失敗的原因，得出的結論是光靠發布指令，不管多麼頻繁都不夠，需要的是「完整的原則，充分的理解，完全打破人與人之間的藩籬，我們才能有一些理解，在經營與管理公司時，才能落實本來應該用來管理的哲學。」

哈特參議員對此發表評論：「只要你還活著，都可以持續溝通，但要是你想交流的觀念在聽者看來只是公司裡的民俗傳說，就算你說的涉及國家法律……對方仍是永遠不會買帳的。」

吉恩只能充滿悔恨地承認事實正是如此。

另一位被告法蘭克．史戴利克（Frank E. Stehlik）證詞中的隱含意義，進一步強化了溝通原則的概念；他於一九五六年五月到一九六〇年二月擔任奇異低壓配電盤部門的總經理。（除了一小群專業人士之外，大部分的用電人都很安於無知，不懂配電盤是用來控制與保護發電、變壓、輸電和送電的設備，在美國的年銷量超過一億美元。）史戴利克在公務上得到的指示比較偏向於口頭或書面的傳統形式，有口頭也有書面，有一些則透過比較不屬於知性面、而傾向依循內心直覺的溝通媒介，他稱之爲「衝擊」（從他的證詞來判斷，這可能跟前一種一樣多）。當公司裡有什麼事在他心裡留下了印象，他會拿出自己心裡的電壓表，衡量一下自己的震驚程度有多嚴重，並從中判讀公司政策的眞實意義。舉例來說，他作證指出一九五六年、一九五七年與一九五八年大部份時候他都相信，奇異的立場明確完全偏向於遵守「二〇．五」，但到了一九五八年秋天，史戴利克的直屬長官喬治．布倫斯（George E. Burens）告訴他，時任奇異總裁的帕克斯頓下了指令，要布倫斯去和艾惕益斷路器公司（I-T-E Circuit Breaker Company）的總裁麥克斯．史考特（Max Scott）共進午餐，這家公司是奇異在配電盤市場中的重要競爭對手。帕克斯頓自己作證時說，他確實有請布倫斯和史考特共進午餐，但有明確指示他不得談到價格，顯然布倫斯並沒有對史戴利克提到這項但書；史戴利克作證時說，無論如何，發現高層要求布倫斯去和主要對手共進午餐，「對我造成重大衝擊。」當史戴利克被要求詳細說明這一點時，他說：「有很多『衝擊』影響我對於公司態度的想法，這是其中一次。」隨著大大小小的衝擊慢慢累積，堆疊出來的衝擊效應最後向史戴利克傳達了一件事：他原以爲公司眞的遵守「二〇．五」，而他錯了。因此，到了一九五八年底，布倫斯命令史戴利克開始和競爭對手召開聯合定價會議時，他一點也不意外。

史戴利克聽從布倫斯的命令，最終又帶來一系列新衝擊，而且以更蠻橫的溝通方式呈現。一九六〇年二月，奇異因爲他違反「二〇．五」，把他的年薪從七萬美元降至二萬六千美元；一年後，甘尼法官因爲他違反《薛曼法案》判罰他三千美元與緩刑三十天；在那之後約過了一個月，奇異要求他辭職，他也照辦了。確實，史戴利克在奇異最後幾年，就像推理小說家雷蒙．錢德勒（Raymond Chandler）書裡的英雄一樣，遭受許多殘酷打擊。低壓配電盤部門的行銷單位經理葛鍾

（L. B. Gezon）也在聽證會上作證，他指出，史戴利克真的就像錢德勒書裡的英雄一樣，可以製造衝擊，也可以承受衝擊。葛鍾是史戴利克的直屬部屬，他對小組委員會說，一九五六年四月史戴利克成爲他的主管，之前他確實有參加過聯合定價的會議，但之後就沒有涉入過任何觸犯反托拉斯法之事，直到一九五八年年底，而那時他會這麼做是因爲一項衝擊之故，但此事不像史戴利克所說的早期經驗那般微妙。衝擊直接來自史戴利克，他完全不留機會讓部屬溝通。用葛鍾的話來說，史戴利克對他說：「要重啓議價會議；公司政策並未改變；如果我們的所作所爲曝光，我個人會被（公司）開除或懲戒，也會被政府處罰。」葛鍾有三個選擇：辭職、不聽從上級的直接命令（他想，如果是這樣，「他們可能會找別人代替我」），或者聽令行事從而觸犯反托拉斯法、躲不掉可能會發生的後果。簡言之，他能有的選項他能有的選項與國際間諜面對的沒什麼不同。

雖然葛鍾確實重啓議價會議，但他並沒有被起訴，很可能是因爲他是相對不重要的聯合定價者。奇異降了他的職，但沒有叫他走人。然而，假設這次經驗對葛鍾造成的衝擊相對輕微，那就錯了。凱弗維爾參議員問，他是否認爲史戴利克的命令害他處於難以承受的立場，他回答，當時他不覺得。被問到他是否認爲執行上級命令反而遭到降職很不公平，他回答：「我個人不這麼想。」從他的答案判斷，葛鍾在理性面和感性面都深受重創。

一位無知的副總

奇異公司內部溝通問題的另一面，是主管有可能難以理解部屬報告的訊息。兩個人的證詞生動地詮釋了這個問題：一九五七年初到一九五九年底擔任奇異變壓器部門總經理的雷蒙．史密斯（Raymond W. Smith），以及一九五七年十月時被任命為副總裁主掌奇異設備事業群、同時也是公司執行委員會成員的亞瑟．文森（Arthur F. Vinson）。前兩年擔任史密斯這個職位的人是吉恩，當文森拿到他的新職，就成為史密斯的直屬長官。史密斯在聽證會調查的這段期間內最高年薪約十萬美元，文森的底薪為十一萬美元，還有金額不定的分紅，從四萬五千到十萬美元不等。史密斯作證，一九五七年一月一日他正式接掌變壓器部門，就在這個假日，他和董事長柯丁納以及執行副總帕克斯頓見面，柯丁納照例要勸誡他一番，要他落實「二〇．五」。

然而，當年稍後，市場競爭極為激烈，變壓器的售價直接打了六五折，史密斯自己決定，也該和對手公司談判了，希望能讓市場穩下來。他說，他覺得他這麼做很合理，因為他相信，不管是在公司內部或整個產業界，這種談判是「時代潮流」。

十月，文森成為他的主管，此時史密斯已經常出席聯合定價會議，他覺得有必要讓新主管知道他在做什麼。對小組委員會說，也因此，他告訴小組委員會，有兩三次在日常工作場合只剩他們兩人時，他對文森說：「今天早上我和那幫人開過會。」小組委員會的律師問史密斯他是否曾經把事情說更白，比方說，他有沒有說過：「我們去和競爭對手開會，以便一起定價。我們要做一些私下安排，我不希望事情曝光。」史密斯回答說他從沒這麼直接了當說過，最多大概就是「今天早上我和那幫人開過會。」他並未解釋他為何沒有挑明，但有兩個合乎邏輯的可能跳了出來。他也許希望讓文森知道這件事，但同時又保護他免於承擔成為共犯的風險。或者，他可能沒這樣的打算，只是用他習慣的間接、口語說話方式來表達。（帕克斯頓是史密斯的密友，曾對史密斯抱怨過他說話「有些晦澀難懂」。」）無論如何，從文斯自己的證詞來看，他完全誤解了史密斯的意思，事實上，他根本想不起來聽過史密斯講「和那幫人開會」這種話，但他記得史密斯講過「嗯，我要執行這套變壓器產品新計畫，並讓哥們瞧瞧。」文森作證時說，他以為「哥們」指的是奇異的地區業務人員和公司客戶，「新計畫」指的是新行銷計畫；他說，他後來發現（那是幾年後此案爆發後的事了）史密斯講的「哥們」和「新計畫」，指的是競爭對手和聯合定價計畫，他非常震驚。「我認為史密斯先生是很真誠的人，」文森作證時說，「我很確定史密斯先生……認為他有跟我說他要去開這種會，但這對我來說不具任何意義。」

另一方面，史密斯很確定文森理解他的意思。「我從來不覺得他誤解我。」他面對小組委員會時如此堅稱。凱弗維爾之後詢問文森，一位像他這麼高階的企業主管，在電氣產業有三十多年的經驗，有沒有可能天眞到在這麼重要的事情上誤解部屬，錯誤理解「哥們」所指爲何？「我不認爲那叫太天眞，」文森回答，「我們有很多哥們……我或許天眞，但我講的是實話，在這件事上我確定我很天眞。」

凱弗維爾參議員：文森先生，如果你很天真，你就不可能成為年薪二十萬美元的企業副總。

文森先生：我想，我可以在這個面向很天真，同時也爬到這個位階。天真或許有用。

在這個完全不同的業務領域，溝通問題又浮上檯面。文森對凱弗維爾說的話，眞的是字面上的意思嗎？天眞地看待觸犯反托拉斯法，眞的能幫助一個人步步高升，在奇異得到一份年薪二十萬美元的工作嗎？顯然不太可能。那他的話中還有什麼別的意思？無論答案爲何，聯邦反托拉斯執法人員與參議院調查人員都無法證明，史密斯嘗試把他參與聯合定價一事告知文森時有成功達成目的，而且，由於缺乏證據，他們也無法證實他們竭盡全力想證實的事：在奇異的高階主管當中，至少有一個人（神聖的執行委員會裡的某個成員）涉案。事實上，最初陰謀敗露時，文森不僅同意公司大降史密斯的職級以示懲罰，他還親自告知史密斯這個決定；如果他眞的理解史密斯一九五七年對他傳達的訊息眞意，這兩項作爲就顯得非常虛僞且損人利己。（順帶一提，史密斯被甘尼法官罰了三千美元與緩刑三十天之後，他不接受降職處分，離開了奇異，在其他地方找到工作，年薪一萬美元。）

到底是誰說謊？

這不是文森和此案唯一有牽連之處。他也出現在大陪審團起訴書、待法庭處置的名單中，這一次無關乎他是否理解史密斯的用語，牽扯到的是配電盤部門的密謀行動。在本案的這個部分，配電盤部門有四位高階主管〔布倫斯、史戴利克、克拉倫斯．柏克（Clarence E. Burke）和法蘭克．韓薛爾（H. Frank Hentschel）〕在大陪審團前作證（之後在小組委員會前作證），指出在一九五八年七、八、九月的某個時候（他們當中沒有任何人能確定時間點），文森和他們在費城的奇異配電盤工廠B餐廳（Dining Room B）共進午餐，席間，文森指示他們要和競爭對手開會。他們說，一九五八年十一月九日在亞特蘭大市崔摩飯店（Hotel Traymore）召開了一場會議，就是因爲這道命令，奇異、西屋、阿里斯查爾默斯製造公司（Allis-Chalmers Manufacturing Company）、聯邦太平洋電力公司（Federal Pacific Electric Company）和艾惕益斷路器公司均派代表出席。會議中，分配好銷售給聯邦、各州與各市政單位的配電盤數量，奇異得到三九%的業務，西屋拿三五%，艾惕益拿十一%，阿里斯查爾默拿八%，聯邦太平洋電力拿七%。之後的會議，也達成銷售給民營單位的配電盤數量分配協議，並精心設計了一套公式，每兩周一輪，由參與密謀的各家廠商輪流向潛在客戶提出最低報價。因爲有周期性，有時候也被稱爲「月相公式」，這個特別的名稱最終在小組委員會和阿里斯查爾默斯公司的高階主管隆恩（L. W. Long）之間產生了以下頗具詩意的雞同鴨講：

凱弗維爾參議員：這個什麼移相者？月相者？成員有誰？

隆恩先生：到後來，這套所謂月相公司是由我下面的人執行，我想這指的應該是一個工作群……

（小組委員會大律師）費拉爾先生（Ferrall）：有沒有人向你報告過這件事？

隆恩先生：月相方案嗎？沒有。

文森對司法部的檢察官說過、也對小組委員會說了很多次，說他在事件爆發之前，完全不知道崔摩飯店會議、月相方案，也不知道有密謀這種事。至於B餐廳的午餐聚會，他堅持從來沒有回事。在這個時候，布倫斯、史戴利克、柏克和韓薛爾接受由聯邦調查局（ＦＢＩ）執行的測謊，每個人通過了。文森拒絕接受測謊，一開始他解釋雖然他本人願意，但律師建議他拒絕，聽說其他四人的測謊結果之後，他又主張如果測謊機不能測出他們說謊，測謊也沒什麼好處。經證實，七月、八月和九月間布倫斯、柏克、史戴利克和韓薛爾有八天在午餐時間人都在費城工廠，文森出示一些他的費用帳目，對司法部指出，這些帳目證明這幾天他都在別的地方。司法部看到這項證據之後，撤銷對文森的指控，他也續任奇異的副總裁。小組委員會從他那裡得到的任何訊息，都不足以推翻他那套打動檢方的辯護說詞。

就這樣，奇異的最高領導層級順利過關，毫髮無傷。紀錄顯示，參與密謀的人都來自組織裡的較低層級，並沒有向上延伸。大家都同意，葛鍾聽從史戴利克的命令行事，史戴利克則聽命於布倫斯，但在這裡走進死胡同了，因爲，雖然布倫斯說他聽令於文森，但文森否認，而且也證明了這一點。調查結束時，檢方在法庭上說他們無法證明、因此無法主張董事長柯丁納或總裁帕克斯頓授權進行密謀，甚至也無法證明他們知情，因此，正式排除他們至少有利用明確可辨的眨眼暗示來主導此事的可能性。之後，帕克斯頓和柯丁納來到華府，在小組委員會上作證，委員會的審訊人員也無法證明他們曾經使用任何形式的眨眼把戲。

都是真話，只是不在同一個頻率上

帕克斯頓是吉恩口中奇異公司裡最頑固、也最堅定擁護自由競爭的人，他對小組委員會說，他在這方面的想法並非直接傳承自亞當．斯密，而是受到他在奇異的前任長官、已故的傑拉德．斯沃普（Gerard Swope）影響。帕克斯頓作證時說，斯沃普向來堅信企業的最終目標是以更低的價格為更多人生產更多產品。「當時我認同，現在我也認同。」帕克斯頓說，「我認為，這是實業家說過最精闢的經濟哲學宣言。」作證期間，帕克斯頓針對幾個先前提到和他有關的聯合定價問題都有自有說明，有些是哲學性的，有些不是。比方說，後來有人提到，在一九五六、一九五七年時，奇異配電盤部門有一位年輕的基層員工傑瑞．佩吉（Jerry Page）直接寫信給柯丁納，指控奇異配電盤部門和幾家競爭對手陰謀策畫，以不同顏色的信紙當成密碼交換價格訊息。柯丁納把這個問題轉給帕克斯頓，下令他追究到底，帕克斯頓因此進行調查，他得到的結論是所謂顏色密碼陰謀「完全都是這男孩自己的幻想。」

帕克斯頓得出的結論明顯是對的，但後來爆出配電盤部門在一九五六年與一九五七年間確實有陰謀在進行，然而，執行的方式很傳統，就是透過聯合定價會議來決定，而不是什麼花俏的顏色密碼。因為身體狀況不佳，佩吉未被傳喚作證。

帕克斯頓勉強承認他在某些場合「想必非常駑鈍。」（不管是否駑鈍，以他擔任公司的總裁來說，薪酬金額比起文森就高太多了，他的底薪是每年十二萬五千美元，再加上每年的激勵獎金約十七萬五千美元，再加上讓他可以用低稅率領到更多錢的員工認股權。）對於公司的溝通，帕克斯頓在這方面顯得態度悲觀。聽證會上有人要求他評論一九五七年時史密斯和文森之間的對話，他說，他認識史密斯，他無法「把此人套入騙子的角色裡」，並接著說：

我年輕時很愛打橋牌，我們有四個人，每年冬天大約會打上五十局，我想我們還打得滿好的。如果各位先生也打橋牌，就會知道牌局進行當中搭檔之間會交流一些信號密碼，這是很固定的打牌方式……現在，我在想這件事時，當我讀到史密斯在證詞中講到他「和那幫人開會」或「和哥們開會」，我開始在想，在那些處理競爭的人之間，一定也有固定的溝通模式。如今，史密斯說：「我有跟文森說過我在做什麼」，文森卻完全不清楚史密斯到底跟他說了什麼，兩人都是在宣誓之下作證，一個人說有一個人說沒有，兩人說的都是事實……（他們）就是頻率對不上。（他們）講話的意思不一樣。我想，如今我相信這兩人都認為自己在說實話，但他們之間並未理解對方。

誠然，這是對溝通問題最爲悲觀的分析了。

從董事長柯丁納的證詞中，可以看出他的立場和波士頓知名上流權貴的卡波特家族（Cabot）很類似。他領取非常豐厚的薪酬（一九六〇年的年薪略高於二十八萬美元，再加上約十二萬美元的遞延所得（contingent deferred income），再加上價值上看幾十萬的員工認股權），他爲公司無疑付出極大心力，他的服務也很有價值，但是，至少以反托拉斯議題來說，他向來高高在上，在溝通上完全無法貼近基層。他很堅定地對小組委員會說，他從來不知道密謀集團網絡這件事。我們可以得出的推論是，以他來說，他的問題不在於溝通障礙，而是根本完全不溝通。他不像吉恩或帕克斯頓，他不跟小組委員會談哲理或哲學家，但從他過去一再發布「二〇．五」、他的演說內容以及他在公開場合大讚自由企業體系等紀錄來看，顯然他是法文所說的「un philosophe sans le savoir」（意爲：不自覺的哲學家），而且是站在上帝這一邊的哲學家，因爲援引的證據中沒有任何一項顯示他習於任何形式的眨眼花招。凱弗維爾詳閱一份列出奇異過去五十年來被控觸犯反托拉斯法的案例清單，問一九二二年就進入奇異的柯丁納，他有多了解這些案例，他的回答是通常他都是事後才知悉。吉恩證詞中講到厄班一九五四年時根本公然違反柯丁納直接下的命令，柯丁納評論此事時說，聽到這件事讓他「非常驚恐」而且「非常訝異」，因爲厄班的表現一向讓他認爲此人「有很強的競爭心態」，性格上不會任何會對競爭公司友好以對。

在他作證期間，柯丁納一直在用「有回應」這個很奇特的表達方式。比方說，凱弗維爾不小心同一個問題問了兩次，柯丁納會說：「剛才我有回應過了。」或者，當凱弗維爾打斷他（凱弗維爾常常會這麼做），柯丁納會很客氣地請求：「能否容我有回應？」這也是一個可供獲得各基金會獎助金的研究人員追蹤的小線索，可以深入檢視有回應（一種被動狀態）與回答（一種行動）的差異，以及這兩者在溝通流程中的相對效果。

凱弗維爾問他是否認爲奇異招致「恥辱」，柯丁納說：「我對此沒有回應，我不會說奇異招致恥辱。我會說，我們非常沉痛且非常憂心……這不是讓我引以爲榮的事。」

溝通這門哲學

董事長柯丁納在那時確實有對屬下幹部演講，要他們遵循公司規定與國家法律，聽的他們耳朵都長繭了，但還是未能讓所有幹部眞的循規守法，帕克斯頓可能也仔細想過，才得出他那兩位各說各話的部屬不是騙子的結論，他們只是不會溝通的兩個人。在奇異，大家都愛談哲學大道理，但沒什麼人愛溝通。多數的證人或者明說或者暗示，如果這些高階主管可以學著理解彼此，觸犯反托拉斯法的問題或許就有解。這個問題或許是技術面的問題，但也有可能是企業文化的問題，也和在大組織裡工作時個人認同就不見了有關係。漫畫家吉爾斯·菲佛（Jules Feiffer）也曾思考過溝通的問題，但不是在產業環境背景之下；他說：「事實上，溝通的斷裂是發生在自己和自己之間。如果你無法順利地和自己溝通，又如何能和外面的人溝通？」純粹從理論上來說，假設一家命令屬下要遵守反托拉斯法的企業老闆和自己都溝通不良，根本不知道他到底希不希望部屬聽從他的命令，因爲如果大家不遵守，操作出來的聯合定價很可能會讓他的公司大賺錢，但，如果大家都遵守，那他就是在做對的事。在前一種情況，他個人不會涉入任何違法犯紀的行爲，在第二種情況，他則是肯定在做正確的事，說起來，不管哪一種，他哪會有什麼損失？我們可以合理假設，這位高階主管溝通時傳達出的不確定，或許多過他傳達的命令內容。受到基金會贊助的研究人員或許可以檢視一下失敗的溝通當中的另一面，可能會發現傳達訊息的人發出的非正式訊息有時候傳的極快且成效絕佳，但當事人根本沒有理解到這一點。

在此同時，在小組委員會終結調查之後，絕對不容許這些被告企業短短幾年就把自己的踰矩犯行忘的一乾二淨。任何能證明自己因爲他們觸犯反托拉斯法而支付了過高價格的顧客，法律准許他們提起損害訴訟（在多數情況下，損害賠償爲三倍），訴訟金額達幾百萬美元，金額之高，使得華倫（Warren）主審法官必須籌組聯邦法官特別小組，以規畫如何處理訴訟事宜。不必多說，法庭也不容柯丁納忘記此事；確實，如果他還有機會去想別的，那也太讓人意外了，因爲，除了訴訟之外，他還必須面對一小群股東積極運作要他下台，最後並沒有成功。帕克斯頓一九六一年四月時因爲健康問題從總裁職位上退下來，當年一月時他做了一次大手術，他的身體至少從那時候就開始出問題了。至於認罪後被罰款或被判刑的高階主管，任職於奇異以外的公司的人，多數都留在原公司，有些任原職，有些則轉調類似的職務。在奇異任職的人，則無一人留下。有些人退休永遠退出業界，有些則屈就於比較低的職級，也有一些人找到更高的職務。境遇最好的是吉恩，一九六一年六月時，他成爲重型機械製造商鮑爾溫－萊馬－漢密爾頓公司（Baldwin- Lima-Hamilton）的總裁。說到電氣產業聯合定價未來會怎樣，我們可以說，在司法部、甘尼法官、凱弗維爾和三倍賠償訴訟等因素作用之下，對於引導企業政策的哲學家們造成了衝擊，他們（以及他們的部屬）很可能會有一段時間都小心翼翼地試著畫出一條界線。然而，另一個完全不同的問題是，不知他們的溝通能力會不會有長進。

第8章

美股最後一次大囤積

一家叫做「小豬商店」的公司

一九五八年春季至盛夏期間，美國主要的硬木地板廠商布魯斯公司（E. L. Bruce），股價從略低於十七美元的低位，飆漲至一九〇美元的高點。這波驚人、甚至令人不安的漲勢是逐步增強的，高潮是股價單日狂漲了一百美元，這是約三十年來僅見的事。更令人不安的是，布魯斯公司的股價飆漲，看來與基本面毫無關係，因爲美國民眾對硬木地板的需求並未驟然大增。令幾乎所有相關人士驚愕的是（相信包括布魯斯公司的一些股東也是），此波股價漲勢看來完全是人稱「囤積」（corner）[22] 的股市技術情況所致。除了像一九二九年那種普遍的市場恐慌外，囤積是股市所能出現的最激烈、最驚人的情況。在十九世紀和二十世紀初，囤積不止一次危及美國經濟。

但布魯斯事件絕不至於危及美國經濟。首先，相對於整個經濟體，布魯斯公司的規模極小，其股價再怎麼狂飆急跌，也不會影響整個美國。其次，布魯斯「囤積」事件是偶然發生的，是有人爭奪公司控制權意外產生的結果，而歷史上著名的囤積事件，則是有人刻意操縱某些個股所致。而且布魯斯事件最終證實並非眞正的囤積，只是近似的情況。該年九月，布魯斯的股票交易恢復平靜，股價在合理水準穩定下來。不過，那些曾見識過經典囤積事件（或至少最後一次）的冷酷華爾街老鳥，則因爲此事而被激起一些記憶，當中有些可能還含有懷舊之情。

一九二〇年代的「小豬危機」

一九二三年六月，小豬商店（Piggly Wiggly Stores）公司的股票，開始在紐約證交所掛牌交易。該公司經營自助式零售連鎖商店，業務主要在美國南部和西部，公司總部設在田納西州曼菲斯市（Memphis）。小豬商店股票的上市，爲俗豔的一九二〇年代最戲劇性的其中一場金融戰役搭好了舞台。當時，美國聯邦政府對華爾街的監管相當粗疏，而股票作手爲了自肥並摧毀敵人，暗地裡操縱股票，時常造成市場震盪。小豬商店這場戰役當時無人不知，以致報社編輯爲相關新聞擬標題時，可以簡單稱之爲「小豬危機」（Piggly Crisis）。這場戰役的戲劇性，有一部分在於男主角的性格（有人視他爲英雄，也有人視他爲惡棍）：一個桀驁不馴的鄉下人，在美國一大部分農村社會歡呼激勵下，剛涉足華爾街，便想重挫紐約精明老練的股票作手。

這個鄉下人便是來自曼菲斯的克萊倫斯．桑德斯（Clarence Saunders），是一名略胖、整潔、英俊的四十一歲男士，在家鄉已是一號傳奇人物，主要是因爲他正在爲自己建造的大宅。這座宏偉的大宅名爲「粉紅華邸」（Pink Palace），建築正面鋪上粉紅色喬治亞大理石，圍繞著一座非常氣派的白色大理石羅馬式中庭而建。桑德斯說，這座豪宅可以屹立千年。雖然尚未完工，粉紅華邸已超越曼菲斯史上所有建築。該棟豪宅將設有私人高爾夫球場，因爲桑德斯喜歡靜靜地打他的高爾夫——連他在等待粉紅華邸完工期間的臨時住處（他與妻子和四名孩子同住），也設有私人高爾夫球場。（有人說，桑德斯喜歡自己打高爾夫，是受當地鄉村俱樂部理事的態度影響。這些理事抱怨桑德斯給桿弟太多小費，荼毒了他們所有的桿弟。）桑德斯在一九一九年創立小豬商店，具有愛現的美國商人的多數標準特徵：慷慨得可疑、擅長吸引公眾注意，以及喜歡炫耀等。但他也有一些並不常見的特徵，尤其是講話和寫作時活潑、生動的風格，以及一種喜劇天賦（他是否

22譯注：囤積（cornerorner）與擠壓軋空（squeezequeeze）是商品期貨與現貨間最常見之操縱行為。所謂「囤積」乃指操縱者控制或支配可供交割之現貨數量，使賣空者被迫只能以操縱者指定之價格，結清其賣出部位，一如本章接下來的故事。而所謂「擠壓軋空」則指操縱者不採直接控制或支配之方式，而是藉其他原因使可供交割之現貨數量減少，造成供應不足的現象，以迫使相對交易者接受其所要求之價格；主要差別為前者更強調人為囤積控制標的供給之行為。

自知則不得而知。）但一如在他之前的許多偉人，他有一個悲劇性的缺點：他堅持將自己想成是鄉下人、笨蛋和易受騙的人。這種堅持，有時令他眞的成了這三種人。

全美交易的股票最後一場眞正的囤積，便是桑德斯策畫的。想不到，對吧？

在其全盛時期，股票囤積可說是一種遊戲——一種賭注巨大、不折不扣的賭博遊戲，具有撲克牌遊戲的許多特徵。囤積遊戲是華爾街多頭（希望股價上漲）與空頭（希望股價下跌）無休止競賽中的一個階段，在囤積遊戲進行期間，多頭的基本操作方法當然是買進標的股票，而空頭則是賣出股票。因爲一般的空頭手上完全沒有標的股票，他必須訴諸常見的賣空操作。空頭賣空，是靠向經紀商借來股票完成交易（要支付合理利息）。因爲經紀商只是仲介，並不擁有那些股票，他們必須自己去借來股票。他們仰賴在各投資機構之間流通的股票「浮動供給」（floating supply）——這些股票包括私人投資人爲了方便交易，存在某些機構的股票，以及在特定條件下釋出、可供借用的股票（由信託基金擁有，或是屬於某些人的遺產）。一檔股票的浮動供給，實質上就是該股並未被鎖在保險櫃或藏在床墊下，可供買賣的所有股票。雖然這種供給是浮動的，但市場人士會小心翼翼地追蹤變化。賣空者若向他的經紀商借入某個股一千股，他便是背了一千股的不變債務。他的希望——賦予他活力的希望——是該股的市價下跌，讓他能以較低價買回一千股以還清他的債，賺得的買賣價差則是他的獲利。而他承受的風險，是借出股票的人因爲某種原因，在市價處於高位時，要求他償還所借的一千股。此時，他便面對古老的華爾街順口溜中的可怕窘境：「他賣掉的股票不是他的，現在他必須買回來，或是去坐牢。」在股票囤積可能發生的年代，有一件事令賣空者更難安枕：因爲他往來的只是經紀商，永遠不知道是誰買了他賣出的股票（是某個有意囤積的人嗎？），也不知道是誰擁有他借入的股票（是那個有意囤積者在暗中操作嗎？）

雖然有時會有人譴責賣空操作，認爲這是投機客的手段，但在美國所有交易所，賣空仍是法規允許的操作，只是受到嚴格的限制。不受約束的賣空，是囤積遊戲中的標準手段。囤積通常是這麼開始的：一群空頭在精心部署之後，大肆賣空標的個股，而且通常還會散播謠言，指該上市公司捍衛股價的護盤操作很快就會結束——這便是所謂的空頭襲擊（bear raid）。多頭最強勁（風險當然也最大）的反擊，是嘗試囤積標的股票。囤積的標的，必須是正被許多人賣空的股票，正遭受空頭猛烈襲擊的個股是理想的囤積標的。如果有人想囤積正受空頭襲擊的個股，他會嘗試將投資機構手上的浮動供給全部買下來，並且盡可能買下該股落在私人手上的股票，直到他掌握的籌碼足以逼退空頭；如果他成功了，當他要求賣空者償還他們借入的股票時，賣空者只能向他買進所需要的股票。此時，無論他開出多高的價格，賣空者也只能接受；理論上，他們還有另外兩種選擇：宣告破產，或是因爲未能履約而坐牢。

在亞當．斯密的幽靈仍在華爾街微笑的很久以前，大型的金融生死鬥不時發生，囤積相當常見，而且往往極其「血腥」：數以百計的無辜旁觀者，以及參與戰鬥的當事人，隨時可能遭受財務上的「斷頭」之災。歷史上最著名的囤積者，是那個家喻戶曉的老掠奪者，外號「船長」的康內留斯．范德比爾特（Cornelius Vanderbilt），他在一八六〇年代策畫了至少三次成功的囤積。他的經典之作，應該是囤積哈林鐵路（Harlem Railway）的股票。他偷偷買進哈林鐵路所有股票，同時散播該公司即將破產的一連串謠言，誘使賣空者出手，成功設計了一個無懈可擊的陷阱。最後，他以賣空者救星的姿態出現，以每股一七九美元的價格，賣股票給那些無路可走的賣空者，拯救他們免於牢獄之災，而他買進這些股票的成本，只是其賣價的一個零頭。

造成最廣泛災難的囤積，是一九〇一年的北太平洋鐵路（Northern Pacific Railway）股票囤積事件：該股的賣空者爲了籌集他們回補部位所需要的巨額現金，賣出許多其他股票，結果造成全美市場恐慌，並且波及全球。倒數第二次大囤積發生在一九二〇年，策畫者爲艾倫．萊恩（Allan A. Ryan），美國菸草、保險和運輸業大亨湯瑪斯．萊恩（Thomas Fortune Ryan）的兒子。爲了騷擾他在紐約證交所的敵人，艾倫．萊恩嘗試囤積經典老爺車「斯圖茲熊貓」（Stutz Bearcat）製造商斯圖茲汽車公司（Stutz Motor）的股票。萊恩的囤積成功了，紐約證交所的賣空者慘遭壓榨。但螳螂捕蟬，黃雀在後：紐約證交所暫停斯圖茲汽車的股票交易，萊恩卷入冗長的訴訟，結果財務上嚴重受創。

但是，一如其他遊戲，囤積操作也受事後有關遊戲規則的爭執困擾。一九三〇年代美國的金融法規改革，禁止明確旨在打擊一檔股票的賣空操作，同時禁止導致囤積的其他操縱活動；如此一來，囤積已不可能發生。如今，華爾街人講的「corner」（「囤積」的英文），指的是百老匯街與華爾街的轉角。而美國股市的「囤積」，或是像布魯斯公司那樣的近似情況，只可能意外發生；克萊倫斯．桑德斯是最後一位故意的囤積者。

從南部鄉下上紐約

熟悉桑德斯的人對他的描述各有不同：有人說他「有無限的想像力和精力」、「極度傲慢自負」，也有人說他「本質上是個愛玩的四歲小孩」，或他是「那一代最傑出的人之一。」但毫無疑問的是，就連許多因爲他推銷的投資計畫而蒙受虧損的人，也認爲他爲人極其誠實。桑德斯在一八八一年出生於維吉尼亞州阿默斯特郡（Amherst County）一個貧窮家庭，十來歲時受雇於當地一家雜貨店，周薪僅四美元——商業大亨的第一份工作，薪水往往非常微薄。他學得很快，不久之後去了田納西州克拉克斯維爾（Clarksville）一家批發公司，然後轉到曼菲斯某間公司。二十幾歲時，他便籌辦了名爲「聯合商店」（United Stores）的小型食品零售連鎖公司。數年後，他賣掉聯合商店，自己做了一段時間的批發生意，然後在一九一九年，開始建立他的自助式零售連鎖商店生意，替它取了「小豬商店」這個非常有趣的名字。（曼菲斯一個生意夥伴，曾經問他爲什麼選擇這個名字，他回答：「這樣大家就會像你這樣，跑來問我原因。」）

小豬商店迅速擴展，到了一九二二年秋季時，已有超過一千兩百家商店，其中約六百五十家店由桑德斯的小豬商店公司全資擁有，餘者是個別店主擁有的加盟店——店主向小豬商店公司支付權利金，換取採用該公司受專利保護的營運方式之權利。在那個年代，食品雜貨店意味著有穿白圍裙的店員，而且賣東西往往偷斤減兩。因此，一九二三年《紐約時報》描述小豬商店的運作模式時，語帶驚訝地表示：「在小豬商店，顧客走過兩邊都是貨架的一條又一條通道。顧客拿著他們要買的東西，在離開時付款。」桑德斯發明了超市，雖然他並未意識到這件事。

小豬商店公司的生意迅速壯大，隨之而來的自然是公司的股票獲准在紐約證交所掛牌交易。掛牌不到六個月，小豬商店便獲許多人視爲支付可觀股息的可靠定存股——那種孤兒寡婦喜歡、不刺激的股票；投機客雖然對這種股票心存敬意，但毫無興趣，一如賭雙骰的人對橋牌的看法。不過，小豬商店的定存股名聲，僅維持很短的時間。一九二二年十一月，數家以「小豬商店」爲店名，在紐約、紐澤西和康乃狄克州經營雜貨店的小公司生意失敗，遭受破產管理人接管。這些公司與桑德斯的生意關係不大——他不過是收取權利金，授權對方使用小豬商店的有趣名字和商標，租給他們一些受專利保護的設備，除此之外別無關係。然而，這些獨立經營的小豬加盟店倒閉，看在一群股票作手的眼中（他們透過守口如瓶的經紀商操作，因此身分從未曝光），卻是對小豬公司股票發起空頭襲擊的天賜良機。他們的想法是：可以利用個別小豬商店倒閉的事實散播謠言，使不知情的公眾相信小豬商店的母公司也快要倒閉。爲了助長公眾的這種想法，他們便開始積極賣空小豬公司的股票，以求壓低股價。該股很快便屈服於他們施加的壓力：年初時徘徊在五十美元左右的小豬商店股價，在數周之間便跌破四十美元。

此時，桑德斯向媒體宣稱，他將藉由購買股票的行動：「在華爾街專業人士的專業上擊潰他們。」桑德斯本人絕非股票方面的專業人士；事實上，在小豬公司股票上市之前，他從不曾沾手紐約證交所掛牌的任何股票。在他這項購股行動開始時，我們沒有什麼理由相信他有意囤積小豬公司股票。他自己宣稱的動機無懈可擊，爲的只是支撐小豬公司的股價，以保護他與其他股東的投資；我們大有理由相信，他的動機眞的只是這樣而已。無論如何，他以他典型的衝勁對抗空頭，除了動用自己的資金之外，還向曼菲斯、納許維爾（Nashville）、紐奧良、查塔努加（Chattanooga）和聖路易的一群銀行業者借了約一千萬美元。根據民間傳說，他將千萬美元的大額鈔票塞進一只手提箱裡，坐火車到紐約，口袋裡塞滿手提箱裝不下的現鈔，昂然走到華爾街，準備與空頭大戰。

桑德斯晚年斷然否認此事，堅稱他當年留在曼菲斯，透過電報和長途電話聯繫華爾街各經紀商，主導他的股票操作。無論他當時身處何地，他確實召集了約二十名經紀商，包括擔任他幕僚長的傑西・李佛摩（Jesse L. Livermore）。李佛摩是二十世紀美國最著名的投機客之一，當時四十五歲，但偶爾還是有人帶著嘲諷的意味，用他數十年前得到的綽號「華爾街的作空少年」（Boy Plunger of Wall Street）來稱呼他。由於桑德斯認爲華爾街人，尤其是投機客，是社會的寄生蟲，是只想打壓他公司股票的惡棍，所以他與李佛摩結盟很可能並非是他自己所願，只是出於將敵人頭目招攬到自己陣營的想法。

機會！機會！有穩賺不賠的生意

在桑德斯與空頭對決的第一天，藏身經紀商背後的他，買進了三萬三千股小豬商店的股票，主要是接賣空者的貨。在一周之內，他已總共買進十萬五千股，占公司發行在外的二十萬股的一半以上。在此同時，他開始在美國南部和西部的報紙刊登一系列的廣告，以尖刻的言辭有力地告訴讀者他對華爾街的看法。他可以藉此宣洩情緒，但代價是洩露了自己的祕密。他在其中一則廣告中質問：「賭徒支配世界好嗎？他騎著白馬而來。虛張聲勢是他的鎖子甲，護著他怯懦的心。他的頭盔是欺騙，他的馬刺踢出背信之聲，他的馬蹄發出雷鳴般的毀壞聲響。好公司逃亡好嗎？好公司在恐懼中顫抖好嗎？好公司成為投機客的掠奪品好嗎？」另一頭在華爾街，李佛摩繼續買進小豬公司的股票。

桑德斯的購股行動很快見效：一九二三年一月底，他已將小豬公司的股價推高至六十美元上方，創出歷史新高。此時，芝加哥（小豬公司股票在這裡也有交易）傳來令空頭襲擊者更不安的消息：小豬公司股票遭到囤積，賣空者將必須向桑德斯求購，才能償還他們借入的股票。這項消息隨即遭到紐約證交所駁斥，該交易所宣稱小豬公司股票的浮動供給是充裕的。不過，這項消息可能使桑德斯心生一計，促使他於二月中做了一件奇怪和乍看之下高深莫測的事：他在另一則廣泛流傳的報紙廣告中表示，願以每股五十五美元的價格，向公眾出售五萬股小豬商店。該廣告令人信服地指出，該股每年配發股息四次，每次一美元，殖利率因此超過七%。接著，廣告沉著但迫切地指出：「這項提案不會長期有效，可以不經事先通知即撤回。這是少數幸運兒才能碰到的機會，一生難得一見。」

稍微熟悉現代經濟生活的人都會想知道，最後那兩句話如此「硬銷」，有責任確保所有金融廣告真實、客觀和不帶情緒的美國證交會會怎麼說。不過，如果桑德斯這第一則售股廣告會令證交會審查員臉色蒼白，他四天後刊登的第二則廣告，則大有可能令審查員氣到中風。這幅全版廣告，以巨大的粗黑體寫出吶喊之聲：

機會！機會！

它在敲門！它在敲門！它在敲門！

你聽到了嗎？你聽見了嗎？你明白嗎？

你還在等待嗎？還是現在就行動？

是出現了一位新但以理（Daniel）[23]，身陷獅穴卻毫無損傷嗎？

是出現了一位新約瑟（Joseph）[24]，能幫我們輕易解開謎團嗎？

是有一位新摩西誕生在新的應許之地嗎？

多疑的人問道：那麼，為什麼克萊倫斯·桑德斯可以對大眾如此慷慨？

在終於澄清他是在賣股票而非「蛇油」（沒有實質療效的萬用藥物）之後，桑德斯重申他以每股五十五美元出售小豬公司股票的提案，並解釋說，他如此慷慨，是因爲身爲富有遠見的商人，他迫切希望小豬公司由其顧客和其他小投資人擁有，而不是落到華爾街大鱷的手上。但在許多人看來，桑德斯簡直是慷慨到愚蠢的程度，當時小豬公司在紐約證交所的股價接近七十美元，他似乎是在提供這樣的機會：任何人只要能夠拿出五十五美元，都可以無風險地賺得十五美元。這世上是否出現了一位新但以理、新約瑟或新摩西，我們可以爭論，但機會看來確實是在猛力敲門。

不過，懷疑者是對的，這當中確實暗藏玄機。桑德斯的售股提案看似不合商業常理，對他個人代價高昂，但這名玩囤積的絕對新手，其實發明了囤積這遊戲歷來最狡猾的招數。囤積的一大危險，向來在於囤積者即使打敗了對手，也可能發現自己只是慘勝。一旦囤積者榨乾了賣空者，他可能會發現自己所囤積的大量股票成了頸上重擔；如果他一下子將這些股票全部推到市場上，該股的價格將崩跌至接近於零。而如果他像桑德斯那樣，必須先大量借貸才能玩囤積，他的債權人料將圍住他，可能令他不但失去軋空帶來的獲利，還將被迫宣告破產。顯然，桑德斯早在囤積有望成功時，便已料到此一危險，因此策畫在勝利前便賣掉部分持股，而不是等待勝利後再脫手。但他必須防止他賣掉的股票馬上成爲浮動供給的一部分（因爲這會導致他的囤積計畫失敗），

23 譯注：但以理表現優異，所以深受重用。但是，他遭到同事的忌妒、陷害，為了堅守信仰的原則，違反不得向王以外的其他神明或人祈求的禁令。結果，但以理被扔進獅子坑中，但耶和華派使者封住獅口拯救，所以他在餓獅群中安然度過。最後，控告他的人反而被獅子咬死。

24 譯注：《聖經》人物，有解夢的能力。

而他的方法是以分期付款的方式出售股票。他在二月的廣告中明確指出，公眾只能按下列方式向他買進每股五十五美元的股票：馬上付款二十五美元，餘款分三次支付，於六月一日、九月一日和十二月一日各付十美元。遠比這點更重要的是，他表示，他只會在收到最後一期交割款後，才會將股票（股權證書）交給買方。由於買方在收到股票之前顯然無法賣出，這些股票便因此不會成為浮動供給的一部分；如此一來，桑德斯一旦囤積成功，在十二月一日之前都可以榨乾賣空者。

事後看來，桑德斯的計謀或許不難看穿，但他這招在當年極不尋常，以致紐約證交所的理事和李佛摩都不確定這個曼菲斯人到底想做什麼。於是，證交所開始正式詢問此事，李佛摩也緊張起來，但他繼續替桑德斯買進小豬公司的股票，將該股的價格推到遠高於七十美元。在曼菲斯，桑德斯自在地休息；他暫停在廣告中宣傳小豬公司的股票，轉為歌頌蘋果、葡萄柚、洋蔥、火腿和巴爾的摩女士蛋糕（Lady Baltimore cakes）。但在三月初，他又刊登了一則金融廣告，重申他的售股提案，並邀請想與他討論此事的讀者，到他的曼菲斯辦公室找他。他還強調，時間不多了，要買要快。

此時，桑德斯的囤積意圖已經顯而易見，在華爾街開始恐懼的人，並非只有賣空小豬公司股票的人。李佛摩可能因為想起自己在一九○八年，曾經因為嘗試囤積棉花而損失近百萬美元，終於忍不住要求桑德斯到紐約，將事情說個清楚。桑德斯在三月十二日早上到達紐約，後來他向記者描述此次會面，說雙方意見分歧。他說，李佛摩「給我的印象，是他有點擔心我的財務狀況，而他不想卷入任何市場崩盤事件」；桑德斯的語氣就像一個自身充滿自信的人，剛剛令「作空少年」顯得膽小如鼠。此次會面的結果，是李佛摩退出小豬商店的股票操作，由桑德斯自己來處理。然後，桑德斯坐火車去芝加哥，處理那邊的一些事務。

在奧爾巴尼（Albany），桑德斯接到證交所一名會員的電報；此人是他在那些騎著白色戰馬、身穿鎖子甲的華爾街人當中，最像是朋友的一位。該電報指桑德斯的古怪行爲，令證交所的理事搖頭不已，並敦促他停止以遠低於證交所報價的價格，招攬公眾購買他手上的股票，因而製造出證交所以外的市場。結果，桑德斯在下一個火車站回了一封相當冷淡的電報，表示如果證交所是在擔心他囤積股票，他可以向各位理事保證絕無此事，因爲他本人一直在維持小豬公司股票的浮動供給，每天都在滿足市場人士借股票的需求，無論他們想借多少。但是，他並未說明他將繼續這麼做到什麼時候。

危機來襲

一周之後，也就是三月十九日周一，桑德斯刊登報紙廣告，表示他的售股提案即將撤回，這是最後的機會。他後來宣稱，當時他已經購入小豬公司股票共十九萬八八七二股；也就是說，該公司發行在外的二十萬股，只有一一二八股並非在他手上。他手上的股票，有些是他擁有的，有些則是他「控制」的——也就是他在分期方案中售出，但股權證書仍在他手上的股票。不過，他手上確切有多少股是可爭論的，例如羅德島普洛威頓斯（Providence）便有一位私人投資人持有一千一百股，但不可否認的是，小豬公司可供交易的股票，幾乎都已在桑德斯的手上，因此他的囤積計畫成功了。據說就在這一天，桑德斯致電李佛摩，問他是否已不再生氣，願意幫他完成他的小豬公司股票操作，要求之前向他借股票的人，歸還全部股票。李佛摩願意幫他收網，將賣空者一網打盡嗎？顯然，李佛摩認爲自己與此事再無關係，因此斷然拒絕了桑德斯。所以就在第二天，也就是三月二十日周二，桑德斯發出還券要求，自己收網。

這一天，華爾街市況震盪。小豬商店開盤報七五．五美元，較上日收盤升五．五美元。開盤後一個小時，證交所接到消息：桑德斯已要求歸還他借出的全部小豬公司股票。根據證交所的規定，在這種情況下，券主要求歸還的股票，必須在翌日下午兩點十五分之前交還。但是，一如桑德斯所知，小豬公司的股票都在他的手上——當然，還有少數股票在私人投資人手上——而狗急跳牆的賣空者爲了嘗試取得這些股票，不斷地提高他們的求購價格。但總的來說，因爲市場上可供買賣的小豬公司股票極少，該股實際上沒有多少成交量。在紐約證交所的交易大廳，標示該股買賣處的柱子周圍就像暴亂現場，大廳裡三分之二的經紀商圍在這裡，只有少數人眞的開出求購價，其他人只是在推擠、喊叫和湊熱鬧。

陷入瘋狂的賣空者買進小豬公司股票的價格節節升高：先是九十美元，接著是一〇〇，然後是一一〇。不時傳出有人得到驚人獲利。當那名普洛威頓斯投資人在去年秋天，空頭猛烈襲擊小豬公司股票時，以每股三十九美元購入一千一百股；此時他來到紐約獲利了結，以平均每股一〇五美元出清他的持股，下午便帶著逾七萬美元的盈利，搭火車回家了。事後看來，如果他再等一會，還可以賺更多；到了中午左右，小豬公司的股價已漲至一二四美元，看來勢將衝破交易大廳高聳的屋頂，直飛上天。不過，一二四美元已是當日的最高價，因爲該股剛觸及這個價位，交易大廳便已收到傳聞——證交所理事正在開會，考慮暫停小豬公司股票的交易，同時延後賣空者還券的期限。如果他們眞的這麼做，賣空者將獲得更多時間，四處搜尋小豬公司的股票；如此一來，即使未能藉此打破桑德斯的囤積，也可以減輕其衝擊。單單因爲這個傳聞，小豬公司股價在收盤鐘聲結束這混亂的一天時，已跌至八十二美元。

結果，傳聞證實是眞的。當天收盤後，證交所管理委員會宣布小豬公司股票暫停交易，賣空者還券的期限也延後：「直到本委員會另有決定。」該委員會並未正式解釋其決定，但部分委員私下表示，他們擔心若不打破此次囤積，北太平洋鐵路恐慌事件恐將重演。另一方面，一些直率的旁觀者則傾向相信，陷入囤積陷阱的賣空者處境可怕，證交所管理委員會可能是同情他們，因爲當中許多人據信是證交所的會員，就像兩年斯圖茲汽車囤積事件那樣。

儘管如此，人在曼菲斯的桑德斯，當天傍晚歡欣雀躍，畢竟當時他的帳面利潤高達數百萬美元。問題當然在於他無法實現這些盈利，但他似乎太晚才認識到這項事實；也可以說，因爲他太晚才認識到，他的處境其實已變得很不妙。種種跡象顯示，當天他臨睡前確信自己已親自嚴重擾亂他憎惡的證交所，在個人賺了一大票之餘，還示範了一名南方窮小子可以如何教訓一幫城市老千。這一切加起來，是一件令人陶醉的轟動大事，可惜一如多數此類事件，這種興奮持續不了多久。周三傍晚，桑德斯第一次就小豬危機公開發言時，心情已經改變，古怪地夾雜著不解和不服，已找不到多少昨日勝利帶來的自得之情。

他在接受媒體訪問時宣稱：「我會忽然無預警地拆掉華爾街和它那幫賭徒及市場操縱者的台，打個比喻來說，是因爲我覺得有把剃刀架在我的喉嚨上。問題只是我、我的生意和我朋友的財富能否保得住，還是我將被擊垮，然後被嘲笑是一個來自田納西州的笨蛋。結果是那些愛自誇和據稱無懈可擊的華爾街有力人士，會發現自己的那一套，被精心布置的計畫和快速的行動打敗了。」桑德斯在他的聲明結尾提出他的條款：儘管證交所已延後還券期限，他期望欠他股票的人在第二天（周四）下午三點之前，以每股一五〇美元的價格與他了結債務；錯過這次機會，他的價格將是二五〇美元。

華爾街版的南北戰爭

周四這一天，出乎桑德斯意料的是，只有很少賣空者前來結算所欠的股票——他們想必是無法忍受拖下去的風險。然後是證交所管理委員會拆桑德斯的台：該委員會宣布，小豬公司的股票從紐約證交所永久下市，而賣空者還券的期限延長整整五天，也就是延到下周一下午兩點十五分。桑德斯這次雖然遠在曼菲斯，但不會再忽略事態的重要性了，因爲他現在陷入劣勢。他也看到，延後賣空者的還券期限是關鍵議題。那天傍晚，他在交給記者的聲明中表示：「根據我的理解，經紀商若在規定時限內，未能滿足證交所的結算要求，情況有如銀行未能滿足其結算要求，而我們都知道這種銀行的下場……銀行監理官將在該銀行大門貼上『結束營業』的標示。對我來說，威嚴和全能的紐約證交所不履行義務是不可思議的事。因此，我仍然相信，外界欠我的股票，將在適當基礎上結算。」《曼菲斯商業訴求報》（*Memphis Commercial Appeal*）的一篇社論，支持桑德斯對證交所的背信指責，內文寫道：「事情看來就像賭徒所說的賭輸不認帳。我們希望我們的同鄉徹底打敗他們。」

湊巧的是，小豬商店就在周四這天公布年度財報，該公司的業績非常好：營業額、盈利、流動資產和所有其他重要數字全都顯著優於上年。但是，完全沒有人注意這份財報，因爲這家公司的眞正價值暫時無關緊要，關鍵在囤積事件上。

周五早上，小豬公司的股價泡沫破滅了。原因是桑德斯雖然之前宣稱，在周四下午三點之後，他的結算價將調高至二五〇美元，但他現在又驚人地宣布：他接受欠券者以每股一百美元與他結算。有人問桑德斯的紐約律師布拉福（E. W. Bradford），桑德斯爲何會忽然做出如此巨大的讓步。布拉福勇敢答道：「桑德斯這麼做，是出於他內心的慷慨。」但事實很快顯示，桑德斯讓步是迫不得已。證交所延後還券期限，使得賣空者和他們的經紀商，有機會根據小豬公司的股東名冊，仔細尋找未落入桑德斯手上的股票，而他們眞的找到了少量此類股票。

由於阿布奎基市（Albuquerque）和蘇城（Sioux City）的孤兒寡婦，完全不知道什麼是賣空和囤積，所以當有人上門求購時，他們非常樂於找出藏在床墊下或保險櫃中的十股或二十股小豬公司股票，以購入價的至少雙倍價格賣出。小豬公司的股票已自證交所下市，所以這種買賣是所謂的場外交易，當許多賣空者得以藉由場外交易，以每股約一百美元的價格買進小豬商店的股票，他們心裡多少帶著苦澀的快感，因爲他們可以將這些當時完全不想再碰的股票還給他們的曼菲斯敵手，不必按照每股二五〇美元的條件了結股票債務。到了周五傍晚，或是透過場外交易購股還券，或是以桑德斯忽然大幅調降的每股一百美元了結，幾乎所有的賣空者都已還清他們所欠的股票。

那天傍晚，桑德斯再發出一份聲明，雖然他仍不服氣，但這份聲明無疑是在大聲申訴他的痛苦。聲明寫道：「華爾街遭受痛擊，於是呼喊『媽媽』。紐約證交所擁有巨大權力去毀滅膽敢反對它的人，這點在美國所有機構中是最惡劣的。這個機構不受法律約束……這群人認爲自己有權做一件從不曾有君主或獨裁者敢做的事：制定契約的執行規則，原本今天明明還適用，但明天爲了袒護一群賭輸不認帳的人，就忽然廢除規則。……從今天起，我餘生的目標，是致力保護公眾免受這種任意行使的權力危害。……我不害怕。華爾街人有本事就捉住我吧！」但看來華爾街人已然捉住他，因爲他的囤積被打破了，他對南部一群銀行家欠下巨款，而且他手上盡是短期前景十分危險的一大堆股票。

華爾街也注意到桑德斯的嚴厲指責，紐約證交所覺得有必要替自己辯解。三月二十六日周一，在小豬公司股票賣空者的還券期限過去不久，而桑德斯囤積事件實質上已成歷史之後，紐約證交所公布一份完整檢視小豬危機的長篇報告，作爲它的書面辯解。證交所提出理據時，強調如果不打破桑德斯的囤積，公眾可能會受到嚴重危害：「同時執行所有的還券契約，將迫使該股價格升至桑德斯先生設定的任何水準。如果市場競購供給嚴重不足的股票，可能會產生先前囤積事件造成的情況，尤其是一九〇一年的北太平洋鐵路事件。」然後，這份聲明的語調轉爲誠懇，證交所接著表示：「這種情況所造成的沮喪效應，並非僅限於受契約直接影響的人，還會波及整個市場。」至於證交所的兩項具體措施——暫停小豬商店的股票交易，以及延長賣空者的還券期限，當局表示，兩者皆是證交所的章程和規則所允許的，因此無可指責。放在今天，這項說法或許顯得傲慢，但紐約證交所當時這麼說有它的理由：當年的股票交易，基本上只受證交所的規則規管。

即使根據他們自訂的規則，紐約的城市滑頭在這場囤積遊戲中，是否公平對待那個南方笨蛋，至今仍是金融史研究者爭論的問題。種種跡象強烈顯示，城市滑頭後來對自己也有懷疑。紐約證交所有權暫停一檔股票的交易，這是無可質疑的，因爲一如證交所當時宣稱，這是證交所章程明確賦予它的權力。另一方面，證交所當時雖然也宣稱，它有權延長賣空者履行還券義務的期限，但它是否眞的有權這麼做，卻是可質疑的。一九二五年六月，在桑德斯囤積事件兩年之後，紐約證交所顯然覺得有必要修改章程，於是在章程中加入下列條款：「管理委員會如果認爲證交所掛牌的一檔證券已出現囤積的情況……管理委員會可以延遲該證券交易契約之履行。」事後訂定規則授權自己做一件老早就做過的事，由此看來，紐約證交所對自己之前的作為，至少是感到心虛的。

熱情支持的南部鄉親

小豬危機的即時效應是很多人同情桑德斯。在美國內陸地區，民眾視他為弱勢者的英勇戰士，但被有權有勢者無情地壓垮了。即使在證交所所在地紐約市，《紐約時報》也在社論中承認，在許多人的心目中，桑德斯有如屠龍英雄聖喬治（Saint George），而紐約證交所則是惡龍。該報表示，惡龍最終勝利：「對這個至少三分之二國民是『笨人』的國家是壞消息；這些國民看到一個笨人衝擊華爾街的利益，一腳踩在華爾街的脖子上，眼見邪惡的操縱者奄奄一息時，一度覺得自己要勝利了。」

當然，桑德斯也不會忽略這一大批同為笨人的支持者，他致力設法利用這股力量。而且，他眞的需要他們，因為他的處境實在危險。他最大的問題是，如何處理他欠銀行業者的一千萬美元；他現在可是拿不出錢來還這筆債，因爲此次他囤積的基本計畫（如果他有計畫的話），應該是藉著壓榨空頭賺得暴利，然後加上他向公眾出售股票的所得，在還清銀行貸款之餘，還可以乾淨俐落地持有大量小豬商店的股票。雖然以多數人的標準，他把給賣空者的結算價大幅調降至一百美元，已經賺了一大票（確切數額並不清楚，但可靠估計約爲五十萬美元左右），但這筆錢遠遠低於桑德斯的期望，他的整項計畫因此有如一道少了頂部拱心石的拱門。

桑德斯將他從賣空者那邊收到以及向公眾售股的所得交給銀行業者後，發現自己仍欠他們約五百萬美元，當中有一半必須在一九二三年九月一日償還，餘款則必須在一九二四年一月一日還清。他最有希望成功的籌資方法，是賣掉一部分手上持有的大量小豬公司股票，但由於他已經不能在證交所賣股票，所以他訴諸他喜歡的自我表達方式——報紙廣告，再度以每股五十五美元的價格，向公眾推銷小豬公司的股票。不幸的是，他很快便看清一項事實：公眾同情你是一回事，要他們把這種同情轉化爲對你的現金支持則是另一回事。無論是在紐約、曼菲斯，還是特克薩卡納（Texarkana），人人都知道小豬商店最近出現過股票投機衍生的險惡局面，而且該公司總裁的財務狀況相當可疑，所以現在連桑德斯的那些笨人支持者也不願意與他交易了。結果，桑德斯這次售股計畫慘澹收場。

桑德斯無奈接受此一事實，決定另闢蹊徑，訴諸曼菲斯鄉親的地方榮譽感，利用他出色的遊說能力，使他們相信他的財務困境是一個公民議題。他說，如果他破產，不僅會損害曼菲斯的名聲，令人以爲曼菲斯人沒有商業頭腦，還會令整個南部沒面子。他登了多則大篇幅的廣告——他總是能找到錢付廣告費——其中一則寫道：「我不求施捨，也不求有人送花到我的財務喪禮，但我確實希望……曼菲斯所有人皆能夠認識到，這是一項認真的聲明，用意是告訴那些希望在此事提供協助的人，可以和我、其他朋友及相信我的生意的人合作，來參與這場曼菲斯運動，使這座城市中每個力所能及的人，都成爲小豬商店的生意夥伴，因爲首先它是一項良好的投資，而且這是一件正確的事。」他在第二則廣告中將此事講得更爲崇高，宣稱「小豬商店遭毀滅，將是整個南部的恥辱。」

我們很難知道到底是哪項論點發揮了關鍵作用，使曼菲斯人相信他們應當拯救桑德斯，但總之他的某些說法奏效，《曼菲斯商業訴求報》很快便敦促市民支持桑德斯這位陷入困境的鄉親。該市商界領袖的反應，令桑德斯大受鼓舞。他們策畫了旋風式的三天活動，目的是向曼菲斯市民出售五萬股小豬公司股票，價格仍是那個神奇的數字：每股五十五美元。爲了確保買家不會成爲冒險認購的少數人，桑德斯保證將在三天內賣出整批股票，否則取消全部交易。

不僅曼菲斯商會贊助這項活動，美國退伍軍人協會（American Legion）、西維坦俱樂部（Civitan Club）和國家交流俱樂部（National Exchange Club）也都支持，甚至連小豬商店在曼菲斯的競爭對手鮑爾斯商店（Bowers Stores）和艾羅商店（Arrow Stores），也同意幫忙宣傳這件值得做的事。數百名富公民意識的志工加入活動，挨家挨戶推銷。五月三日，也就是三天售股期開始前五天，兩百五十名曼菲斯商人聚集在蓋爾索飯店（Gayoso Hotel），舉行這項活動的揭幕晚宴。桑德斯與妻子進入宴會廳時，現場響起歡呼聲。當天餐後有多人演講，其中一人說桑德斯「對曼菲斯的貢獻，千年來無人能比」——這驚人的讚美，不知將多少位契卡索（Chickasaw）印地安酋長置於何地。《曼菲斯商業訴求報》一名記者這麼描述這場晚宴：「生意上的競爭和個人間的分歧，有如霧氣遇上太陽，消失無蹤。」

這場售股活動的開局也令人十分讚嘆，在五月八日活動開始這一天，社交界女士與童軍在曼菲斯街上遊行，身上的徽章寫著「我們百分之百支持克萊倫斯．桑德斯和小豬商店。」商戶在櫥窗上貼出海報，上面寫著「家家都買一股小豬商店」的口號。電話和門鈴聲響個不停，五萬股小豬商店的股票，很快就有二萬三六九八股獲得認購。多數曼菲斯人非常神奇地相信了一件事：幫忙推銷小豬公司的股票，就像幫紅十字會和公益金籌款那麼振奮人心。

救援行動慘遭滑鐵盧

不過，正是在這個時候，令人厭惡的疑慮醞釀成熟，一些「惡毒」的人突然要求桑德斯讓人當場查他公司的帳。不知出於什麼原因，桑德斯拒絕了查帳要求；但爲了安撫懷疑者，他表示如果「有助售股行動」，他願意辭去小豬公司總裁一職。沒有人要求桑德斯辭職，但在售股活動的第二天，也就是五月九日，小豬公司董事會任命了一個四人的監督委員會，由三名銀行業者和一名商人組成，在事態穩定下來之前，暫時幫助桑德斯管理公司。就在這一天，桑德斯遇到另一件尷尬的事：這項售股活動的領袖們質疑，在整個城市義務替他效力之際，爲什麼他還在打造那座耗資數百萬美元的粉紅華邸？桑德斯倉促回答，表示他的豪宅第二天馬上全面停工，而且在他的財務前景恢復樂觀之前，不會復工。

這兩件事引發的疑慮，令售股活動停滯不前。在第三天結束時，認購的股數仍然不足兩萬五千股，所有交易因此宣告取消。桑德斯被迫承認售股失敗，據說當時他說了這句話：「曼菲斯慘敗了。」不過數年後，當他再次需要在曼菲斯籌資開創新事業時，曾竭力否認自己說過這句話。如果他眞的說過這種魯莽的話，那是不足爲奇的，因爲他當時顯然承受著極大的精神壓力。就在宣布售股活動無奈失敗之前，他與數名曼菲斯商界領袖閉門會面，結束時他臉頰瘀青，衣領遭撕裂。與他會面的人，則完全不見有受到暴力對待的跡象，這眞是桑德斯倒霉的一天。

雖然外界從未能證實桑德斯在囤積操作的期間，曾經盜取小豬公司的資金，他在售股活動失敗後的第一項商業舉措，顯示他拒絕外界當場查小豬公司的帳，是大有理由的。在監督委員會的反對下，桑德斯開始出售一些小豬公司的商店，這等於是清算公司的一部分，而且沒有人知道他將在何時停止。首先是芝加哥的店被賣掉，不久後是丹佛和堪薩斯城的。桑德斯的公開說法是公司需要資金，以便買進遭公眾唾棄的股票。但是，小豬公司當時是否眞的那麼迫切需要資金是有疑問的——是否需要買回自家股票也有疑問。桑德斯在六月時還高興地說：「我已經打敗華爾街和他們整幫人」，但是到了八月中，償還兩百五十萬美元的期限（九月一日）已經迫在眉睫，而他手上和可望取得的現金仍然遠遠不足，因而他決定辭去小豬公司總裁一職，將自己的財產交給債權人——包括他持有的小豬公司股票、他的粉紅華邸，以及所有其他財產。

桑德斯個人和他管理的小豬公司失敗，此時只待一項正式結論。八月二十二日，紐約拍賣行亞德里安．穆勒父子（Adrian H. Muller & Son）以每股一美元的價格——沉到谷底的股票通常是賣這個價——賣出一千五百股小豬公司的股票。該拍賣行因為經手許多此類接近不值分文的股票，其拍賣室有「證券墳場」之稱。翌年春天，桑德斯經歷正式的破產程序，不過這些事只是反高潮。桑德斯事業上的眞正谷底，很可能是他被迫辭去小豬公司總裁那天，在他的許多仰慕者看來，他正是在那天達到他修辭上的顛峰。那天，他在開完董事會議後會見記者，神情苦惱但仍有傲氣，在宣布辭職後現場一陣靜默，然後他以嘶啞的聲音說道：「他們得到小豬的身體，但得不到它的靈魂。」

打不倒的傳奇人物

如果桑德斯說的小豬公司靈魂是指他本人，那麼這個靈魂確實仍是自由的，可以自由地走他飄忽不定的路。他從不曾再冒險嘗試囤積，但也絲毫不消沉。雖然已正式破產，桑德斯還是能找到眞正信任他、願意資助他的人；他們使他得以繼續過很好的生活，只是略微不如以前奢華。他失去了自己的高爾夫球場，只能去曼菲斯鄉村俱樂部（Memphis Country Club）打球，但他打賞桿弟的小費，俱樂部理事仍然認爲太超過了。他確實不再擁有粉紅華邸，但能夠令他的鄉親想起他的惡運的，幾乎也只有這件事。他那未完工的圓頂娛樂場，最終落在曼菲斯市政府手上，當局撥款十五萬美元，將它建成一座自然史與工藝博物館，這棟建築使桑德斯的傳奇故事在曼菲斯流傳下去。

事業失敗之後，桑德斯在接下來的三年間，主要是嘗試替自己在小豬事件中所受的委屈討回公道，同時阻止他的敵人和債權人令他的日子變得更難過。有一段時間，他不斷威脅要控告紐約證交所共謀和違約罪，但在一些小豬公司小股東提出的試驗性訴訟失敗後，他打消了這個念頭。然後在一九二六年一月，他聽到聯邦政府即將起訴他在向公眾推銷小豬公司股票時犯了郵件詐欺罪。他誤以為是曼菲斯同鄉約翰．伯奇（John C. Burch）慫恿政府起訴他；伯奇在小豬商店人員大改組之後，成了公司的財務主管。桑德斯再次失去耐性，前往小豬公司總部與伯奇對質。對桑德斯來說，此次會面的結果，遠優於他在向曼菲斯市民宣布售股失敗那天與數名商界領袖的會面。桑德斯說，伯奇「結結巴巴地否認」指控，而桑德斯一記右拳打中他的下巴，將他的眼鏡打飛，不過並未造成多少其他損傷。伯奇事後將桑德斯那記右拳貶為「輕輕一擦」，而且加了一句話替自己辯解，聽起來像是一名在比賽中失分的拳擊手：「那次攻擊來得非常突然，以致我沒有時間或機會去打桑德斯先生。」但他拒絕控告桑德斯。

大約一個月之後，政府起訴桑德斯郵件詐欺，但此時桑德斯已確信伯奇並未做過任何骯髒事，因此他又回到和藹的老模樣。他愉快地表示：「在這個新事件中，我唯一的遺憾，就是打了約翰．伯奇一拳。」這個新事件很快了結，曼菲斯地方法院於四月撤銷對桑德斯的起訴。桑德斯與小豬公司終於兩不相欠，此時該公司已蓄勢待起，在經過大改革的企業架構下，生意一直興旺至一九六〇年代。總部設在佛羅里達州傑克遜維爾市（Jacksonville）的小豬公司，藉由特許經營協議，授權數百家商店以小豬商店的名義經營；家庭主婦繼續在這些商店的通道間閒逛購物。

桑德斯也已準備好東山再起。一九二八年，他創辦了另一家食品雜貨連鎖公司，命名爲「克萊倫斯・桑德斯（我名字的唯一主人）商店公司」（Clarence Saunders, Sole Owner of My Name, Stores, Inc.）——也只有他才會取這樣的公司名。不久後，人們將該公司的門市稱爲「唯一主人商店」。但事實上，這些店恰恰並非只有一名主人，因爲若不是獲得忠實金主的支持，它們只能存在桑德斯的構想中。不過，桑德斯以「唯一主人」來命名公司，並非有意誤導公眾；他只是以諷刺的方式提醒世人，在他被華爾街徹底擊潰之後，他眞正完全擁有的，幾乎只剩下他的名字了。然而，有多少唯一主人商店的顧客或證交所理事理解到這點，則大有疑問。無論如何，這些新商店很快就受到市場歡迎，業績非常好，讓桑德斯從破產回到富裕狀態，在曼菲斯城外買了一座價值數百萬美元的莊園。此外，他還組織並資助一支職業美式足球隊，名爲「唯一主人老虎隊」（Sole Owner Tigers）。這項投資在秋日午後帶給他很大的滿足，他可以聽到「啦！啦！啦！唯一主人！唯一主人！唯一主人！」的歡呼聲響徹整個曼菲斯體育場。

可惜的是，桑德斯的光輝歲月又一次匆匆結束。一九二九年經濟大蕭條一開始，唯一主人商店便受重創；一九三〇年公司破產，桑德斯再一次一文不名。不過，他再度振作起來，度過了這場災難。他找到金主創辦另一家食品雜貨連鎖公司，而他替公司取的名字比之前兩家公司更古怪，叫做「奇度索」（Keedoozle）。但他不曾再次發財，也不曾再買一座價值數百萬美元的莊園，雖然他顯然總是期望自己能夠做到。他將希望寄託在奇度索上，這家商店的概念是利用電動機器，提供全自動的零售服務。桑德斯生命的最後二十年，大部分時間都花在致力於完善這種業務模式上。在一家奇度索商店，商品展示在玻璃板的後面，每個櫃前有一台機器，就像以自動販賣機提供食物的快餐店那樣。但是，兩者的相似處僅此而已，奇度索的顧客並不是投幣後打開櫃門取出商品，而是插入他們進店時取得的一把鑰匙。桑德斯的設計遠遠超越用鑰匙打開櫃門的基礎程度，在奇度索的鑰匙插入機器後，顧客選擇什麼商品會記錄在鑰匙內置的磁帶上，而商品會自動經由輸送帶送到商店出口處。等顧客完成購物後，將鑰匙交給出口處的店員，他會讀取鑰匙磁帶上的資料，替顧客結帳。待顧客付款後，輸送帶末端的一個裝置，便會將已封裝好的商品送到顧客手上。

桑德斯試開了兩家奇度索商店，一家在曼菲斯，另一家在芝加哥。但實驗證明，奇度索的機器太複雜、太昂貴了，無法與超市的手推車競爭。不過，桑德斯並未氣餒，他還著手研究另一種更複雜、精巧的系統——富德伊雷翠克（Foodelectric），它除了具備奇度索系統的所有功能外，還能算出顧客該付的金額。但這套系統從不曾衝擊零售商店設備市場，因爲桑德斯於一九五三年十月逝世時，它仍未研發成功。如果桑德斯再活五年，他將能看到布魯斯公司的「囤積」事件；果眞如此，他完全有資格嘲笑那只是小蝦米之間的小打小鬧。

第9章 華府高官的第二人生
商人大衛・李蓮道

小羅斯福擔任美國總統期間，華爾街與華府的關係相對緊張，當時在華爾街眼中，最能代表總統「新政」的，除了小羅斯福本人之外，可能就是大衛・埃利・李蓮道（David Eli Lilienthal）了。曼哈頓南端對李蓮道有此看法，並非因爲他有什麼具體的反華爾街行爲；事實上，曾與李蓮道有私人交往的若干金融業人士，包括溫道・威爾基（Wendell L. Willkie），普遍覺得他是那種通情達理的人。華爾街認爲李蓮道是新政代表人物，是因爲他與田納西河谷管理局（Tennessee Valley Authority, TVA）關係密切，田納西河谷管理局是聯邦政府擁有的電力事業，規模遠大於美國所有民營電力公司，體現了華爾街眼中「奔騰的社會主義」（galloping Socialism）。一九三三年至一九四一年間，李蓮道是田納西河谷管理局三人董事會的一員，非常活躍且引人注目；一九四一年至一九四六年間，他還是田納西河谷管理局的董事長，當時商界認爲他「頭上有角」——引述李蓮道的話。一九四六年，他成爲美國原子能委員會（United States Atomic Energy Commission）首任主席，到他一九五〇年二月五十歲卸任主席時，《紐約時報》在一則新聞報導中說，他「可能是二戰結束以來，華府最富爭議的人物。」

李蓮道離開政府之後在忙些什麼？公開的資料顯示，他忙的事意外地全都圍繞著華爾街或私人企業。舉例來說，打開許多企業手冊，你都能找到李蓮道是開發資源公司（Development & Resources Corporation）共同創辦人暨董事長的資料。數年前，我致電開發資源公司的辦公室，它當時位於紐約市百老匯街五〇號，我發現它是一家私人公司，背後有華爾街的支持——它離華爾街只有一個街區左右，所以也可以說是以華爾街爲基地。開發資源公司的主要業務，是爲海外的自然資源開發計畫提供管理、技術、業務與規畫服務；也就是說，它的主要業務就是幫助各國政府建立類似田納西河谷管理局的開發項目，而該公司的另一位創辦人，已故的戈登．克拉普（Gordon R. Clapp），正是接替李蓮道出任田納西河谷管理局董事長的人。

我發現，開發資源公司自一九五五年成立以來，盈利普通但經營者自覺滿意，經手的業務包括替伊朗政府初步規畫與管理西部貧瘠、貧窮，但油藏豐富的胡齊斯坦（Khuzistan）地區大型開發項目；爲義大利政府提供有關南部落後地區的發展建議；幫助哥倫比亞共和國設立一家類似田納西河谷管理局的機構，發展該國肥沃但受洪災困擾的考卡河谷（Cauca Valley）；以及為迦納提供供水建議，為象牙海岸提供礦業發展建議，為波多黎各提供電力和原子能方面的建議。

李蓮道作為一個企業管理者和創業家，實實在在地發了財——相對於開發資源公司的事，我發現這項事實時驚訝得多。我發現，美國礦產與化學公司（Minerals & Chemicals Corporation of America）一九六〇年六月二十四日提交的委託書顯示，李蓮道是該公司董事，持有該公司四萬一三六六股普通股。在我研究李蓮道時，該公司在紐約證交所的股價超過二十五美元；簡單算算就知道，李蓮道這些持股對多數人來說是一筆巨大的財富，那些大半生擔任公職、不曾在民間部門賺大錢的人，肯定也會認為這是一筆很大的財富。

另一方面，李蓮道也是一位作家，哈潑兄弟公司（Harper & Brothers）於一九五三年出版了他的第三本書《大企業：新時代》（*Big Business: A New Era*）。〔他之前的兩本著作為《田納西河谷管理局：行進中的民主》（*T.V.A.: Democracy on the March*）和《我所相信的事》（*This I Do Believe*），分別於一九四四年和一九四九年出版。〕在《大企業》中，李蓮道提出的觀點包括：產業的巨大規模不僅攸關美國在生產和分配上的優勢，對國家安全也至關緊要；美國如今已有足夠的公共防衛機制對付大企業的弊端，必要時也知道如何改造大企業；大公司並非如許多人所想，傾向摧毀小企業，反而是傾向促進小企業的發展；大企業社會並非如多數知識分子所想，會妨礙個體獨立自主，反而因爲它能減少貧窮和疾病、促進人身安全，以及提供更多休閒和旅行機會，因此有利於個體獨立自主。簡言之，《大企業》記錄了一名老「新政人」的刺激言論。

李蓮道的公職生涯，是我作爲一名報紙讀者，相當密切注意的。我對李蓮道作爲一名官員的興趣，於一九四七年二月達到頂點。當時，他在國會就他出任原子能委員會主席的人事任命聽證會上，遭受他的宿敵、田納西州參議員肯尼斯・麥凱勒（Kenneth D. McKellar）猛烈攻擊，他在回應時即席陳述了個人的民主信仰，許多人至今仍認爲他這番話，是對後來人稱「麥卡錫主義」（McCarthyism）、指控「莫須有」罪名最激勵人心的攻擊之一。（李蓮道當時的陳述包括下列幾句：「相信個人優先、相信所有人都是神的兒女，並因此相信他們的人格是神聖的，這種核心信仰是民主制度的幾項原則之一。這項原則深刻相信公民自由，也相信必須保護公民自由，並厭惡任何人藉由誣陷、諷刺或影射，毀壞一個人最寶貴的好名聲。」）我片段了解到的有關李蓮道新私人事業的零星資料，著實令我感到困惑。出於想了解華爾街與企業生活如何影響李蓮道，而他又如何影響這兩者，以及最後遲來的良好發展，所以我聯繫他，並在一、兩天之後，應他的邀請開車前往紐澤西，與他共度了一個下午。

卸任公職後的生活

李蓮道與太太海倫・蘭姆・李蓮道（Helen Lamb Lilienthal）住在普林斯頓的碧托路（Battle Road），他們在一九五七年搬到這裡，之前在紐約市住了六年，先是住在曼哈頓比克曼區（Beekman Place）一棟房子，然後搬到薩頓區（Sutton Place）一間公寓。他們這棟位於普林斯頓的房子，座落於一塊不到一英畝的土地上，外牆是喬治式磚塊，裝有綠色百葉窗。這棟房子的周圍都是類似的建築，它相當寬敞，但毫不做作。李蓮道穿著灰色寬鬆長褲和格紋運動襯衫，在前門迎接我。他剛過六十歲，是一名髮線後移、儀表整潔的高個男性，目光銳利，給人坦率和硬朗的感覺。他帶我到客廳，介紹我認識他太太，然後帶我看他家裡的一些珍藏。壁爐前面是一張頗大的東方地毯（他說是伊朗國王送他的），壁爐對面的牆上掛著一幅十九世紀末的中國畫卷，上面畫了四個看似相當詭詐的男人。他說這幅畫對他有特殊意義，因爲畫中人物是中高階官員，他指著畫中神情特別費解的傢伙，微笑著說，他一直認爲這個人是他的「東方版本」。

李蓮道太太去替我們倒咖啡，在她離開時，我請李蓮道談談他離開政府後的生活，從頭講起。他說：「沒問題。從頭說起：我離開原子能委員會，是有幾個原因。我覺得那種工作很消耗人。如果你留在那裡太久，你可能會發現自己是在討好產業界或軍方，或是同時討好這兩者。你會發現自己是在參與一種原子能『分豬肉』的遊戲。另一件事是，我希望自己能夠暢所欲言，不像當官時受到很大的限制。我覺得自己的公職生涯應該要告一段落了，所以我在一九四九年十一月遞上辭呈，三個月後正式離任。至於選擇在那時候辭職，是因爲那時候我並未受到攻擊。原本我是想在一九四九年初辭職，但那時遇到國會對我的最後一次攻擊，那次是愛荷華州參議員柏克・希肯盧珀（Bourke B. Hickenlooper）指責我出現『不可思議的管理不當。』」

我注意到李蓮道談到希肯盧珀時，臉上沒有微笑。他繼續說：「我離開政府時雖然感到不安，但也鬆了一口氣。不安是擔心自己的謀生能力，這是非常現實的問題。喔，對了！我年輕時是芝加哥一名執業律師，賺了不少錢，然後才加入政府。不過，我現在不想當律師了，但我也有點擔心，不確定自己還能做什麼。我一直擔心這件事，一再與人討論，結果我太太和朋友開始開我玩笑。一九四九年聖誕節，我太太送了我一個乞丐錫杯，有個朋友則送了我一把吉他，好讓我可以去賣唱。至於離開政府時鬆了一口氣的感覺，則是因爲我個人獲得更多隱私和自由。身爲一名不擔任公職的國民，我不必像在原子能委員會那樣，總是有一群保安人員跟在身旁，也不必回應國會委員會對我的指控。最重要的是，我可以再度自由地和太太交談。」

在李蓮道講話的期間，他太太回到了客廳，坐下來陪我們。我知道她來自一個拓荒者家族，族人數代之間從新英格蘭地區西遷到俄亥俄、印地安納，然後是她的出生地奧克拉荷馬。她看起來是一位高尚、有耐性、務實且溫和的女性。她說：「我可以跟你說，我先生辭職也令我鬆了一口氣。他去原子能委員會之前，我們經常討論他工作上的一切。他做了那份工作之後，我們彼此約定，我們可以自由地談論人物，但是有關他的工作，我在報紙上看不到的東西，他絕對不能告訴我。遵守這項約定是很可怕的事。」

李蓮道點點頭說：「有時，我會帶著一些非常不快的感覺回家。任何人接觸過原子能，都會從此變得不一樣。或許是因爲我參加過許多會議，聽過許多軍方人士和科學家的話，他們會將人口眾多的城市稱爲『目標』，諸如此類的。我一直不習慣那種全無人味的術語，雖然我回家時心裡很不舒服，但又不能跟海倫講。我被禁止排解這種鬱悶。」

李蓮道太太說：「現在不會再有聽證會了。那些聽證會好恐怖！我永遠不會忘記我們在華府去過的一個酒會，那次眞是自討苦吃。當時我先生正在應付一連串沒完沒了的國會聽證會，有位頭戴古怪帽子的女士對著他講個不停，大概是這樣的話：『啊，李蓮道先生，我好渴望參加你的聽證會，但我有事去不了。眞抱歉。我好喜歡聽證會，你也是吧？』」

夫妻倆互看對方，這次李蓮道勉強露出苦笑。

李蓮道對接下來發生的事似乎很高興，他說大約在他的辭職生效時，哈佛大學歷史、公共行政和法律方面的人接觸過他，希望他去哈佛教書。但他不想當一名教授，就像他不想再當律師一樣。接下來幾周，紐約和華府許多律師事務所和一些工業公司向他發出了聘書，所以他知道自己將不需要用到那只錫杯與那把吉他。在他審慎考慮過所有聘書之後，全部婉拒，最後在一九五〇年五月，去著名的投資銀行瑞德集團（Lazard Frères & Co.）當兼職顧問。瑞德集團的資深合夥人是安德烈・梅耶（André Meyer），李蓮道透過共同朋友艾伯特・拉斯克（Albert Lasker）認識他。瑞德在它位於華爾街四十四號的總部，爲李蓮道提供了一間辦公室。但他在全力投入顧問工作之前，展開了一趟美國巡迴演講之旅，並在夏季期間攜同太太，替當時已停刊的《科利爾》（*Collier's*）雜誌前往歐洲。

不過，這趟歐洲旅程並未產生任何文章。秋天回到美國後，李蓮道發現自己有必要恢復全職工作賺錢。於是，他替多家公司提供顧問服務，包括開利公司（Carrier Corporation）和美國無線電公司。他爲開利提供解決管理問題的意見，至於美國無線電公司，他則是研究彩色電視的問題，最後建議客戶專注於技術研究而非專利訴訟。此外，他也協助說服美國無線電公司積極推動電腦計畫，而且不要沾手原子反應爐建造業務。一九五一年年初，他再度替《科利爾》雜誌外訪，這次是去印度、巴基斯坦、泰國和日本。這趟行程產生了一篇文章，發表在當年八月的《科利爾》上。李蓮道在文中針對印度與巴基斯坦就喀什米爾和印度河源頭的爭端，提出了一項解決方案。他的構想是兩國藉由一項合作計畫來發展印度河流域的經濟，以改善整個爭議區的生活條件，藉此緩和兩國之間的緊張關係。九年之後，主要在尤金・布萊克（Eugene R. Black）和世界銀行（World Bank）財務與道義的支持下，李蓮道的方案基本上獲得採用，印巴兩國簽訂了一項條約。但李蓮道的這篇文章起初普遍不受重視，他陷入短暫的困境，對偉大的國際事業大感幻滅，於是再度回歸比較卑微的私人業務。

從短暫困境成為產業大亨

李蓮道說到這裡時，門鈴響起。女主人去應門，我聽到她顯然是在與一名園丁講話，在談修剪玫瑰的事。李蓮道有點焦躁地聽了一、兩分鐘之後，向他太太喊道：「海倫，請告訴多米尼克，玫瑰要比去年多剪一些！」女主人與多米尼克走到戶外，李蓮道說：「我總覺得多米尼克修剪玫瑰時太輕了。這是我們背景差異的問題：義大利與美國中西部的差異。」然後他回到原本的話題，說他與瑞德公司，更具體講，是與安德烈・梅耶的關係，使他與一家名爲礦物分離北美公司（Minerals Separation North American Corporation）的小企業結緣。李蓮道先是當該公司的顧問，然後加入其管理階層，而瑞德在這家公司有大筆股權。正是在這家公司，李蓮道意外地賺得他的財富。當時該公司正陷於困境，梅耶覺得李蓮道或許能替它做一些事。隨後經由一連串的併購和其他操作，該公司數度易名，依次改爲阿塔波格斯礦產與化學公司（Attapulgus Minerals & Chemicals Corporation）、美國礦產與化學公司，然後在一九六〇年更名爲菲利普礦產與化學公司（Minerals & Chemicals Philipp Corporation）。在此期間，該公司的年營收從一九五二年的七十五萬美元左右，大幅成長至一九六〇年的兩億七千四百萬美元。對李蓮道來說，接受梅耶的委託加入這家公司，是開始了一段爲期四年、埋頭處理企業管理日常問題的日子。他毅然表示，這段時間是他人生中最豐富的經歷之一，而且絕非只是因爲賺大錢而已。

有關李蓮道經歷背後的企業事實，我是靠他在普林斯頓告訴我的資料、隨後研究該公司的部分公開文件，以及訪問對該公司有興趣的人建構起來的。礦物分離北美公司於一九一六年成立，是一家英國公司的分支。它是一家仰賴專利權利金的公司，主要收入來自銅和其他有色金屬提煉過程中使用的某些專利技術。該公司的活動可以分爲兩部分：嘗試藉由研發產生新專利，以及爲使用該公司既有專利的採礦和製造業者提供技術服務。到一九五〇年，雖然它每年仍有不錯的盈利，但公司前景堪憂。當時長期擔任公司總裁的賽斯．桂格里博士（Seth Gregory）已年逾九十，但仍鐵腕控制公司，每天乘坐一輛豪華的紫色勞斯萊斯，從市中心的飯店公寓到他位於百老匯大道十一號的辦公室上班。

在桂格里的指示下，該公司幾乎已完全停止研發，只靠六項舊專利賺錢，但這些專利將在五至八年間到期。因此，這家公司雖然眼下仍然健康，但可說已被判了死刑。瑞德集團作爲該公司的大股東，自然擔心這種情況。桂格里博士接受遊說，領了豐厚的養老金從公司退休。一九五二年二月，李蓮道在當了礦物分離公司顧問一段時間之後，接獲任命擔任該公司的總裁暨董事。他的首項任務便是尋找新的收入來源代替快要過期的專利，而他與其他董事認爲最好的做法，就是找合適的公司購併。結果，李蓮道參與安排礦物分離公司與喬治亞州阿塔波格斯市阿塔波格斯黏土公司（Attapulgus Clay Company）的合併，這是一家瑞德聯同華爾街同業艾伯斯塔德（F. Eberstadt & Co.）擁有大筆股權的公司，生產一種可以用來淨化石油產品的罕見黏土，另外也製造各種家居用品，包括名爲「超快乾」（Speedi-Dri）的地板清潔劑。

作爲兩家公司合併的一名中間人，李蓮道肩負著一項敏感任務：遊說南方的阿塔波格斯公司管理階層，使他們相信自己並非被一群貪婪的華爾街銀行家當作工具利用。當銀行家的代理人不是李蓮道習以爲常的事，但他顯然做得沉著自信，儘管他的參與帶來一絲「奔騰社會主義」的味道，令相關人士的感覺變得更爲複雜。一名華爾街人告訴我：「李蓮道極有效率地建立起阿塔波格斯人員的士氣和信心。他說明合併對他們有什麼好處，說服他們接受合併。」李蓮道本人對我說：「這件事的行政和技術部分我自覺很勝任，但財務部分則必須由瑞德和艾伯斯塔德的人去完成。每次他們開始談分割和換股，我都搭不上話。我甚至不知道什麼是分割。」（李蓮道現在知道了，簡單而言，分割就是將一家公司分拆爲兩家或更多公司——與合併相反。）

這宗合併發生在一九五二年十二月，兩家公司的人完全沒有後悔的理由，因爲合併後阿塔波格斯礦產與化學公司的盈利和股價很快便開始上升。合併完成時，李蓮道成爲新公司的董事長，年薪一萬八千美元。接下來三年間，李蓮道先是當董事長，隨後成爲公司執行委員會主席，不僅對公司的日常運作有重大影響，還主導公司藉由一連串新合併進一步成長——一九五四年與紙張塗料高嶺土主要廠商艾德加兄弟（Edgar Brothers）合併，一九五五年與分別位於俄亥俄州和維吉尼亞州的兩家石灰石業者合併。這些合併和隨之而來的效率提升很快就帶來報酬，在一九五二年至一九五五年間，該公司的每股淨利增加超過五倍。

李蓮道從相對貧窮的公務員成爲富有的成功企業家，這個過程的技術細節，拙劣地呈現在該公司股東年會和特別會議的股東委託書中。（這種委託書必須列出每一位董事確切持有公司多少股票，很少公開文件比這種文件更不尊重個人隱私了。）一九五二年十一月，礦物分離北美公司授予李蓮道一筆員工認股權，作爲年薪之外對他的額外補償。（有關員工認股權的具體討論，請參考本書第三章。）這筆認股權授權李蓮道在一九五五年底前的任何時候，以認股權授出時公司股票市價四．八七美元的價格，最多向公司庫房購買五萬股自家股票；作爲交換條件，李蓮道簽下合約，承諾在一九五三年至一九五五年整整三年間，在公司當一名積極參與的主管。一如所有其他獲得員工認股權的人，李蓮道得到的潛在財務利益，是公司股價若顯著上漲，他將可以按認股權規定的認購價買進，其持股價值將立即大幅高於付出的成本。此外，更重要的是，如果他稍後決定賣掉持股，他的利潤將是資本利得，最高稅率僅爲二五％。當然，如果公司股價不升逾認股權的履約價，這筆認股權將毫無價值。

但一如一九五〇年代中期的多數個股，李蓮道公司的股價上漲了，而且漲幅驚人。到一九五四年年底，委託書顯示，李蓮道已行使認股權，購入一萬二七五〇股，而當時這些股票的市價約爲每股二十美元，並非四．八七美元。在一九五五年二月，他以每股二二．七五美元的價格賣掉四千股，套現九萬一千美元。這筆錢扣掉資本利得稅之後，被用來行使認股權買進更多股票。委託書顯示，在一九五五年八月時，李蓮道的持股增加至近四萬股，接近我去訪問他時的持股量。那時這檔起初在店頭市場買賣的股票，不僅已在紐約證交所掛牌，還已成爲投機客青睞、價格高漲的個股，股價已飆升至約四十美元。顯然，李蓮道因此已穩穩躋身百萬富翁之列，該公司也已建立穩健的基礎，每年每股派〇．五美元的現金股息，李蓮道一家的財務憂慮永遠過去了。

李蓮道告訴我，就財務而言，他個人具象徵意義的勝利時刻，出現在一九五五年六月、礦產與化學公司的股票在紐約證交所掛牌那天。按照傳統，李蓮道作爲公司最高主管，獲邀到交易大廳與證交所總裁握手，並由後者陪同參觀交易所。他對我說：「我興奮極了！在那之前，我不曾進去過任何一間證券交易所。一切都是那麼迷人和不可思議。對我來說，再沒有動物園比那個地方更奇妙了。」至於證交所當時對這位以前「頭上有角」的人出現在交易大廳有何感覺，則未有留下紀錄。

李蓮道日記

李蓮道告訴我他在礦產與化學公司的經歷時，說話帶有熱情，令整件事顯得迷人又不可思議。我問他，除了明顯的財務誘因外，是什麼因素促使他將自己奉獻給一家小公司；而他作爲田納西河谷管理局和原子能委員會的前主席，對於自己實質上變成坡縷石、高嶺土、石灰石和超快乾清潔劑的推銷員，有何感受。李蓮道在他的椅子上往後靠，凝視著天花板說：「我希望獲得企業經營的經驗。我發現，掌管一家破落的小公司並致力有所成就，對我有很大的吸引力。我想，這種企業建設工作，正是美國自由市場體制的核心，是我在我所有政府工作中錯過的東西。我希望自己能夠嘗試看看。至於感覺如何？嗯，感覺很刺激。這項經歷充滿了智性刺激，改變了我許多舊觀念。我對金融家，像安德烈・梅耶那樣的人，產生很大的新敬意。他們有正當性，有某種崇高的榮譽感，這是我之前完全沒有概念的。我發現商界有很多富有創意和原創能力的人，不過當然也有一些人只會放馬後砲。此外，我發現商界有極大的誘惑力；事實上，我曾面臨淪爲一名奴隸的危險。商業有它『吃人』的一面，部分原因在於它太吸引人了！我發現，我們在書本上看到的一些事是眞的，例如一個人若不小心，可能會沉迷於爲賺錢而賺錢。有些好朋友幫助我保持理智，例如斐迪南・艾伯斯塔德（Ferdinand Eberstadt），他在阿塔波格斯合併案後，和我一同擔任公司董事；還有納森・葛林（Nathan Greene），他是瑞德的特別顧問，也曾擔任我公司的董事一段時間。葛林是我在商業上的告解神父，我記得他曾說過：『你以爲你賺一大筆錢，然後就可以獨立自主。朋友，在華爾街，獨立自主是無法一次贏得的。借用湯瑪斯・傑佛遜（Thomas Jefferson）的話，你必須每天重新贏得獨立自主。』我發現他說得對。啊，我有我的問題。我每一步都自我懷疑，這眞的很累。你知道，很長時間以來，我一直是在兩個觸及廣泛事物的單位，我對它們有一種認同感；在那種工作中，你也許會失去你的自我意識。現在我必須擔心我自己，包括我的個人準則和財務前景。我發現，我一直都在思考自己是否做對了。這一部分全都記錄在我的日記中，如果你想看，我可以讓你看看。」（李蓮道的這部分日記，終於在一九六六年出版。）

我說我當然想看，於是李蓮道帶我到他位於地下室的書房。書房頗大，窗戶開在窗井上，一串串的常春藤從窗井垂掛下來。光線從外面照進書房，甚至有一點斜陽，但窗井的頂部太高了，因此在書房看不到花園或鄰居的房子。李蓮道說：「我鄰居羅伯・奧本海默（Robert Oppenheimer）初次看到這個房間時，曾抱怨過它的封閉感。我跟他說，這正是我要的感覺！」接著，他打開房間角落的一個檔案櫃，裡面有他的日記，是一列列的活頁筆記本，最早的日記是李蓮道讀高中時寫的。他請我隨便看，然後留下我一個人在書房，自己回到樓上。

我也如此照做，在書房裡轉了一、兩圈，瀏覽牆上的照片，看到預期中的東西：小羅斯福、杜魯門（Harry S. Truman）、大法官路易斯・布蘭戴斯（Louis Brandeis）和參議員喬治・諾里斯（George Norris）題字贈送的照片；李蓮道與羅斯福、與溫道・威爾基、與菲奧雷洛・拉瓜迪亞（Fiorello LaGuardia）、與納爾遜・洛克菲勒（Nelson Rockefeller）以及與印度總理尼赫魯（Jawaharlal Nehru）的合照；此外，還有田納西河谷興建中的方塔納水壩（Fontana Dam）夜景照，明亮的燈光由田納西河谷管理局旗下電廠供電。一個人的書房反映出他想呈現的個人公共形象，而他的日記（假設是誠實的紀錄）則反映出他的另一面。我翻閱李蓮道的日記，很快便認識到這是一份非凡的文件，不僅是別有趣味的歷史原始資料，還是一名公職人員所思所感的完整紀錄。我匆匆翻閱他參與礦產與化學公司事務那幾年的日子，在有關家庭、民主黨政治、朋友、海外旅行、對國家政策的省思，以及對國家的希望與恐懼的段落之間，找到了下列有關商業和紐約生活的內容：

- 一九五一年五月二十四日：看來，我將進入礦物產業。這一小步最終可能有巨大意義。（他接下來解釋：他剛完成與桂格里博士的第一次面談，老人家顯然接受他擔任公司的新總裁。）
- 一九五一年五月三十一日：在商界起步，就像久病之後學走路。……一開始你必須在心裡想：移動右腳，移動左腳，諸如此類。然後你連想都不用想就能走，接下來行走成為你有充分信心的無意識行為。就經商而言，最後這種狀態尚未出現，但我今天是踏出第一步了。
- 一九五一年七月二十二日：我想起溫道．威爾基多年前曾跟我說過這種話：「住在紐約真好，我不會住任何其他地方，因為這是世界上最刺激、最令人興奮和滿足的地方。」我想威爾基的話，是針對我某次出差到紐約，對這座城市的一些評論。當時我說，我不必住在這個滿是噪音和灰塵的瘋人院，當然感到慶幸。上周四我體會到威爾基的某些感覺。……一九五〇年代的紐約市，確實有一種氣派、令人興奮，而且給人位居某種偉大成就中心的感覺。
- 一九五一年十月二十八日：我努力追求的，也許是一種魚與熊掌兼得的局面。但在某種程度上，這又不是完全荒謬、徒勞無功的事。我可以與公司的業務有足夠的實際接觸，以便保持或建立起一種現實感。若非如此，我怎麼能解釋我去參觀某座銅礦場、與電爐的操作人員聊天、參與某項煤礦研究計畫，或是觀察安德烈．梅耶的工作情況時，個人得到的樂趣呢？但是在此同時，我也希望自己有足夠的自由，去思考這些事情的意義，去閱讀與當前事務並無直接關係的東西。想獲得這種自由，我必須避免擁有重要地位（但我又知道，沒有重要地位使我隱隱感到不快。）

• 一九五二年十二月八日：投資銀行業者是做什麼去賺他們的錢？嗯，我確實開了眼界，原來他們必須經歷這麼多的苦工、汗水、挫折、問題——沒錯，還有眼淚。……在《一九三三年證券法》下，在市場上發行股票的人，必須就他們銷售的股票提供極其精細具體的資料；如果我們在市場上賣任何東西都必須這樣，我想至少會有很多東西無法及時賣出以滿足需求。

• 一九五二年十二月二十日：我在這家阿塔波格斯公司的目的，是在短時間內賺一大筆錢，而且必須能夠保留四分之三的所得，支付原本的資本利得稅率，而不是被課徵高達八〇%以上的所得稅。……但我還有另一個目的：得到經商的經驗。……真正的原因，或主要的原因，是我覺得自己活在商業主導的時代，如果不曾在商業領域活躍過，我的生命就不是完整的。這種迷人的活動，對這個世界的生命影響如此重大，我希望自己能成為一名觀察者，不是從外部觀察（例如當一名作家或教師），而是置身商業世界去觀察。我仍有這種感覺，未來當我情緒低落、樂於放下一切時（我不時這麼做），我會記住，這過程中的挫折和痛苦也是經驗，是商業世界中的實際體驗。……

此外，我希望能夠比較商界與政府中的管理者，了解這兩者的精神、張力和動機等的差異（無論如何，這都是我持續在做的事。）必須做到這件事，才能了解政府或商界。要做到這件事，我必須累積可與我長期公職生涯相提並論的真實、有效的商界經驗。

我不會自我欺騙，認為自己某天能被公認是一名商人；在我頭上有角那麼多年之後，至少就我在田納西河谷以外的日子而言，這大概是不可能的事了。在這方面，相對於我很少見到商業大亨或華爾街人的那段日子（如今我與這些人活在同一個世界），我那通常透過好戰性表現的防備心態減輕了。

・一九五三年一月十八日：我現在確定，至少要在礦產與化學公司再做三年了……而且有完成任務的道義責任。雖然我無法想像，純粹就經營這家公司而言，會讓我感到滿足，但是這其中的忙碌、活動、危機、冒險、我必須面對的管理問題，以及對人的判斷，讓這件事毫不乏味。而且，我還大有機會賺很多錢。……相對於一年前我嘗試從商的決定，當時有很多人還認為有點太天真、浪漫了，如今這項決定看來更有意義。

不過，好像還少了些什麼東西……。

- 一九五三年十二月二日：杜邦公司總裁克勞福・葛林華（Crawford Greenewalt）在費城一場演講中介紹我。……他說，他注意到我進入化學產業，因為他記得我之前是美國最大機構的主管，大過所有民營企業，他對我可能成為他的競爭對手，自然有點緊張。他是在開玩笑，但這是好的玩笑。而且我們的小小阿塔波格斯，顯然因此受到不少人注意。
- 一九五四年六月三十日：我已經在從商生涯中，找到一種新的滿足感，就某種意義而言，也是一種成就感。我從來不覺得「顧問」是商人，也不覺得當顧問是在從事實際的商業經營。顧問與企業實際的思考過程、實際的判斷和決策相隔太遠了。……在這家公司，在我們發展的過程中，有很多有趣的事。……幾乎兩手空空地開始……公司光靠專利賺錢……收購、合併、發行股票、委託書、仰賴內部資源或銀行貸款的各種融資方法……還有股票的訂價方式，成年人像小孩那樣，以可笑的方式決定是否購買某檔股票，以及用什麼價格買……與艾德加合併，他們的股票隨後大漲……檢討價格結構。開始改善成本。催化劑構想。幹勁、精力和想像力：埋頭苦幹的日日夜夜（連續多天在實驗室工作到凌晨兩點），以及新業務終於起步。……好一個故事。

表面玫瑰色的生活

後來，我訪問納森．葛林，也就是李蓮道所謂他「商業上的告解神父」。葛林對李蓮道在從政府轉戰商界過程中的反應，提供了很不一樣的看法。「一個人從政府高層退下來，然後去華爾街當顧問，會發生什麼事？」葛林問我，但顯然並不期望我回答。「嗯，通常他會大感失望。李蓮道在政府時期習慣了大權在握的感覺，肩負巨大的國家和國際職責。大家想跟他攀關係，外交界要人會找他。他掌握了各種工具，就像桌上有一列按鍵似的，只要按一下，律師、技術人員和會計師等，就會出現奉命行事。好了，現在他來到華爾街。有人替他辦盛大的歡迎派對，他見到新公司所有合夥人和他們的太太，公司給他一間鋪有地毯的漂亮辦公室，但他桌上什麼都沒有，只有一個按鍵，只能喚來一名祕書。他沒有額外的福利，例如大型豪華轎車，而且他其實沒有職責。他對自己說：『我是出主意的人，我必須想一些主意出來。』他提出一些主意，但沒有得到公司合夥人多少注意。所以，從表面上看來，他的新工作是令他失望的，而且工作內容也是。在華府，他的工作是開發自然資源和原子能等，都是足以改變世界的事。現在，他的工作卻是一些小生意，目的是賺錢，看來真是有點瑣碎無聊。」

「然後是錢的問題。在政府，我們想像中的官員不是很需要錢，他需要的種種服務和基本物資不必自己出錢，政府會提供給他。此外，他有很強的道德優越感，他可以嘲笑在外頭努力賺錢的人。他可能會想起當年法學院，有某個同學如今在華爾街賺大錢，然後說：『他出賣了自己。』然後他離開政府，自己來到華爾街這個非常現實的地方，對自己說：『啊，我要這些人付錢換我的服務！』他們確實會付錢，而他提供顧問服務，賺到豐厚的收入。但是，他發現所得稅非常重，大部分收入都被政府拿走了，不能用來改善自己的生活。他所處的位置改變了，他可能會像任何一位老華爾街人那樣高喊『搶錢啊！』，有時他也的確這麼做了。」

「你說他如何處理這些問題？嗯，他確實有他的煩惱，畢竟他是在開啓某種第二人生。但他處理這些問題的表現，幾乎無懈可擊。他從未感到厭煩，也幾乎不曾眞正大聲高喊『搶錢啊！』，他有完全投入一件事的巨大能力。事情的內容對他不是那麼重要，你會覺得無論他做的事是否重要，他幾乎都有能力只是因爲自己在做這件事，就把它當作是重要的。他的能力對礦產與化學公司極其寶貴，而且不止是作爲一名企業管理者而已。畢竟，他是一名律師出身，很懂企業融資，只是不大願意承認而已。他喜歡假裝自己是一個赤腳男孩，但他當然不是。大衛近乎完美地示範了如何在華爾街發財之餘，還能夠保持獨立自主。」

看過李蓮道日記中充滿複雜感覺和矛盾情緒的陳述，加上後來聽過葛林的話之後，我似乎察覺到，在李蓮道生氣勃勃、全神投入的商界生活背後，有一種近乎妥協、揮之不去的不滿。我覺得對李蓮道來說，儘管新事業帶來的興奮顯然是眞實的，但它有如一朵裡面有蟲的玫瑰。在看完日記後，我從書房回到客廳，發現李蓮道躺在伊朗國王贈送的地毯上，身上是一堆未到學齡的小孩。乍看之下眞的像是一堆小孩，細看原來只是兩名男童。李蓮道太太已從花園回來，她告訴我，這兩名叫艾倫和丹尼爾的男孩，是他們的女兒南希與希爾萬．彭博格（Sylvain Bromberger）的兒子。他們一家住在附近，因爲彭博格在普林斯頓大學教哲學（數周之後，彭博格轉去芝加哥大學任教。）李蓮道夫婦還有一個與父親一樣叫大衛的兒子，住在麻省埃德加敦鎭（Edgartown）；他搬到那裡是想成爲一名作家，後來他做到了。

在外公的敦促下，兩名外孫從李蓮道身上爬下來，離開了客廳。一切恢復正常後，我告訴李蓮道我看完日記後的感想。他猶豫了一會，然後說：「是的。嗯，有一點要說清楚。令我不安的，不是賺到很多錢。賺那些錢本身，不會令我覺得舒服或不舒服。在政府工作的那些日子，我們總是夠錢支付各種帳單，而且靠著節儉生活，也存到足夠的錢送孩子們上大學。我們從來不怎麼想錢的問題。然後突然賺大錢，賺到百萬美元，我當然感到意外。我從未特別追求這件事，或是想過這可能發生在我身上。這就像你少年時嘗試跳六呎高，然後你發現自己做到了，結果你說：『嗯，那又怎樣？』事情好像變得不重要。過去幾年來，很多人問我：『成爲有錢人的感覺如何？』起初，我覺得有點被冒犯了，因爲這個問題似乎隱含著一種指責，但我已克服這種感覺。我告訴他們，沒有任何特別的感覺。我是覺得……但講出來又好像我很自負似的。」

「不，我不認爲那是自負，」李蓮道太太說。顯然，她料到她先生會說什麼。

李蓮道說：「會啊！會顯得自負，但我還是要說出來。我不認爲錢有什麼差別，如果你有夠多錢的話。」

「我不大同意，」李蓮道太太說。「年輕時是沒有多大差別，年輕時只要過得下去，你不會很介意。但隨著你年紀漸長，多一些錢是有幫助的。」

李蓮道點頭表示同意。然後他說，我在他日記中看到的不滿情緒，至少有一部分很可能是因爲他在私人企業的工作雖然引人入勝，但無法帶給他公職服務所產生的滿足感。沒錯，他還沒完全脫離公職服務的感覺，因爲就在他於礦產與化學公司的事業達到高峰的一九五四年，他應哥倫比亞政府的請求去了該國，然後以每年一披索的薪酬擔任該國顧問，啓動後來由開發資源公司接手的考卡河谷發展計畫。但由於擔任礦產與化學公司的最高主管，使他受到很大的束縛，導致他只能將哥倫比亞的工作當作是兼職——如果不是一種嗜好的話。李蓮道從商，公司的主要商品之一是一種黏土，我無法不從這項事實看到其象徵意義。

支持大企業的老新政人

我想到另一件可能在李蓮道成爲一名成功商人的過程中，令他有點掃興的事。他那本《大企業》出版時，他正在礦產與化學公司埋頭工作。由於這本書不加批評地歌頌自由市場體制，我想知道是否有人將它理解爲，作者藉此替自己的新事業辯解。於是，我向他提出了這個問題。

「嗯，那本書中的見解，令我先生的一些新政朋友大爲震撼。眞的，」李蓮道太太有點淡然地說。

「該死的，他們是需要震撼一下！」李蓮道爆出這麼一句，說得有點激動，令我想起他在日記中提到的「透過好戰性表現的防備心態」，雖然那句話的文意脈絡完全不同，但仍是在說他自己。過了一會，他以正常語調繼續說道：「我太太和女兒認爲我沒有花足夠的時間在那本書上，她們說得對。我寫得太倉促了。我沒有提出足夠的論據去支持我的結論。首先，我應該更具體地說明，我爲什麼反對反托拉斯法的執行方式。不過，眞正的問題不在反托拉斯法那個部分，眞正震撼我某些老朋友的，是我針對大企業與個人自主，以及機器與美學的議論。曾經主管農村電氣化管理局（Rural Electrification Administration）的莫里斯．庫克（Morris Cooke），便是大感震撼的老朋友之一。他因爲這本書猛烈批評我，而我也還擊了。反大企業和大機構的教條主義者不再與我往來，他們認爲與我再無瓜葛。我並沒有因此覺得受傷或失望，這些人靠懷舊生活，他們緬懷過去，我則嘗試展望未來。對了，當然還有那些托拉斯終結者，他們眞的不放過我。但是，所謂終結托拉斯，如果是指只是因爲某些公司很大便將他們分拆，那不是過去年代的遺俗嗎？是的，我仍然認爲自己的主要觀點是正確的，或許是走在我的時代前面，但它們是正確的。」

「問題在於時機不對，」李蓮道太太說。「那本書的出版時間，太接近我先生離開公職、轉入商界的時間點。有些人認爲我先生出於私利，所以改變觀點。但事實並非如此！」

「當然不是，」李蓮道說。「那本書主要寫於一九五二年，但所有的見解是我仍擔任公職時醞釀出來的。比方說，我認爲大公司、大機構對國家安全至關緊要，這個想法主要是源自我在原子能委員會的經驗。我國有家公司擁有研發和製造設施，可以將原子彈變成一種可用的武器，在戰場上不需要博士就能操作，那就是貝爾電話公司（Bell Telephone），它是一家大公司。因爲它非常大，司法部的反托拉斯部門，嘗試將它分拆爲幾個部分，結果沒有成功。而那時原子能委員會正要求貝爾公司承接一項關鍵的國防任務，該項任務需要貝爾公司保持完整。這種反托拉斯的做法看來是錯誤的。廣泛而言，我那本書的核心觀點，可追溯至一九三〇年代初期，我與田納西河谷管理局首任主席亞瑟．摩根（Arthur Morgan）的爭論。他非常相信手工業經濟，我則支持大型工業，因爲田納西河谷管理局畢竟是自由世界最大的電力體系，至今仍是。在田納西河谷管理局，我一直相信規模巨大是好事，也相信應該適當分權。但我希望引發最多討論的部分，是講大公司、大機構其實有利於個體獨立自主的那一章。它確實引發了某種討論，我記得有些人，主要是學術界的人來找我，帶著難以置信的表情，一開口便是：『你眞的相信……嗎？』我回答時，總是先說：『是的，我眞的相信……。』」

李蓮道在他於華爾街發財的過程中，可能會質疑自己的另一個敏感問題是，他在這個過程中其實不必高喊「搶錢啊！」，因爲他善用了員工認股權提供的租稅漏洞。或許曾有支持改革的自由派商人基於原則，拒絕接受員工認股權，但我不曾聽聞過這種事，而且我也不相信這種放棄是明智或有用的抗議。無論如何，我沒有問李蓮道這個問題。新聞工作者在沒有公認的工作準則可遵循時，會制定自己的準則，而根據我的準則，這種問題幾乎是侵犯受訪者的道德隱私。但事後回想起來，我眞希望我當時違反自己的準則。以他的爲人，李蓮道可能會激烈地反對我的問題，但我想他也會同樣激烈地回答，而且不會給我模稜兩可的答覆。無論如何，在談完他那本《大企業》引發的批判之後，他站起來走到窗邊，對他太太說：「我看到多米尼克修剪玫瑰修得太小心了，待會我可能會出去再剪掉一些。」他的表情使我相信自己知道這宗玫瑰修剪爭議將如何解決。

魚與熊掌兼得的解方：開發資源

李蓮道想要「魚與熊掌兼得」，他最終找到的成功方案便是開發資源公司。這家公司源自李蓮道與安德烈・梅耶在一九五五年春季的一連串談話；李蓮道當時指出，他與數十名曾參訪田納西河谷管理局的外國權貴和技術人員很熟，而從他們對田納西河谷管理局的強烈興趣看來，至少有些國家是有意推動類似發展計畫的。他對我說：「我們成立開發資源公司的目的，不是要改造世界，或是改造世界的某一大部分，而是希望完成一些很具體的工作，並且順便賺點錢。安德烈不是很確定能夠賺到多少錢，我們倆都知道公司起初會有虧損，但他喜歡從事建設工作的構想，結果瑞德集團決定出資支持我們，換取公司一半的股權。」

當時在紐約市當行政官員的戈登・克拉普，也加入成為該公司的共同創辦人，而隨後的管理人員任命，使得開發資源公司形同田納西河谷管理局之友協會：約翰・奧利佛（John Oliver）成爲公司執行副總裁，他在一九四二年至一九五四年間效力田納西河谷管理局，最後升至總經理；胡度因（W. L. Voorduin）成爲工程總監，他曾在田納西河谷管理局工作十年，規畫了田納西河谷管理局整個水壩系統；沃爾頓・西摩（Walton Seymour）成爲產業發展副總裁，他曾擔任田納西河谷管理局電力行銷顧問十三年之久；此外，高層下面還有十幾位田納西河谷管理局的前員工。

一九五五年七月，開發資源公司在華爾街四十四號開業，開始尋找客戶。李蓮道伉儷當年九月出席世界銀行在伊斯坦堡的一個會議，結果替開發資源公司找到了最重要的客戶。會議期間，李蓮道遇到當時主管伊朗一項七年開發計畫的阿布哈桑·艾特哈吉（Abolhassan Ebtehaj）。伊朗碰巧是開發資源公司的理想客戶：首先，該國將石油業國有化之後，產生的收入令它有可觀的資本來支應資源開發所需；此外，伊朗正好迫切需要資源開發的技術和專業指導。與艾特哈吉相遇，讓李蓮道和克拉普獲邀作爲國王的客人訪問伊朗，看看他們對開發胡齊斯坦有何想法。李蓮道在礦產與化學公司的聘約於當年十二月結束，雖然他留任公司董事，但此後已能將他全部或接近全部的時間用來投入開發資源公司。

一九五六年二月，他與克拉普前往伊朗。他告訴我：「在那之前，我必須慚愧地說，我從來沒聽過胡齊斯坦，但之後我對這個地方的認識大大增加了。它是《舊約聖經》中以攔王國（Elam）和後來波斯帝國的中心。波斯的波利斯遺址（Persepolis）就在不遠處，大流士一世（Darius I）冬宮所在地蘇薩古城（Susa）的遺跡，正是在胡齊斯坦的中心地帶。該地區在古代有龐大的水利系統，現在仍然可以找到運河的遺跡，它們很可能是大流士在兩千五百年前建造的。但在波斯帝國衰落之後，因爲外敵入侵和疏於維護，當地的水利系統毀壞了。印度總督寇松侯爵（Lord Curzon）在約莫一世紀前，曾經這麼描述過胡齊斯坦高地：『綿延多哩的沙漠，一眼望不盡。』我們到達當地時，情況正是這樣。如今，胡齊斯坦是全球最多產的油田之一，著名的阿巴丹（Abadan）煉油廠便設在該地區南端，但是當地的兩百五十萬居民並未因此受惠。在那裡，河水流過無人利用，極其肥沃的土地任其荒廢，除了極少數人之外，當地人仍過著非常貧窮的生活。克拉普和我首次看到當地的情況時，都非常震驚。但是，對我們這兩個田納西河谷管理局老鳥來說，這是一個實現夢想的機會；這個地方迫切需要開發。我們去尋找建水壩的地方和採礦的可能地點，並做一些土壤肥力研究，諸如此類的事。我們看到油田冒出天然氣火焰，那眞是浪費。或許我們可以在這裡建石化廠，利用那些天然氣來製造肥料和塑膠。不過八天時間，我們已經擬出一項計畫。大約在兩周之後，開發資源公司已與伊朗政府簽訂爲期五年的合約。」

「那一切只是開了個頭。我們的工程總監胡度因飛到那邊，找到一個建水壩的極佳地點，距離蘇薩古城遺址只有數哩。那是一座狹長的峽谷，峭壁幾乎是從迪茲河（Dez River）河床垂直升起。我們發現，除了提供意見之外，我們還必須管理建設計畫。所以接下來的工作，便是建立專案管理團隊。爲了讓你對這項專案的規模有點概念，我來告訴你一些數字：目前這項案子在專業層面有大約七百人投入工作，包括一百個美國人、三百個伊朗人，以及三百個其他地方的人，主要是歐洲人，他們效力於分包商。此外，還有大約四千七百名的伊朗勞工，換言之，總共約有五千多人。整個計畫包括十四道水壩，涉及五條河，需要多年時間才能完成。開發資源公司剛完成爲期五年的首份合約，已簽了爲期一年半的新合約，期滿時可選擇續約五年。我們已完成不少工作，例如第一道水壩，也就是迪茲河那一道，已有巨大進展。這道水壩將有六二〇英尺高，也就是比埃及亞斯文水壩（Aswan Dam）高一半以上。它最終將灌溉三十六萬英畝的土地，發電能力達五十二萬千瓦，應該會在一九六三年初完工。在此同時，胡齊斯坦兩千五百年來首座甘蔗種植場已投入運作，靠抽水灌溉，首次收成應是在今年夏天，到時候糖廠應該已經準備就緒。還有另一件事，該地區的電力最終將靠當地的水力電廠供應，目前則是從阿巴丹牽了一條七十二哩長的高壓電纜到阿瓦士（Ahwaz），這在伊朗是空前之舉。阿瓦士這城鎮有十二萬居民，先前除了五、六個常壞的柴油發電機外，完全沒有電源。」

在伊朗專案進行之際，開發資源公司也忙著替義大利、哥倫比亞、迦納、象牙海岸和波多黎各執行開發計畫，還有一些生意則是來自智利和菲律賓的民營企業。此外，開發資源公司剛從美國陸軍工兵團接到的一件案子，令李蓮道興奮極了。這件案子是研究育空河阿拉斯加段一個水力電廠計畫的經濟效應，李蓮道認爲育空河是北美大陸尚可開發的河流中，水電潛力最大的一條。在此同時，瑞德集團保持它在開發資源公司的股權，如今每年滿意地分享該公司的豐厚盈利，而李蓮道則高興地取笑梅耶起初懷疑開發資源公司的營利能力。

晉升商人新典範

李蓮道的新事業，使得他與太太必須經常出門，周遊各地。他給我看他在一九六〇年的海外旅行紀錄，他說這是相當典型的一年，紀錄如下：

- 一月二十三日至三月二十六日：檀香山，東京，馬尼拉；民答那峨島伊利甘；馬尼拉，曼谷，暹粒市，曼谷；德黑蘭，阿瓦士，安迪梅什克（Andimeshk），阿瓦士，德黑蘭；日內瓦，布魯塞爾，馬德里；家。
- 十月十一日至十七日：布宜諾斯艾利斯；巴塔哥尼亞（Patagonia）；家。
- 十一月十八日至十二月五日：倫敦，德黑蘭，羅馬，米蘭，巴黎，家。

然後，他去找來與這些行程相關的日記。我翻到他去年春天在伊朗時的那幾頁，其中特別打動我的是下列幾段：

- 阿瓦士，三月五日：當國王的黑色克萊斯勒大轎車經過時，從機場沿路站了密密一列的阿拉伯婦女發出的叫喊聲，令我想起內戰時南軍士兵的戰吼。然後我發現，那其實是印地安人的喊叫，那種我們小時候將手放到嘴邊發出的抑揚哀號。

- 阿瓦士，三月十一日：周三在村民簡陋小屋中的經驗，使我墜入深淵。我徘徊在絕望（我視這種情緒為一種罪惡）與憤怒（我想這種情緒沒有什麼好處）之間。
- 安迪梅什克，三月九日：我們跋山涉水，經過飛揚的塵土，也經過輕易令車子動彈不得的泥坑。這些「路」的崎嶇，真是令我開了眼界。我們也像是回到了西元九世紀，或是更早的時候，那些村莊和泥「屋」真是不可思議，令人永遠難忘。如《聖經》誓言所講：如果我忘了我最動人的一些人類同胞的居住環境，願我的右手枯萎。他們今晚就住在距離這裡數公里處，我們今天下午才去看過。……
- 但是，當我在寫這些筆記時，也十分肯定只有四萬五千英畝、隱藏在遼闊胡齊斯坦中的基比利（Ghebli）地區未來將廣為人知，就像美國的圖珀洛（Tupelo）、新哈莫尼（New Harmony）或鹽湖城那樣。想當年，鹽湖城就是幾個有奉獻精神的人，在偉大的洛磯山的一個山隘開始建立起來的。

碧托路上東西的影子愈拉愈長，我也該是時候離開了。李蓮道陪我走去停車處，路上我問他是否曾懷念在華府的日子，懷念身爲華府惹火人物所經歷的鬥爭和所受到的注目。他咧嘴笑著說：「當然。」在我們走到停車處時，他繼續說：「無論是在華府或田納西河谷，我從未刻意好鬥，只是當年一直有人跟我唱反調。但話說回來，如果我眞的不想，也不會使自己常常陷入爭議中。所以，我想我是好鬥的。小時候我喜歡拳擊，高中那時在印地安納州密西根城，我常與一名堂兄練拳。當我在印地安納中部的德葩大學（DePauw University）讀書時，在暑假跟一位曾是輕量級職業拳手的人練拳。他當年的外號是『塔科馬虎』（Tacoma Tiger）。跟他練拳是一種挑戰，我一犯錯可能就躺在地上。我只想能重重地打他一拳，那是我當時的目標。當然，我一直做不到，但我成了一名相當好的拳手。在我還是大學生時，就成了德葩大學的拳擊教練。後來我念了哈佛法學院，沒有時間繼續練拳，之後就不曾再認眞打拳了。但我不認爲拳擊只是我表現好鬥精神的一種方式，我想我是認爲守護自己的這種能力，有助於保住個人的自主性。這點我習自我父親，他以前常說：『做你自己。』他是在一八八〇年代，約二十歲時從奧匈帝國來到美國，他的故鄉在現在捷克斯洛伐克的東部。他的成年生活是在中西部的城鎮經營商店，包括伊利諾州莫頓村（Morton），我出生的地方；印地安納州瓦爾帕萊索（Valparaiso）；密蘇里州春田市；印地安納州密西根城；後來的威納馬克鎭（Winamac）。他的眼睛是很淺的藍色，反映出他的內心。你看著他，可以看出他不會爲了安全而犧牲個人的自主性。他不懂僞裝，即使懂也不想僞裝。話題回到我在華府當惹火人物或好鬥之士的日子，的確，當你不再有麥凱勒那種人攻擊你時，你會若有所失。爲了彌補這種損失，我承擔挑戰，盡力不辱使命。對我來說，礦產與化學公司、開發資源公司，就是另一種麥凱勒或塔科馬虎。」

一九六八年初夏，我再度拜訪李蓮道。這次我是去開發資源公司的第三間美國本土辦公室，是位於白廳街一號的一間套房，坐擁極美的海港景色。在此期間，開發資源公司和李蓮道均大步前進。在胡齊斯坦，迪茲水壩已按時完工，一九六二年十一月開始蓄水，一九六三年五月開始供電。如今當地不僅電力自足，過剩的電力還吸引外資到當地設廠。在此同時，因爲水壩造就的灌溉能力，這個一度荒蕪的地區如今農業興盛。現已六十八歲的李蓮道一如往常好鬥，他說：「對其他一些低度開發的國家，悲觀的經濟學家非悲觀不可。」

開發資源公司剛與伊朗政府簽了五年合約，繼續執行開發工作。此外，該公司的客戶已增至十四個國家，當中最富爭議的是越南。在越南，開發資源公司根據它與美國政府的合約，正與一群熟面孔的南越人士合作，擬定湄公河流域的戰後開發計畫。（有些人認爲這意味著李蓮道支持越戰，所以批評他。但他跟我說，他認爲戰爭是一連串「可怕失算」造成的災難，而規畫戰後資源開發則是另一回事。儘管如此，這種批評顯然是傷人的。）在美國本土，開發資源公司正在擴展業務範圍，意外地開始涉足美國的都市發展工作。紐約州皇后郡（Queens County）和密西根州奧克蘭郡（Oakland County）一些由民間基金會支持的團體，委託開發資源公司研究田納西河谷管理局那套，對處理城市中的「荒漠」貧民窟是否有用。這些團體向開發資源公司說了類似這樣的話：「你們就把這裡當作是尙比亞，然後告訴我們你們會怎麼做。」這當然是一種天馬行空的構想，是否可行仍然有待觀察。

至於開發資源公司和它在美國商界的地位，李蓮道說，自從我上次見他以來，公司已擴展到在西岸開了第二間永久辦公室，盈利大增，而且股權基本上由員工擁有，瑞德只保留象徵性股權。最令人鼓舞的是，在老派企業因爲汲汲營利而遭志向崇高的年輕人排斥之際，開發資源公司理想化的目標，幫助公司吸引最優秀的新畢業生加入。因爲這一切，李蓮道終於可以說出他上次還不能說的話：經營私人企業如今所帶給他的滿足感，已經超過他歷來從公職服務上所得到的。

那麼，開發資源公司是否妥善兼顧了對股東和對人類的責任，是未來自由企業的模範？如果是，這眞是諷刺極了，李蓮道這位當年的華府惹火人物，結果成爲商人的模範。

第10章 股東會季節 年會與企業權力

數年前，《紐約時報》引述了一名歐洲外交官的這段話：「美國經濟已經大到超越人類想像力所能理解的程度。如今除了規模龐大以外，它還在快速成長。由此產生的根本力量，在世界史上是空前未有的。」差不多在同一時間，伯利（A. A. Berle）在一篇有關企業權力的文章中寫道，主導美國經濟的約五百家公司：「代表經濟權力的高度集中，中世紀的封建制度相對之下，有如一種主日學聚會。」至於這些公司的內部權力，實際上顯然是落在公司的董事和專業經理人手上，這些經理人通常不是實際的所有權人。伯利在同一篇文章中暗示，這些人有時構成了一種自我延續的寡頭體制。今日大多數公正的觀察者似乎覺得，從社會的角度來看，這些寡頭經營企業的表現一點也不差，在許多情況下還相當好；無論如何，企業的最終權力理論上根本不屬於他們所有。

根據企業的組織形式，企業的最終權力屬於股東，而美國大大小小、形形色色的營利事業共有逾兩千萬名股東。雖然法院一再裁定，公司董事不必遵循股東的指示，一如國會議員不必遵循選民的指示，但董事仍然是股東選出來的。股東表決時，持有一股便有一票；這種方式有其道理，但未必很民主。股東的實質權力往往遭到剝奪，原因包括：當公司的盈利和股息成長時，股東對自身權力漠不關心；他們對公司的事務相當無知；還有就是人數太多了。不知何故，他們總會表決選出公司管理階層提名的候選人，而且大多數董事選舉具有某種程度的蘇俄色彩，贊成票高達九九％以上。管理階層能夠感覺到股東存在的主要場合，而且往往是唯一場合，是公司的年度大會。公司年會通常是在春季舉行，在一九六六年的春季，我參加了幾間公司的年會，藉此了解這些理論上掌握巨大權力的人會替自己說些什麼，並了解股東與他們選出來的董事關係如何。

我選擇一九六六年的一大原因，是這年的股東年會，看來勢必特別熱鬧。在此之前，媒體上許多報導指出，企業管理階層將對股東採取一種新的「強硬路線」——你能想像一名候選人在選舉之前，宣布他將對選民採取強硬路線嗎？這個概念深深地吸引了我。媒體報導指出，這種新路線是因爲去年股東年會上發生了許多事，這是股東表現空前蠻橫的結果。通訊衛星公司（Communications Satellite Corporation）在華盛頓召開年會時，董事長被迫命令保全人員，將兩名糾纏不休的股東逐出會場。聯合愛迪生公司（Consolidated Edison）董事長哈蘭·富比士（Harland C.

Forbes），命令一名擾亂者離開紐約會場。在費城，美國電話電報公司（AT&T）董事長菲德烈．卡普（Frederick R. Kappel）因爲受到刺激，忽然宣布：「這次會議由我主持，並不遵循《羅伯特議事規則》（*Robert's Rules of Order*）[25]。」〔美國公司祕書協會（American Society of Corporate Secretaries）執行幹事後來解釋，如果嚴格奉行《羅伯特議事規則》，股東的言論自由將不增反減。這名幹事暗示，卡普先生不過是在保護股東免受議會暴政傷害。〕

在紐約州斯克內克塔迪，奇異公司董事長傑拉德．菲利普（Gerald L. Phillippe）迴避股東問題數小時之後，總結出他的新強硬路線：「我想清楚指出，明年以至未來多年，會議主席大有可能採取較爲嚴厲的態度。」據《商業周刊》報導，奇異公司管理階層隨後任命一個特別工作小組，研究如何藉由改變年會的模式，打擊在會議上糾纏不休的人。一九六六年年初，管理聖經《哈佛商業評論》（*Harvard Business Review*）加入議論，刊出小格倫．撒克遜（O. Glenn Saxon, Jr.）的一篇文章，他經營一家專門協助企業管理階層服務投資人的公司，在文中明確建議年會主席：「認識會議主席固有的權力，並決心適當運用這些權力。」理論上掌握「世界史上空前根本力量」的美國企業股東，看來顯然將受到強硬對待，因此認識到自己的眞實地位。

---

25 譯注：《羅伯特議事規則》（*Robert's Rules of Order Order*）由亨利．馬丁．羅伯特蒐集並改編自美國國會的議事規則以應用於民間組織，於一九八六年出版，歷經百年修改，迄今仍是美國最廣泛使用的議事規範。

一九六〇年代全球最大企業的股東年會紀實

我瀏覽主要企業今年的年會安排，無法不注意到一個趨勢：有愈來愈多公司選擇不在紐約或附近地區舉辦年會。這些公司總是說，這是為了方便其他地區的股東參加年會，這些股東以往極少能夠出席在紐約地區舉行的年會。但是，最愛吵的異議股東似乎多數住在紐約地區，而今年是「新強硬路線年」，所以我覺得這兩件事可能密切相關。美國鋼鐵的年會將在克里夫蘭舉行，這是該公司自一九〇一年成立以來，第二次在公司名義主場紐澤西州以外的地方舉辦年會。奇異公司則是近年來第三次不在紐約州舉辦年會，而且這次將會去到喬治亞州；奇異管理階層似乎突然發現，公司有五千六百名股東在喬治亞州，雖然他們只占全體股東人數的約一%，但似乎迫切希望有機會能夠出席公司年會。眾企業中規模最大的 AT&T 選擇了底特律，這是該公司八十一年歷史中，在紐約市以外的第三個年會舉辦地，第二個是在一九六五年舉行年會的費城。

我自己選擇的第一站，是到底特律出席 AT&T 的年會。在前往當地的飛機上，我翻閱一些文件，得知 AT&T 的股東人數，已成長至近三百萬人的歷史新高。我開始想，萬一他們全部（或一半也好）都出現在底特律，要求出席年會，情況將會是怎樣？無論如何，每位股東幾周前都會收到年會通知和邀請出席的正式信函。在我看來，幾乎可以確定的是，美國產業界又創造了一項「第一」：第一次發出近三百萬份參加某項活動的個別邀請函。

此次會議在柯波會堂（Cobo Hall）舉行，這是一個很大的河濱會堂，我到達時馬上就知道不必擔心有太多股東會出席會議。柯波會堂遠未滿座，當紐約洋基隊狀況不太差時，平日下午的比賽如果只有這樣的上座率，應該會非常失望。（第二天的報紙說，有四〇一六人出席此次年會。）我環顧四周，注意到人群中有數家人帶著小孩、一名坐輪椅的女士、一個留鬍鬚的男士，而黑人股東只有兩位——最後一點顯示，鼓吹「人民資本主義」（people's capitalism）、強調「人民所有、人民所營、人民所享」的人，或許應該與民權運動協調一下。根據會議通知，此次年會是在下午一點半開始。會議主席卡普準時進場，走往台上的講台，而 AT&T 另外十八名董事，則一起走到他身後的一排椅子坐下。卡普先生敲了兩下小木槌，示意會議開始。

由於我閱讀過相關資料，也曾經出席過一些公司年會，所以知道最大型的企業召開年會，往往會引來所謂的「職業股東」。這些人的全職工作，便是購買股票或取得其他股東的代理委託書，然後較為仔細地了解公司相關事務，並且出席公司年會，向管理階層發問或提出決議案。最著名的職業股東是威爾瑪．索斯太太（Wilma Soss）和路易斯．吉伯特（Lewis D. Gilbert），這兩人均來自紐約；索斯太太領導一個女性股東組織，憑著自己的持股和該組織的委託書參與股東年會的表決，吉伯特則是代表他自己及其家族的股權——加起來規模相當可觀。有一件事我以前不知道，但因爲參加了這次 AT&T 年會，和隨後幾家公司的年會才見識到。那便是除了公司管理階層事先準備的講話之外，許多大公司的年會還會上演會議主席與少數職業股東的對話——有時更像是一場對決。至於非職業股東，則強烈傾向問一些沒頭腦或無害的問題，要不就是空泛地對公司管理階層歌功頌德。因此，有力的批評或尷尬的問題，往往是由職業股東提出的。在這種情況下，這些職業股東自然成了一大群股東僅有的代表，儘管這種代表身分是自封的，但這一大群股東可能迫切需要有人能夠代表自己。

有些職業股東不是很好的代表，有幾個人的表現，甚至惡劣到令人質疑美國人的禮貌。他們會在年會上一再地說些粗魯、愚蠢、無禮或侮辱人的話，雖然公司規則似乎允許這種行爲，但社交場所肯定是不允許的。結果有時讓大公司的年會，變得像一場無賴的口角。索斯太太以前從事公關業，自一九四七年以來，便是一名孜孜不倦的職業股東，而她通常比那些最惡劣的職業股東好得多。沒錯，她確實有點譁眾取寵，喜歡穿著奇裝異服出席年會，也會嘗試藉由奚落倔強的會議主席，逼得對方把她逐出會場（有幾次還成功了），更是經常責罵人，有時甚至到達辱罵的程度，而且沒有人可以指責她講話過度簡潔，雖然我承認她慣常的語氣和態度令我反感，但我也必須承認因爲她有做功課，所以通常言之有物。

吉伯特先生自一九三三年起便是職業股東，可說是這一行的長老。他幾乎總是言之有物，而相對於其他職業股東，他講話非常簡潔，十分注意細節和程序，做事投入又勤奮。索斯太太和吉伯特先生雖是多數公司管理階層鄙視的職業股東，但是他們非常知名，足以登上美國名人錄。此外，或許他們因為當職業股東而得到某種滿足感，可惜的是，他們只是無名的「阿伽門農」（Agamemnon）[26]和「大埃阿斯」（Ajax）[27]，在商界某些敘事史詩中總是被稱為「個別人士」。（一九六五年 AT&T 年會的官方紀錄便有下列記載：「討論環節的大部分時間，被少數個別人士的提問和陳述所占用，他們提到的事很難說是重要的。……有兩名人士打斷了主席的開場發言。……主席請打斷他發言的人停止搗亂，或是離開會場。」）而且，撒克遜先生在《哈佛商業評論》的文章，雖然完全是在講職業股東和如何應付他們，但聘用作者的公司尊嚴不允許他提到任何一位職業股東的名字，這件事眞是不容易，但撒克遜先生做到了。

26 譯注：特洛伊戰爭中希臘聯合遠征軍統帥。
27 譯注：特洛伊戰爭中希臘聯合遠征軍的英雄之一。

戰火開始

索斯太太和吉伯特先生都在柯波會堂，事實上會議才剛開始，吉伯特先生便站起身來，投訴他要求 AT&T 納入股東委託書和會議議程的幾項決議案，均未出現在委託書和議程上。卡普先生——表情嚴厲、戴著鋼框眼鏡，無疑是那種老派、冷漠的企業高層模樣，而不是較溫和的新派企業管理者模樣——簡短回覆，這是因爲吉伯特的提案涉及一些不適合提交股東考慮的事，更何況還是太晚才提。然後卡普先生宣布，他將報告公司的營運狀況，那十八名其他董事隨即列隊離開講台。顯然，他們只是出來跟大家見個面，並沒有準備要回答股東的問題。他們就這樣從我的視野中消失，我不知道他們去了哪裡，後來有股東詢問他們的下落，卡普先生簡潔回答「他們在這裡」，但這還是沒能解開我的疑問。唱獨角戲的卡普先生，在他的報告中表示，公司「生意興旺，盈利很好，未來也期望將會如此。」他表示公司熱切期待聯邦通信委員會（Federal Communications Commission）展開電話費率調查，因爲 AT&T 並沒有任何「見不得人的祕密」。然後，他描述了電話產業的光明前景：視訊電話在未來將會普及，訊息將藉由光束傳遞。

卡普先生的演講結束，在管理階層支持的來年董事人選獲得提名之後，索斯太太站起來發表她自己的提名——心理分析師法蘭西絲．艾爾金博士（Frances Arkin）。索斯太太解釋她的提名，表示她覺得AT&T的董事會應該有一名女性，而且她有時覺得公司的經理人偶爾接受精神鑑定，對他們是有益的。（我覺得後面這一句沒有必要，顯得股東對公司高層無禮。後來在另一場年會上，會議主席暗示公司某些股東應該去看精神科醫師；對我來說，股東與公司高層之間的禮貌問題，至少算是扯平了。）這項艾爾金博士的董事提名，獲得吉伯特先生的附議，但似乎有點勉強，因為索斯太太與他相隔幾個座位，還特地走過去用力推他的肋部，他才附議。

不久之後，一位名為伊芙琳．戴維絲（Evelyn Y. Davis）的職業股東抗議年會的地點，表示她被迫大老遠地從紐約坐巴士來到這裡。戴維絲太太一頭黑髮，是職業股東中最年輕、而且可能是最漂亮的一位。但是根據我在AT&T和其他公司的年會上所見，她並不是最清楚狀況、最有節制、最嚴肅或最世故的職業股東。這次她的發言引來雷鳴般的噓聲，卡普先生回應她說：「妳違反議事規定，妳剛是在自言自語」，博得響亮的歡呼聲。此時我才明白，企業在紐約以外的地方舉辦年會是得到怎樣一種優勢：雖然它未能因此甩開糾纏者，但它能利用美國人強烈的地區自豪感來打擊這些糾纏者。另一名頭戴花帽、自稱來自伊利諾州德斯普蘭斯（Des Plaines）的女士，站起來強調這一點：「我希望這裡某些人，能夠表現得像有智慧的成年人，而不是兩歲小孩。」（掌聲久久不息。）

即便如此，來自東部人的攻擊持續不休。到了下午三點半，也就是會議已經開了兩個小時，卡普先生顯然已經有點焦躁，開始不耐煩地在台上踱步，回答問題時話說得愈來愈少。舉例來說，有人抱怨他專橫，他只說：「好的，好的。」會議的高潮是索斯太太與卡普先生的一番爭執，事關AT&T雖然在會場派發的一份小冊子上，列出了董事提名人的商業關係，但是在寄給股東的郵件中卻未列出這些資料，而且絕大多數股東並未出席此次會議，只是透過委託書參與表決。其他大公司多數在它們寄給股東的委託書中列出這些資料，所以股東顯然有權得到合理的解釋，說明AT&T爲什麼沒有這麼做。但公司高層就是沒有提出他們的理由，在索斯太太與卡普先生展開爭論後，前者的語調像是在罵人，後者則是冷淡以對；至於現場觀眾，則是快樂地對索斯太太喝倒采，並替卡普先生加油，就像羅馬鬥獸場的觀眾爲獅子歡呼，並狂噓基督徒那樣。

「先生，我聽不到你的話，」索斯太太一度這麼說。「嗯，如果妳靜靜聽，而不是一直講話……，」卡普先生回應。然後索斯太太講了一些我聽不清楚的話，但顯然是對會議主席的有力攻擊，因爲卡普先生的態度完全改變了，從冷淡變成激烈。他開始搖著手指，說他不再忍受辱罵了。此時，索斯太太在用的麥克風突然被關掉了，但她索性走到講台前站著面對卡普先生，身後十幾英尺跟著一名穿制服的保全人員，而現場的噓聲和跺腳聲震耳欲聾。卡普先生告訴索斯太太，他知道她想讓他逐出會場，但他拒絕遵從。

最後，索斯太太回到她的座位上，所有人都平靜下來。會議剩下的會議時間，主要是由業餘而非職業股東提問和發言，氣氛無疑不如之前熱烈，而內容也未顯著變得比較有智慧。來自大急流城（Grand Rapids）、底特律和安娜堡（Ann Arbor）的一些股東均表示，公司的事務最好留給董事處理；但來自大急流城的一名股東也溫和地抗議，說他所在的地區再也收看不到《貝爾電話音樂會》（*The Bell Telephone Hour*）這個電視節目了。一名來自密西根州消遙嶺（Pleasant Ridge）的先生則說出已退休股東的心聲，希望AT&T少用一些盈餘擴張業務、多配一些股息。一名來自路易斯安那州鄉下的股東表示，最近他拿起電話，要等五到十分鐘才有接線生接聽。他帶著明顯的腔調說：「『偶』希望你們注意『者』件事。」卡普先生承諾派人調查此事。

然後，戴維絲太太抱怨AT&T的慈善捐獻，卡普先生趁機反擊，表示他很樂見世上有人比她樂善好施。（現場響起「可抵稅的」掌聲。）一名底特律男士說：「我希望你們不會因為受到幾個不滿的人辱罵，以後就不在這麼棒的中西部舉辦年會。」董事選舉的結果公布：艾爾金博士落選，因為她僅得票一萬九一〇六股，而公司管理階層提名的每個人均得票約四億股（這包含了藉由委託書參與表決的股東，這些股東支持管理階層提名的人，實際上等同反對現場股東的提名人選，儘管他們對現場的情況並不知情。）世界上最大的公司一九六六年的年會便是這樣——準確點講，這是截至下午五點半的情況；當時現場只剩下幾百名股東，而我也要趕赴機場搭飛機回紐約了。

AT&T的年會使我陷入沉思。我想，公司年會有時可能嚴厲考驗代議民主制的支持者，尤其是當他們發現自己同情遭與會者糾纏的會議主席，並爲此感到愧疚時。當職業股東發飆時，可能反而成爲公司管理階層的祕密武器，因爲像索斯太太或戴維絲太太這樣的股東，在他們最激動的時候，可以讓范德比爾特和老摩根變得像是和藹可親的老紳士，也可以讓後起的大亨如卡普先生，顯得像是畏妻的男士——如果不是股東權益捍衛者的話。在這種時候，職業股東實際上便成了「智慧型異議」（intelligent dissent）的敵人。

另一方面，我想無論我們是否認爲他們的做法正當，職業股東是値得同情的，因爲他們實際上是在代表一些不想被代表的股東。我們很難想像有人比收取豐厚股息的股東，更不願意要求自己的民主權利，或是更懷疑試圖替他們要求這些權利的人。本章開頭提到的伯利認爲，股東這個階層本質上是「被動接受者」，不會積極參與管理和創造；在我看來，底特律年會上的多數AT&T股東，深信公司就像聖誕老人，以致他們已從被動接受進步到主動的虛情假意。我覺得職業股東的工作，幾乎就像在大通銀行低階主管中招收共青團（Young Communist League）成員那般吃力不討好。

主席，您為何賣掉自己的股票？

因爲想到奇異公司董事長菲利普，在一九六五年斯克內克塔迪年會上對股東的警告，以及有關該公司成立強硬路線工作小組的報導，我登上開往南方的火車去參加奇異年會時，有一種參與追擊行動的感覺。會議在漂亮的亞特蘭大市政大廳（Atlanta Municipal Auditorium）舉行，禮堂後部因爲有一座有樹和草坪的室內花園而生輝。儘管會議是在一個令人倦怠的南方春季雨日早上舉行，有超過一千名股東出現在會場。我看到三名黑人股東，不久後也看到了索斯太太。

菲利普先生去年主持斯克內克塔迪年會時曾經極其惱怒，但他今年主持會議則是能完全控制住自己和場面。無論是詳述奇異公司了不起的資產負債表和研發成果，還是與職業股東爭論，他都是以很平穩的聲調講話，在耐心仔細解釋與嘲諷之間小心把握分寸。撒克遜先生在他的《哈佛商業評論》文章中寫道：「最高階的經理人正發現，有必要學會如何減輕少數人搗亂對多數股東的壞影響，同時擴大年會上確實會發生的好事的正面影響。」由於我之前已經知道，奇異請了撒克遜先生當公司的股東關係顧問，所以不禁懷疑菲利普先生的表現，正是奉行「撒克遜主義」的結果。職業股東對此的反應，則是採用一模一樣的模稜兩可作風，結果雙方的對話感覺像是彼此爭執過後決定和好，但是還有些不情不願。（其實職業股東可以問奇異，公司花了多少錢來防止他們失控，但他們錯過了這個機會。）

這場年會中的一段對話，展現了主席的機智。索斯太太以她最溫柔的語調指出，董事候選人菲德烈．霍夫德（Frederick L. Hovde）——普渡大學（Purdue University）的校長，陸軍科學顧問小組前主席——僅持有十股奇異股票，她認爲公司董事應該由持股較多的人出任。菲利普先生以同樣溫柔的語調回答，公司有數以千計的股東持股不超過十股，包括索斯太太，或許這些小股東值得有一名代表出任董事。在此情況下，索斯太太只能被迫承認主席說得好。

但另一件事的結局，則顯然沒有那麼圓滿，雖然雙方也是一直禮貌周周。包括索斯太太在內的數名股東，正式提議奇異採用累積投票制選董事；在這種投票方式下，股東可以將他全部的票數集中投給單一候選人，不必將票數分給某份名單中的全部候選人，小股東選出一名代表進董事會的機會因此可大大增強。基於一些明顯的原因，累積投票制在大公司圈子中是一項富有爭議的議題，但它是完全正當的構想；事實上，美國有超過二十個州強制要求在該州注冊成立的公司採用累積投票制，大約四百家股票在紐約證交所掛牌的公司也採用這種投票法。儘管如此，菲利普先生不覺得有必要正面回應索斯太太支持累積投票制的論點，他選擇訴諸公司在寄給股東的郵件中針對這項問題的一篇簡短聲明，其重點是如果採用累積投票制，選出特殊利益團體的代表進入奇異董事會，可能會產生「造成不和、導致分裂」的效應。菲利普先生當然沒說，他知道（他無疑知道）管理階層掌握的股東委託書，足以否決這項提議。

一如某些動物有牠們非常專門的天敵，有些公司也有專門與它們糾纏不休的人，奇異公司便是這樣。一直困擾該公司的人，是來自芝加哥的路易斯．布薩蒂（Louis A. Brusati）這位先生，他在過去十三年間提出了三十一項議案，但是全數遭到否決，反對票數至少達九七％。在亞特蘭大，頭髮灰白、壯碩如美式足球員的布薩蒂又來了，但這次提出的是問題而非議案。其中一例是，他想知道爲什麼根據股東委託書的資料，菲利普先生個人持有的奇異股票，比去年少了四二三股。菲利普先生說，他將那些股票交給他的家族信託基金，然後溫和但加重語氣表示：「我可以說，這其實不關你的事。我想，我對於自己的事是有隱私的。」

他保持溫和是有道理的，加重語氣則大可不必，因爲布薩蒂先生很快便以無懈可擊的冷靜平淡語調指出，菲利普先生很多持股是行使員工認股權，以其他人無法享有的優惠價格買進，而且他的確切持股數量出現在股東委託書上，清楚顯示證交會認爲他的持股數量是關布薩蒂先生的事。至於董事收取的薪酬，在布薩蒂先生的詢問下，菲利普先生透露，在最近七年間，董事年薪先是從兩千五百美元調升至五千美元，然後再調高至七千五百美元。兩人接下來的對話如下：

「對了，董事的薪酬是誰決定的？」

「是董事會決定的。」

「董事決定自己的薪酬？」

「是的。」

「謝謝你。」

「謝謝您，布薩蒂先生。」

當天早上稍晚，有幾個人口齒伶俐、洋洋灑灑地讚頌奇異公司和南部地區，但我印象最深刻的還是布薩蒂與菲利普這段優雅簡練的對話，因爲它似乎概括了這場會議的氣氛。在這場年會結束前，菲利普先生宣布，管理階層提名的董事在無對手的情況下當選，累積投票制提案以二·四九％對九七·五一％的票數遭到否決。會議在十二點半結束，此時我才意識到，這場會議並未像AT&T底特律年會那樣充滿跺腳聲、噓聲和喊叫聲，而且也不必訴諸地區自豪感來對付職業股東。我想，地區自豪感是奇異公司的底牌，但這次它不必揭開底牌就已經贏了。

股東會紀念品的功效

我參加的每一場年會，都有顯而易見的獨特基調，而多元化製藥暨化學業者輝瑞公司（Chas

Pfizer & Co.）年會的基調便是友善。輝瑞往年慣常地在其布魯克林總部舉辦年會，今年則是打破傳統，選在曼哈頓心臟地帶舉辦年會。這頗有「深入虎穴」的意味，因爲這裡正是最勇於提出異議股東的大本營，但我的所見所聞使我相信，輝瑞這麼做不是因爲管理階層魯莽地決心深入虎穴馴虎，而是他們一反潮流，希望盡可能爭取股東出席年會。看來，輝瑞管理階層有足夠自信放下戒備，與股東坦誠相見。明顯的證據就是，在舉行會議的海軍准將飯店（Commodore Hotel）大宴會廳，沒有人查驗股東入場券或入場者的證件。古巴強人卡斯楚（Fidel Castro）若出現在這裡，想必也能進場暢所欲言——我有時覺得職業股東是以他的演講風格爲模範。約莫一千七百人坐滿了宴會廳，輝瑞董事會全體成員從頭到尾坐在講台上，一一回答股東對他們的個別提問。

會議主席約翰．麥基恩（John E. McKeen）帶著一點布魯克林口音歡迎股東們蒞臨，他稱呼大家爲「我親愛的寶貴朋友」——我嘗試想像卡普先生和菲利普先生這樣稱呼他們的股東，但我做不到；不過，他們的公司是比輝瑞大。麥基恩說，在場每一個人離開時，都將獲贈一大包輝瑞消費品樣品，包括巴巴索（Barbasol）刮鬍泡、德斯汀（Desitin）尿布疹軟膏和茵普悠（Imprévu）香水。主席態度友善且答應送禮，總裁小約翰．鮑爾斯（John J. Powers, Jr.）發表的公司業績（績效指標全面刷新紀錄）和展望報告（期望創造出更多佳績）無懈可擊；在此情況下，最強硬的職業股東也會發現，要在這場會議上造反極其困難。而事實上，在場的職業股東似乎只有約翰．吉伯特（John Gilbert），也就是路易斯・吉伯特的兄弟。（我後來得知，路易斯・吉伯特和戴維絲太太當天在克里夫蘭參加美國鋼鐵的年會。）

輝瑞管理階層值得遇到約翰・吉伯特這樣的職業股東——他們應該也是這麼希望。約翰・吉伯特態度隨和，講話時不時帶著自貶意味笑一下，令人難以想像有比他更討好的糾纏者——不過，有人告訴我，他並非總是這樣。他提出一些吉伯特家族的標準問題，例如有關公司的審計師是否可靠，以及管理階層和董事的薪酬等，但表現得像是他只是出於職責才問這些不禮貌的問題，而他為此感到抱歉似的。至於在場的業餘股東，他們的問題和評論跟我參加的其他年會差不多，但對職業股東的態度則顯著有別。他們並非一面倒地反對職業股東，從掌聲和不滿聲音的音量看來，大約一半的人認為吉伯特很討厭，另一半則認為他的提問是有益的。鮑爾斯清楚地表達他的感覺，在會議結束前不帶諷刺地說他歡迎吉伯特的提問，並特別邀請他明年再來。事實上，在會議的稍後階段，吉伯特像是閒聊般稱讚公司某些方面，但同時批評另一些事，而台上各董事也同樣輕鬆地回應他的評論，因此我第一次短暫覺得股東與管理階層是可以真正溝通的。

廣受股東愛戴的企業大老

美國無線電公司上兩次年會，都在遠離紐約總部的地方舉行——一九六四年在洛杉磯，一九六五年在芝加哥。今年該公司比輝瑞更激進地一反近年常規，選在曼哈頓的卡內基音樂廳（Carnegie Hall）舉辦年會。樓下座位和兩層包廂均坐滿股東，總共約莫兩千三百人，男性股東比例顯著高於所有我參加的其他年會。不過，索斯太太和戴維絲太太也都在場，路易斯·吉伯特和幾位我不曾見過的職業股東也來了。一如輝瑞年會，美國無線電公司全體董事坐在台上，而眾所矚目的焦點是公司七十五歲的董事長大衛·薩諾夫（David Sarnoff），以及他四十八歲的兒子、年初起擔任公司總裁的羅伯特·薩諾夫（Robert W. Sarnoff）。

對我來說，美國無線電公司的年會有兩方面相當突出：股東顯然很尊敬——幾乎到了崇敬的地步——他們著名的董事長，而業餘股東也異乎尋常地勇於發言。老薩諾夫先生主持會議，他看起來很健壯，而且沉著、自信。他與另外幾名公司主管，報告公司的營運狀況和前景，過程中一再出現「創紀錄」和「成長」等字眼，單調到我這個並非美國無線電公司股東的人開始打瞌睡。

不過，當美國無線電公司子公司國家廣播公司（National Broadcasting Company）董事長華特·史考特（Walter D. Scott）談到旗下電視節目時，說「創作資源總是跑在需求前面」，我猛然醒過來。

沒有人反對這句話或那些輝煌報告中的任何東西，在報告完畢之後，股東便開始就其他事情發言。吉伯特先生提出一些他愛問的問題，這次是關於會計程序，由負責美國無線電公司會計事務的阿瑟・楊公司（Arthur Young & Co.）代表作答，而吉伯特先生看來滿意他得到的答案。一名自稱是瑪莎・布蘭德（Martha Brand）的女士——令人想起狄更斯年代的老婦人——說自己持有「很多千股」美國無線電公司股票，表示美國無線電公司的會計程序是不該被質疑的。後來，我得知布蘭德太太也是職業股東，但她是這個圈子中的異類，因爲她在各種事情上強烈傾向支持公司的管理階層。

然後，吉伯特先生提議美國無線電公司採用累積投票制，提出的理據與索斯太太在奇異公司年會上所用的大致相同。老薩諾夫先生反對這項提議，布蘭德太太也是；她解釋說，她確信現任董事總是孜孜不倦地爲公司的福祉努力，然後再次強調她持有「很多、很多千股」美國無線電公司股票。另外兩、三名股東發言支持累積投票制——這是我唯一一次在年會上，看到不像是職業股東的公司股東，就重要事務發言反對管理階層。（累積投票制以四・七%對九五・三%的票數遭到否決。）索斯太太看來仍保持亞特蘭大年會時的溫和狀態，表示自己樂見台上美國無線電公司董事中有約瑟芬・楊・凱絲太太（Josephine Young Case）一位女性代表，但她對股東委託書上凱絲太太的職業爲「家庭主婦」表示強烈不滿。她說，一位擔任史基摩學院（Skidmore College）校董會主席的女性，不能至少稱她爲「家務經理」（home executive）嗎？另一名女性股東發言歌頌薩諾夫董事長，稱他爲「二十世紀童話般神奇人物」，引發一輪掌聲。

戴維絲太太稍早曾反對本次年會的舉辦地點，理由是卡內基音樂廳對美國無線電公司來說「太單純」了——這個理由令我大惑不解。她提議美國無線電公司採取措施，「確保往後年滿七十二歲者不會擔任公司董事。」雖然許多公司有類似規定，而且因爲提案不溯及以往，並不影響老薩諾夫先生的地位，但此舉看來是衝著他而來，結果戴維絲太太再次展現了她面對公司管理階層時自陷窘境的神奇本領。她發言時戴著蝙蝠俠面具（我不知道有何象徵意義），這對她的提案顯然是無益的。無論如何，她的提議引來幾個人慷慨激昂地捍衛老薩諾夫先生，其中一人甚至激憤地表示戴維絲太太侮辱了在場所有人的智慧。此時，嚴肅的吉伯特先生站起來說：「我很同意她的服飾相當可笑，但她的提議是有正當理由的。」從吉伯特先生明顯激動的狀態看來，他能做出這種伏爾泰式的明辨，是因爲他的理智戰勝了令他付出不少代價的性格傾向。戴維絲太太的提案遭到壓倒性否決，票數差距之大，形同股東在會議結束前，對童話般神奇人物的董事長熱烈投下信任票。

異議者的價值

我在這次年會季節的最後一場活動，是出席通訊衛星公司的年會，而典型的胡鬧是這場會議的基調。通訊衛星公司當然就是美國政府於一九六三年成立，然後在一九六四年著名售股案中將股權交給公眾的那間魅力十足的太空時代通訊公司。當我抵達會議舉辦地點華府肖雷漢姆飯店（Shoreham Hotel）時，發現在約莫一千名股東中有戴維絲太太、索斯太太和路易斯．吉伯特，對此我當然不大感意外。戴維絲太太打扮得像要登台表演似的，頭戴橙色遮陽帽，穿著紅色短裙和白靴子，黑色毛線衣上以白色字寫著「I Was Born to Raise Hell」（我就是天生來搗亂的），站在一列電視台的攝影機前動也不動。索斯太太找了一個遠離戴維絲太太的位置（我現在知道這已成爲她的習慣），因此也就遠離電視台的鏡頭。考慮到她通常並不厭惡上鏡頭，我只能說她如此選擇座位，是掙扎之後的良心勝利，類似吉伯特先生在卡內基音樂廳的理智勝利。吉伯特先生選擇坐在索斯太太附近，因此當然也是遠離戴維絲太太。

自去年以來，以強硬態度主持通訊衛星公司一九六五年年會的李奧．威爾許（Leo D. Welch）已卸下董事長一職，由畢業自西點軍校、曾獲羅德獎學金的詹姆斯．麥科馬克（James McCormack）接替。麥科馬克是退役的空軍上將，舉止優雅得無懈可擊，樣子有點像溫莎公爵，今年的年會由他主持。在開場白中，他提到，股東若想臨時發言，內容必須「非常切題」——這句話他說得很順，但語氣有所加重。麥科馬克完成他的熱身發言之後，索斯太太簡短地講了一些可能切題、也可能不切題的話；基本上我聽不到她說什麼，因爲她使用的麥克風顯然有問題。直接發言的是戴維絲太太，她的麥克風效果實在是太好了。在攝影鏡頭的注視下，她以震耳欲聾的聲音，猛烈抨擊通訊衛星公司及其董事，原因是他們保留了一道特別的門，僅供「尊貴嘉賓」進入會場使用。戴維絲太太講了很多話，表示她認爲這種做法是不民主的。麥科馬克先生回應：「我們爲此道歉。您在離開的時候，請走任何一道您喜歡的門。」但戴維絲太太顯然仍不滿意，繼續說個不停。

當索斯太太和吉伯特先生顯然決定與戴維絲太太畫清界線時，現場的鬧劇氣氛便更濃了。戴維絲太太的演講接近高潮時，吉伯特先生看起來很憤慨，就像一個男孩看到自己的球類遊戲，被一個不懂規則或不在乎遊戲的人破壞了似的；他站起來，開始大喊：「程序問題！程序問題！」但麥科馬克先生謝絕他的好意，表示他大喊「程序問題」是違規的，並請戴維絲太太繼續說下去。我覺得麥科馬克的用意很容易推斷，種種跡象明確顯示，他享受眼前的每一刻，這點跟我見過的主持年會的所有其他企業董事長不同。在整場會議的期間，尤其是當職業股東發言時，麥科馬克先生都露出完全入神的旁觀者的夢幻笑容。

最後，戴維絲太太的講話音量和內容均達到高峰，她開始具體指控通訊衛星公司的個別董事。此時，三名保全人員──包含兩名健壯的男士和一名表情堅決的女士，穿著應該可當《彭贊斯的海盜》（*The Pirates of Penzance*）戲服使用的華麗、俗氣深綠色制服──悄悄地出現在會場後方。他們迅速但威嚴地走到中間通道，在距離戴維絲太太很近的通道擺出稍息姿勢，而戴維絲太太則忽然結束講話，坐了下來。仍然咧嘴而笑的麥科馬克先生說：「好了，現在一切都冷靜下來了。」

保全人員退下，會議繼續。麥科馬克先生和公司總裁約瑟夫．查里克（Joseph V. Charyk）就公司事務，做了一些我已經習以爲常的輝煌報告。麥科馬克甚至說，公司明年就可能首次取得盈利，不必等到原本預期的一九六九年──後來它眞的做到了。吉伯特先生問麥科馬克，他在正常薪酬之外，出席董事會會議可以領到多少錢？麥科馬克說不會領到任何錢，吉伯特則說：「很高興你不會領到任何錢，我贊成這種安排。」他的話引來哄堂大笑，而麥科馬克的笑容也變得更加燦爛。（吉伯特顯然是嘗試提出一件他認爲很嚴肅的事，但當天的氣氛似乎不適合談嚴肅的事。）

索斯太太諷刺戴維絲太太，尖銳地表示反對麥科馬克當公司董事長的人是「缺乏判斷力」；不過，她也提到，她無法投票支持前董事長威爾許出任董事，因爲他在去年年會上將她逐出會場。一名充滿活力的老先生說，他認爲公司的運作良好，大家應該對它有信心。吉伯特先生一度說了一些戴維絲太太不喜歡的話，因此她迫不及待地隔著老遠大聲喊出她的異議，此時麥科馬克忍不住笑了出來。這聲短笑，經由主席的麥克風完美地放大，概括了這場年會的氣氛。

在回紐約的飛機上，我回想自己參加的這幾場公司年會，覺得如果這些會議上沒有職業股東，我對這些公司事務的認識大概還是一樣，但我對其最高主管性格的認識則會大大減少。畢竟在某種意義上，是職業股東的提問、干擾和講話，迫使會議主席卸下公務面具，參與人際互動，賦予這些公司一些生氣。這往往是人與人之間找碴與被找碴、一種很難令人滿意的關係，想在重大企業事務中尋找人性的人是無法那麼挑剔的。但我仍然有一些疑問，身處三萬英呎的高空有助我放寬眼界，因此當飛機飛過費城上空時，我得出下列結論：基於我的所見所聞，企業管理階層與股東應汲取李爾王（King Lear）得到的教訓——當小丑充當異議者時，災難可能即將來臨。

第11章 免責咬一口

一個人、他的知識與他的工作

一九六二年秋季，數以千計的年輕科學家在美國企業的研發部門表現優異，當中包括俄亥俄州亞克朗市（Akron）效力於固力奇公司（B. F. Goodrich）的唐納德・沃根武（Donald W. Wohlgemuth）。沃根武一九五四年畢業自密西根大學，獲得理學學士學位，主修化學工程。他畢業後馬上進入固力奇公司的化學實驗室工作，起薪爲每月三百六十五美元。除了當兵那兩年之外，他一直在固力奇做工程和研發方面的工作，在六年半之間總共獲得十五次加薪。一九六二年十一月，在他快要過三十一歲生日時，他的年薪爲一萬零六四四美元。德裔的沃根武是個獨立自主的高個子，戴著一副粗框眼鏡，顯得神情嚴肅。他與妻子和十五個月大的女兒，住在亞克朗市郊沃茲沃思（Wadsworth）一間帶有車庫的平房裡。總的來說，他像是那種事業有成、但此外乏善可陳的美國普通年輕人。不過，他的工作性質絕不尋常：他是固力奇太空衣工程部門的經理；在升上這個職位的過程中，他參與設計和製造美國第一項載人航天計畫「水星計畫」（Project Mercury）太空人進行軌道和次軌道飛行所穿的太空衣，而且是當中的重要角色。

獵頭挖角

就在十一月的第一周，沃根武接到紐約一家獵頭公司的電話，對方說德拉瓦州多佛市（Dover）一家大公司的主管迫切希望見他，討論他跳槽到該公司的可能。雖然獵頭公司並未透露很多資料（它們首次接觸客戶希望挖角的人，通常都是這樣），但沃根武馬上就知道對方所講的大公司是哪一家。國際乳膠公司（International Latex Corporation）就位在多佛市，雖然大眾多數只知道該公司生產束腹和胸圍，但沃根武知道它也是固力奇在太空衣領域的三大競爭對手之一。他還知道，國際乳膠最近獲得一份轉包合約，價值約七十五萬美元，負責研發「阿波羅登月計畫」（Project Apollo）使用的太空衣。事實上，國際乳膠是打敗了固力奇等同業取得這份合約，因此可說是眼下太空衣領域最當紅的公司。另一方面，沃根武當時對自己在固力奇的處境不是很滿意；首先，他的薪水在三十來歲的人當中雖然算是很好，但顯著低於固力奇同級員工的平均薪酬。此外，他不久前要求公司替太空衣部門的工作區域裝冷氣或空氣過濾系統，以求減少灰塵，但遭到管理階層拒絕。因此，在透過電話聯繫獵頭公司所講的大公司主管後（果然是國際乳膠公司），沃根武在隨後的周日便去了多佛一趟。

他在多佛待了一天半，周一當日向固力奇請假，得到「真正的紅地毯待遇」——這是他後來自己講的。國際乳膠工業產品部總監李奧納·謝帕德（Leonard Shepard）陪沃根武參觀公司的太空衣研發設施，副總裁馬克斯·費勒（Max Feller）在自己家裡招待他，另一名主管則陪他看多佛的居住環境。最後，周一午餐之前，他與這三名主管面談，之後三人「轉到另一個房間談了約十分鐘」——這是沃根武後來在法庭上的敘述。當他們重新出現時，其中一人表示國際乳膠希望聘請沃根武爲工業產品部工程經理，職責包括太空衣的研發，年薪一萬三七〇〇美元，在十二月上任。沃根武致電太座，得到她的同意後，接受了這份工作；她太太本來住在巴爾的摩，很高興可以回到故鄉附近，所以支持沃根武跳槽。當天晚上，他飛回亞克朗；周二早上，沃根武第一件事便是去找他在固力奇的直屬上司卡爾·艾夫勒（Carl Effler），告訴對方他將於月底離開公司，去做另一份工作。

「你是開玩笑的吧？」艾夫勒說。

「不是，我很認真，」沃根武答道。

根據沃根武後來在法庭上的陳述，兩人講完這兩句之後，艾夫勒抱怨了一下月底前很難找到適任的接替者——上司面對請辭的部屬，通常會說這種話。當天餘下時間，沃根武整理他的部門文件，並清理他桌上的待辦事項。第二天早上，他去見韋恩．蓋洛威（Wayne Galloway），固力奇太空衣業務的一名主管；他倆曾緊密合作，長期以來非常友好。沃根武後來說，雖然當時在公司的組織架構下，他不是蓋洛威的部屬，但是他覺得基於人情，應該親自向蓋洛威「解釋他的情況」。沃根武一見到蓋洛威，便有點濫情地將一枚水星計畫太空船徽章交給對方；那是他參與水星計畫太空衣研發工作獲贈的，他說他覺得自己沒有資格再用這枚徽章了。蓋洛威問他：「那你爲什麼要走呢？」沃根武說，很簡單，因爲國際乳膠公司的工作，使他在薪水和職責方面都前進一步。蓋洛威說，沃根武跳槽，會將一些不屬於他的東西帶去國際乳膠公司，特別是固力奇製造太空衣的方法。在兩人交談的過程中，沃根武問蓋洛威，換作是他得到類似的工作機會，他會怎麼做？蓋洛威說他不知道，但又補了一句：如果有一群人帶著一個天衣無縫的銀行搶劫計畫，找他加入，他不知道自己會怎麼做。他說，沃根武的決定，必須基於忠誠和道德。沃根武覺得這句話是在指責他心存惡意，一時衝動之下便脫口而出：「忠誠和道德是有價格的，國際乳膠公司已經爲它們買單。」他後來解釋，自己在當時忍不住說了氣話。

此後事情便急轉直下。當天早上稍後，艾夫勒將沃根武叫進辦公室，告訴他管理階層已經決定請他盡快離開公司；他只需要列出手上在做的工作和完成一些手續，即可離去。當天下午，沃根武在忙這些事時，蓋洛威打電話給他，說公司的法務部門想見他。在法務部門，他被問到，他是否打算在國際乳膠公司使用屬於固力奇的機密資料？根據固力奇一名律師後來提供的宣誓陳述書，沃根武再度魯莽地回答：「你們要如何證明我有做這些事？」法務部的人告訴他，在法律上，他並非可自由地跳槽到國際乳膠公司。雖然他並沒有與固力奇簽訂美國產業界常見的競業禁止協議，承諾在某段時間內不跳槽到競爭對手做類似工作，但他從陸軍退役回到公司時，簽了一份例行文件，同意「替受雇期間接觸的所有資料、紀錄和文件保密」——在固力奇的律師提醒沃根武之前，他已經完全忘記自己簽過這份文件。這名律師告訴他，即使他沒有簽過這份文件，根據商業機密法已確立的原則，他也不能替國際乳膠公司做太空衣方面的工作。此外，如果他堅持自己的跳槽計畫，固力奇可能會控告他。

沃根武回到自己的辦公室，打電話給他在多佛見到的國際乳膠副總裁費勒。在他等候電話接通之際，他與前來看他的直屬上司艾夫勒交談，對方對他跳槽一事的態度看來已顯著轉趨強硬。

沃根武抱怨自己受到固力奇支配，覺得公司不合理地妨礙他的自由。而艾夫勒的話更令他惱火，他說過去四十八小時發生的事將不會被忘記，大有可能影響沃根武在固力奇的前途；如果他離職，公司可能會告他，但他要是留下來，則可能會遭到奚落。在打到多佛的電話接通之後，沃根武告訴費勒，從新的情況來看，他將無法去國際乳膠公司工作。

但是，當天傍晚，沃根武的前途看來轉趨光明。在沃茲沃思，他去看相熟的牙醫師，對方介紹了一位當地律師給他。沃根武將他的事告訴這名律師，對方透過電話諮詢另一名律師，兩位律師認爲固力奇很可能只是在嚇唬沃根武；如果他跳槽到國際乳膠，估計固力奇不會眞的控告他。第二天周四早上，國際乳膠公司的人致電沃根武，向他保證如果發生訴訟，將會承擔他的法律費用，並補償他在薪酬上可能遭受的損失。受到這通電話的鼓舞，沃根武在接下來數小時內做了兩件事：親自去告訴艾夫勒兩名律師給他的意見，並且致電法務部門，表示他改變主意，決定去國際乳膠公司上班。當天，在他清理好自己的辦公室之後，便永久離開了固力奇辦公室，並未帶走任何文件。

隔天周五，固力奇法務總顧問基特（R. G. Jeter）致電國際乳膠產業關係總監艾默生・巴雷特（Emerson P. Barrett），提出固力奇對沃根武跳槽到國際乳膠可能洩露固力奇商業機密的疑慮。巴雷特說，雖然「沃根武是受雇從事太空衣的設計和製造工作」，國際乳膠對取得固力奇的商業機密完全沒有興趣：「我們只是希望借助沃根武先生的一般專業能力。」但這個答案未能滿足基特或固力奇，這點在三天之後的次周一獲得證實。周五傍晚，沃根武在亞克朗一間名爲布朗德比（Brown Derby）的餐廳，參加四、五十位朋友替他辦的送別會。一名女服務生告訴他，外頭有人找他，那個人是亞克朗所在地薩米特郡（Summit County）一位副警長，他將兩份文件交給沃根武：一份是傳喚沃根武約一周後出席民事法院聆訊，另一份是當天固力奇向同一法院提交的申請書副本，內容是請求法院永久禁止沃根武做某些事，包括向任何未獲授權的人透露任何屬於固力奇的商業機密，以及「替原告以外的任何公司做任何與高海拔增壓衣、太空衣和／或類似防護衣的設計、製造和／或銷售相關工作。」

怎樣才算違反商業機密？

在中世紀，人們充分認同有必要保護商業機密；當時各種手工業的公會，熱心捍衛自身行業的機密，嚴格限制會員跳槽。採行不干涉主義的工業社會，因爲強調個人有權把握機會出人頭地，對於雇員跳槽寬容得多，但仍然尊重各組織保護自身機密的權利。在美國法律中，有關商業機密的基本規定是小奧利弗・溫德爾・霍姆斯大法官（Oliver Wendell Holmes）在一九〇五年芝加哥一宗訴訟中確立的。他在判決書中寫道：「原告有權利將自己的工作成果，或付錢取得的工作成果只留給自己。其他人如果能做類似工作，並不代表他們有權竊取原告的工作成果。」此後，幾乎每一宗商業機密訴訟，都引述這項直白得可敬、但或許不大縝密的裁決。然而，在多年之後，隨著科學研究和產業組織變得極其複雜，怎樣才算是商業機密、怎樣才算是竊取商業機密的問題，也變得極其複雜。

美國法律協會（American Law Institute）一九三九年發表權威文件《侵權法重述》（*Restatement of the Law of Torts*），勇敢地處理前述第一個問題，提出下列說明或重述：「商業機密可以是某個人在其業務中使用的任何方案、模式、裝置或資料組合；當事人因爲這些機密，有機會在與並不知道或使用它們的對手競爭時占得優勢。」不過，在一九五二年一宗訴訟當中，俄亥俄州一法院裁定，亞瑟・馬瑞（Arthur Murray）的舞蹈教學法雖然是獨特的，而且對他與同業競爭顧客應該有幫助，但不算是商業機密。該法院認爲：「人人都有做各種事情的『自己的方法』——無論是梳頭髮、擦鞋子或修剪草坪，我們都有自己的方法」，因此商業機密不僅應該是獨特、有商業價値的，還必須有固有價値（inherent value）。至於怎樣才算是竊取商業機密？在密西根州一九三九年一宗訴訟當中，荷蘭餅乾機器公司（Dutch Cookie Machine Company）指控一名前員工有意利用該公司高度機密的方法自行製造餅乾機器。初審法院裁定，荷蘭餅乾機器公司在製造機器的過程，至少涉及了三項祕密工序，因此禁止那名前員工以任何方式使用那些工序。但是，當密西根最高法院審理該案的上訴時，發現被告雖然知道那些祕密工序，但並未計畫在自己的生意中使用它們，因此最高法院撤銷了下級法院的禁制令。

隨著憤怒的舞蹈教師、餅乾機器製造商和其他人在美國的法院提出訴訟，有關保護商業機密的法律原則牢牢確立，困難主要在於將這些原則應用在個別案件上。近年來，此類訴訟的數量大幅增加，這是因爲民間企業的研發投資也大幅增加——民間企業一九六二年的研發支出高達一一五億美元，是一九五三年的三倍以上。沒有公司希望自己投資產生的發明，被人藏在公事包中帶走，它們甚至不希望相關知識被另謀高就的年輕科學家藏在腦中帶走。在十九世紀的美國，如果有人發明更好的捕鼠器，只要他能夠正確地取得專利，自身權益應該就能夠得到有效的保護。那個年代的科技相對簡單，專利已能保護商業上的多數所有權，所以商業機密訴訟相對罕見。然而，今天的「先進捕鼠器」，就像製造太空衣所涉及的工序，往往是無法取得專利的。

由於固力奇控告沃根武一案的結果，可能影響數以千計的科學家和上百億美元的研發投資，它自然特別受到公眾矚目。在亞克朗，此案審訊的過程，獲得當地報紙《亞克朗燈塔報》（*Akron Beacon Journal*）大篇幅的報導，也成爲當地人的熱門議題。固力奇是老派公司，在處理員工關係上有強烈的家長作風，而且極其重視它眼中的商業道德。固力奇一名非常資深的主管表示：「沃根武的行爲令我們很不高興。在我看來，這件事在公司引發的疑慮，是多年來僅見的。事實上，固力奇成立九十三年來，從不曾訴諸法院阻止前員工洩露我們的商業機密。當然，歷年來有許多從事敏感工作的員工離開公司。但在那些個案中，聘請這些離職員工的公司，都認識到它們的責任。有一次，固力奇一名化學家跳槽到另一家公司，我們覺得他將在新工作中使用我們的一些技術，所以我們找這名前員工和他的新雇主討論，結果是該公司從未推出它請我們這名前員工去研發的產品。這名前員工和他的新雇主都做了負責任的事。至於沃根武這件事，本地社會和我們的員工，起初對我們有些敵意：他們覺得我們一家大公司在欺負一個小人物，諸如此類的看法。但後來，他們逐漸轉向支持我們的立場。」

亞克朗以外的地方對這件案子的興趣，展現在寄到固力奇法務部詢問此案的大量信件上；此案顯然已成爲眾所矚目的指標案件。有些詢問是來自遇到或預期將遇到類似問題的公司，但也有爲數不少的意外詢問是來自年輕科學家的家人，例如有人問：「這是否表示我兒子終其一生，都將被鎖在他現在的工作上？」事實上，這件案子確實涉及重要議題，無論法官怎麼判都必須避開危險的陷阱。危險之一，是法院的判決可能使得企業無法保護研發成果，最終導致民間研發投資枯竭。另一方面的危險，則是法院的判決可能使得數以千計的科學家，因爲自身的聰明才智，被永遠鎖在一種可悲且可能違憲的知識牢籠裡——因爲知道太多東西，所以被禁止換工作。

我不會洩密

此案在亞克朗審理，由法蘭克．哈維（Frank H. Harvey）法官主持，一如所有此類案件，不設陪審團。審訊從十一月二十六日開始，持續到十二月十二日，中間休庭一周。沃根武本來十二月三日就要開始在國際乳膠公司上班，但遵照他與法庭的自願協議，留在亞克朗，並出庭就案情各方面積極作證自辯。固力奇尋求的禁制令（injunction），是機密遭竊的人所能尋求的主要救濟形式，源自羅馬法，古時稱爲「interdict」（現在蘇格蘭仍然沿用此詞）。固力奇的訴求，實際上是要求法院直接下令，禁止沃根武洩露固力奇的機密，同時禁止他在其他公司從事太空衣方面的工作。違反這種命令將構成藐視法庭罪，可處罰款或監禁（或罰款加監禁）。固力奇的律師團隊由基特親自領軍，可見該公司非常重視這件案子——基特是固力奇副總裁、公司祕書，也是該公司在專利法、一般法律事務、員工關係、工會關係和工人傷殘賠償等事務上的最終權威，之前十年一直找不到時間親自出庭打官司。辯方首席律師是亞克朗當地巴金漢杜立德伯若斯（Buckingham, Doolittle & Burroughs）律師事務所的李察・車諾維斯（Richard A. Chenoweth），國際乳膠雖然不是本案被告，但爲了兌現它對沃根武的承諾，聘請該律師事務所替沃根武辯護。

審訊一開始，控辯雙方便認清，固力奇若要勝訴，必須證明下列三件事：一、公司確實有商業機密；二、沃根武也掌握這些機密，而且有洩密的實質危險；三、如果法院不發出禁制令，固力奇將遭受無可彌補的傷害。有關第一點，固力奇的律師藉由審問艾夫勒、蓋洛威和公司另一名員工，嘗試證明固力奇在太空衣方面有一些無可爭議的機密，包括一種製造太空頭盔硬殼的方法、一種製造遮陽板封條的方法、一種做襪尾的方法、一種做手套襯裡的方法、一種將頭盔扣緊太空衣其他部分的方法，以及一種將耐磨的氯丁橡膠用在雙面彈性布料上的方法。沃根武藉由其律師的交互詰問，嘗試證明這些方法完全不是機密。例如，氯丁橡膠工序在艾夫勒口中，是固力奇「非常關鍵的商業機密」，但車諾維斯指出，國際乳膠有一款名爲「布蕾特」（Playtex Golden Girdle）的束腹，就是用加了氯丁橡膠的雙面彈性布料製造的。這項產品既非機密，也不會用在該公司的太空衣上；爲了強調他的論點，車諾維斯拿了一件布蕾特束腹到庭上給所有人看。

雙方也都沒忘記帶一套太空衣上法庭，而且都找人穿上。固力奇展示的太空衣，是一九六一年的款式，希望藉此呈現該公司的研發成果；它打這場官司，正是不想因爲有人洩露公司機密而損害其研發成果。國際乳膠也是展示一九六一年款的太空衣，希望藉此證明該公司在太空衣研發上已領先固力奇，所以沒有興趣竊取固力奇的機密。國際乳膠的太空衣樣子特別古怪，在庭上穿著它的國際乳膠員工看起來極不舒服，好像他不習慣地球或亞克朗的空氣似的。「因爲空氣管沒有接好，所以他覺得很熱，」《亞克朗燈塔報》在第二天的報導中解釋。無論如何，在辯方律師就這套太空衣審問一名證人時，穿著太空的人坐著受苦十或十五分鐘之後，突然很難受地指著他的頭盔；接下來的法庭紀錄在歷來的審訊紀錄中，很可能是獨一無二的：

太空衣中的人：我可以脫掉它嗎？（頭盔）……

法庭：可以。

固力奇要證明的第二點，是沃根武知道該公司的機密，這點不必爭論，因爲辯方律師承認，固力奇有關太空衣的一切，沒有什麼是沃根武不知道的。於是，辯方基於下列兩點辯護：一、沃根武無疑並未從固力奇帶走任何文件；二、即使他希望記下固力奇的機密工序，也不大可能記得那些複雜科學程序的細節。至於控方要證明的第三點，也就是固力奇將遭受無可彌補的傷害，基特指出，固力奇製造出史上首套全壓飛行服，供已故的懷利．波斯特（Wiley Post）於一九三四年的高海拔實驗使用，隨後投入巨資研發太空服，在這個領域無疑是先驅，也是這一行目前公認的領導廠商。

基特嘗試將一九五〇年代中期才開始製造全壓衣的國際乳膠描繪成暴發戶，意圖藉由招攬沃根武，卑鄙地掠奪固力奇多年來努力研發的成果。他表示，即使國際乳膠和沃根武抱持最大的善意，沃根武替國際乳膠的太空衣部門工作，仍將無可避免地洩露固力奇的機密。基特無論如何都不願假設對方心存好意，至於他們不懷好意的證據，國際乳膠的部分展現在他們刻意找上沃根武這點，而沃根武的部分則是他對蓋洛威講的那句話：「忠誠和道德是有價格的。」辯方質疑洩密是無可避免的說詞，當然也否認有人不懷好意。他們在總結時，安排沃根武在庭上宣誓：「對於我認爲屬於固力奇公司的所有機密，我絕不會洩露給國際乳膠公司。」但這當然消除不了固力奇的疑慮。

在聽取雙方的證詞和律師的總結之後，哈維法官宣布將擇日宣判，同時發出臨時命令，禁止沃根武洩露固力奇所稱的機密，同時禁止他在國際乳膠公司做太空衣方面的工作；他可以在國際乳膠受薪工作，但在法院宣判之前，不得參與太空衣相關事務。十二月中，沃根武留下家人，前往多佛替國際乳膠公司做太空衣以外的工作；一月初，他已賣掉沃茲沃思的房子並在多佛購屋，家人也就搬到多佛。

在狗咬人之前，你不能假定牠是凶惡的

在此同時，控辯雙方的律師均向法院提交意見書，嘗試藉此左右哈維法官的決定。他們博學地辯論各種法律細節，但無法一錘定音。不過，在這項過程中，有一件事愈來愈清楚：此案的本質實際上很簡單。相關事實其實並無爭議，有爭議的是下列兩個問題：一、如果一個人尚未洩密，而且也不清楚他是否有洩密之意，是否應該正式禁止他洩露商業機密？二、是否應該只是因爲某份工作令某人面對違法的獨特誘惑，就禁止這個人做這份工作？辯方律師搜尋法律書籍，找到了一些文字，明確支持這兩個問題的答案均爲否定的立場。（法律著作的作者在書中的陳述，在任何法院均無法律效力，這點與歷來的法院判決截然不同；不過，若能明智地運用這種資料，律師可以引述他人來表達自己的看法，引用「參考文獻」支持自己的觀點。）

辯方引述律師理思達．艾利斯（Ridsdale Ellis）於一九五三年出版的著作《商業機密》（*Trade Secrets*），當中寫道：「通常要到有證據顯示，已跳槽的員工明確或含蓄地並未履行保密的契約義務，前雇主才能夠提起訴訟。侵權法中有句格言：每條狗都有免責咬一口的法律保護，在一條狗咬人之前，你不能假定牠是凶惡的。據此原則，前雇主必須在前員工做了某些顯然違約的事之後，才能夠提起訴訟。」這段話非常生動，而且看來恰恰適用於沃根武一案。爲了反駁此說，固

力奇的律師在同一本書中找到了另一段話。（控辯雙方在他們的意見書中，一再地引用艾利斯的《商業機密》，很可能是因為雙方都主要靠薩米特郡法律圖書館做研究，而該館討論商業機密的書只有這本。）固力奇的律師發現，艾利斯在書中表示，在商業機密訴訟中，被告若是一家公司，被指控挖走另一家公司掌握機密的員工，則「這名員工到被告公司上班時，我們可以做出下列推論來補強間接證據：被告聘請這名員工，是出於取得原告機密的意圖。」

換句話說，艾利斯顯然認為當情況可疑時，不應容許「免責咬一口」。那麼，他是自相矛盾，或只是提出了較為精細的意見？這是個好問題，但由於艾利斯早在數年前已過世，我們無法請他澄清。

一九六三年二月二十日，哈維法官在研究過意見書並深思熟慮之後，發表他九頁的判決書，內容充滿懸疑。法官首先寫道，他相信固力奇確實有一些與太空衣相關的商業機密，沃根武或許能記得其中一些並洩露給國際乳膠公司，造成固力奇無可彌補的傷害。他然後說：「國際乳膠公司無疑試圖得到沃根武在這個專門領域的寶貴經驗，因為他們手上握有與政府的『阿波羅』合約；如果沃根武獲准在國際乳膠公司的太空衣部門工作，他無疑有機會洩露固力奇公司的機密資料。」此外，哈維法官相信，從國際乳膠公司的代表在法庭上的表現看來，該公司挖角沃根武是想得到「他所握有的資料的好處」。

看到這裡，辯方的情況看來非常不樂觀，但是——法官寫到第六頁後頭才提出這個「但是」——哈維法官研究雙方律師有關「免責咬一口」的爭論後，認爲在洩露商業機密的行爲發生之前，除非有清楚的實質證據顯示被告不懷好意，否則法院不能發出禁止洩露商業機密的命令。法官指出，本案被告是沃根武，如果有人不懷好意，看來是國際乳膠公司而非沃根武。基於這個理由和一些技術性因素，他的結論是：「本庭認爲，不應該對被告發出禁制令，先前針對他的禁制令因此撤銷。」

固力奇隨即上訴，薩米特郡上訴法院在審案之際，同樣是先發出限制令，但和先前哈維法官發出的內容不同，這次禁止沃根武洩露固力奇所稱的商業機密，但允許他替國際乳膠公司做太空衣方面的工作。因此，先勝一仗但仍官司纏身的沃根武，便開始在國際乳膠公司研發登月太空衣。

基特和他的同事在提交上訴法院的意見書中，明確表示哈維法官不僅在判決的某些技術問題上出錯，而且他認爲必須有證據顯示被告不懷好意才能發出禁制令也是錯的。固力奇的意見書明白指出：「法官要判斷的，並不是被告心存好意或惡意，而是商業機密是否有遭到洩露的危險。」但這種說法可能有點前後不一，因爲該公司之前耗費大量時間和精力，嘗試證明國際乳膠公司和沃根武兩者皆不懷好意。沃根武的律師當然不會忘記指出這項矛盾，他們在意見書中寫道：「固力奇挑剔哈維法官的這項意見，看來著實奇怪。」他們顯然對哈維法官極有好感，以致很想維護他。

上訴法院在五月二十二日做出裁決，判決書由阿瑟·道爾（Arthur W. Doyle）法官撰寫，在另外兩名上訴法院法官的支持下，推翻了哈維法官的部分判決。三位法官認爲「即使沒有實際的洩密行爲，但存在著實質的洩密危險」，而「禁制令可以防止未來可能出現的違法行爲」，因此法院決定發出禁制令，禁止沃根武向國際乳膠公司透露固力奇視爲商業機密的所有工序和資料。另一方面，道爾法官寫道：「我們認爲，沃根武無疑有權從事與原雇主競爭的工作，並利用他的知識（不包括原雇主的商業機密）和經驗服務他的新雇主。」換句話說，沃根武終於獲准接受國際乳膠公司太空衣業務方面的長期職位，條件是他在工作中不洩露固力奇的商業機密。

你自己思考是否已和工作結婚

控辯雙方均未進一步上訴（再上一級的法院是俄亥俄州最高法院，然後是聯邦最高法院），薩米特郡上訴法院的判決，解決了沃根武一案。審訊結束後，大眾對此案的興趣很快就消退，但業界的興趣則繼續增加，在上訴法院於五月判決之後仍然持續。紐約市律師協會（New York City Bar Association）與美國律師協會，在當年三月合辦了一個有關商業機密的研討會，焦點正是沃根武一案。當年稍後，擔心失去商業機密的各產業雇主，針對前員工提起多項訴訟，想必是以沃根武案爲判例。一年之後，各地法院審理中的商業機密訴訟有二十多宗，最受矚目的一宗是杜邦公司（E. I. du Pont de Nemours & Co.）提起的，它希望阻止一名前研究工程師在美國鉀肥化工公司（American Potash & Chemical）參與製造若干罕見的顏料。

我們可以合理假設，基特也許會擔心上訴法院的命令難以執行，他可能會擔心沃根武關起門來在國際乳膠的實驗室工作，由於對固力奇心存怨恨，所以會不顧法院禁令，本著不會被抓到的想法，行使他「免責咬一口」的權利。然而，基特看來並非這麼想，他在該案塵埃落定後表示：「除非我們得知相反的情況，否則我們假設沃根武和國際乳膠公司既然知道法院的命令，就會遵守法律。固力奇並未採取任何具體措施監督法院命令的執行，也並未考慮這麼做。但如果有人違反法院命令，我們很可能從各種管道得知消息。畢竟，沃根武是和其他人一起工作，這些人是會流動的。工作上經常接觸他的可能有二十五人，他們當中可能會有一、兩個人，在兩三年內離開國際乳膠公司。此外，我們可以從同時與國際乳膠和固力奇往來的供應商那裡，還有客戶那裡得到很多消息。話說回來，我不覺得有人會違反法院的命令。沃根武經歷了一場官司，這對他來說是非常難忘的經驗。現在他知道根據法律，自己有哪些責任，而他之前可能並不清楚這些責任。」

沃根武在一九六三年稍後表示，自從案件審結以來，他接到業界其他科學家的大量詢問，基本上是問他：「你的案子是否意味著我和我的工作結婚了？」他告訴那些人，他們必須自己得出結論。沃根武也表示，法院的命令對他在國際乳膠太空衣部門的工作並無影響：「法院的命令並未確切說明我不能洩露固力奇哪些機密，所以我假設他們宣稱是機密的，全部都是機密。儘管如此，我的效率並沒有因爲我必須避免透露那些東西而受損。舉例來說，固力奇宣稱利用聚氨酯做內襯是他們的商業機密，但國際乳膠公司其實也曾經嘗試這麼做，但認爲效果不佳，所以無意繼續朝這方向研究下去，直到現在也還是這樣。法院的禁制令對我在國際乳膠公司的工作效能毫無影響，但我必須要這麼說，如果現在有其他公司提供更好的工作機會給我，我肯定會非常審慎評估自己的處境，這是我上一次沒有做的事。」

沃根武——經歷訴訟之後的新沃根武——講話顯然變慢了，而且十分謹慎，不時停頓良久思考措辭，就像說錯話會慘遭五雷轟頂似的。他是一個對未來有強烈歸屬感的年輕人，期望自己能對人類登月計畫有實質貢獻。在此同時，基特可能是對的：沃根武最近才被法律訴訟折磨了將近六個月，他現在和未來工作時都會記得，不小心說錯話，可能會招致罰款、監禁和事業破產之災。

第12章 英鎊捍衛戰

銀行家、英鎊與美元

紐約聯邦準備銀行（Federal Reserve Bank of New York）大樓所在的街區，四周是自由街、拿索街、威廉街和少女巷。這棟大樓就在曼哈頓商業區碩果僅存的一個小山丘斜坡上，四周是推土機鏟平的土地，高樓密布。大樓入口面向自由街，外觀莊嚴冷酷。大樓底層的拱形窗戶，模仿佛羅倫斯彼提宮（Pitti Palace）和美第奇里卡迪宮（Riccardi Palace），保護它們的鐵欄由粗如男孩手腕的鐵條做成。大樓底層以上的各樓層外部，有一列列的小直長方形窗戶，十四層樓高的沙岩和石灰岩外牆看起來像峭壁。牆上一塊塊的石頭曾經各有顏色，從棕色、灰色到藍色皆有，但煤灰已將它們染成共同的灰色。大樓正面十分樸素，稍微增添一些趣味的，只有十二樓的佛羅倫斯式涼廊。大門兩側立了兩個巨大的鐵燈籠，與裝飾佛羅倫斯斯特羅齊宮（Strozzi Palace）的那兩個幾乎完全一樣，但它們看來不像是為了討好進入大樓的人或替他們照明而設，反而像是要恫嚇他們。大樓內部也沒有顯著比較活潑好客，一樓有洞穴狀的拱頂，鐵柵欄上有複雜精細的幾何、花卉和動物圖案，成群穿著深藍色制服的保全人員看起來很像警察。

這座巨大嚴峻的銀行大樓，會喚起觀察者各種各樣的感覺。對那些喜歡自由街對面大通銀行新大樓的人來說，新大樓不但具現代感，主要特色包括巨型窗戶、明亮的瓷磚外牆，還有時髦的抽象表現主義畫作；對照之下，紐約聯邦準備銀行儼然成為十九世紀笨拙銀行建築的代表作，儘管它其實是在一九二四年落成的。對一九二七年一位驚奇不已的《建築》雜誌（*Architecture*）寫手來說，紐約聯邦準備銀行看起來「像直布羅陀巨巖（Rock of Gibraltar）那麼不可撼動，像虔誠的敬禮那麼激勵人心」，而且具有「一種特質——我想來想去，最接近的形容詞是『壯麗』（epic）。」對那些在這裡當祕書或服務人員的年輕女孩的母親來說，它看起來像是特別邪惡的一種監獄。銀行搶匪顯然也敬畏這座看似不可侵犯的大樓，他們似乎從不曾打它的主意。紐約市政藝術協會（Municipal Art Society of New York）現已將它評為頂級地標，直到一九六七年時它還只是二級地標，備注為「對本地或本區域非常重要的建築物，應當保存」，而不是像現在這樣備注為「對全國非常重要的建築物，應當不惜代價保存」的一級地標。另一方面，相對於彼提宮、美第奇里卡迪宮和斯特羅齊宮，紐約聯邦準備銀行有一項無可爭議的優勢：它大過它們任何一個。事實上，這座佛羅倫斯式宮殿，比佛羅倫斯史上所有宮殿都要大。

世界貨幣的首要堡壘

從成立宗旨、功能到建築物外觀，紐約聯邦準備銀行均與華爾街其他銀行截然不同。該行是十二家區域聯邦準備銀行中最大、最重要的一家，也是美國中央銀行系統的主要作業單位——十二家區域聯邦準備銀行，加上華府的聯邦準備制度理事會（Federal Reserve Board），以及旗下的六千兩百家會員商業銀行，構成整個美國聯邦準備系統（Federal Reserve System）。其他國家多數只有一間中央銀行，例如英國央行、法國央行等，而不是像美國這樣有一個央行網絡。不過，所有的國家央行都有相同的雙重目標：一、藉由控制本國貨幣的供給，包括調整人們借入本幣資金的難易程度，維持本幣在健康狀態；二、在必要時，捍衛本幣對其他國家貨幣的價值。

爲了達成前述第一個目標，紐約聯準銀行與華府聯準會和另外十一家聯準銀行合作，不時調整一些貨幣指標，其中最受矚目的一項，便是它借錢給其他銀行的利率，儘管這未必是最重要的指標。至於第二個目標，紐約聯準銀行是聯邦準備系統和美國財政部與其他國家往來的唯一代理人；這一來是出於傳統，二來是因爲它位居美國和世界最重要的金融中心。因此，紐約聯準銀行肩負捍衛美元的主要作業責任，在一九六八年的貨幣大危機期間，這些責任重重地壓在紐約聯準銀行身上；而事實上，因爲捍衛美元有時涉及捍衛其他貨幣，在一九六八年之前的三年半間，該行同樣肩負這種重任。

紐約聯準銀行和其他區域聯準銀行肩負服務國家利益的職責，除此之外別無其他目的，因此它們顯然是政府的一部分。但是，紐約聯準銀行在某些方面，卻像是自由市場體制中的一家公司；該行可說是橫跨政府與企業的分界線，而有些人可能會認爲這是一種美國特色。雖然它的職能像是一個政府機構，它的股份由全美的會員銀行私下持有，會支付股息，但受到法律限制，每年爲六％。雖然該行最高主管就任時，必須像聯邦政府官員那樣宣誓，但他們並非由美國總統任命，甚至也不是聯準會任命的，而是由該行自己的董事會選出，而他們的薪酬並非由聯邦政府支付，而是從該行自身的收入中支取。紐約聯準銀行的收入雖然源源不絕（眞好啊！），但完全是它履行職責附帶產生的，如果在支付營運費用和股息後仍有盈餘，會自動轉交給美國財政部。在華爾街，沒有什麼銀行會視盈利爲附帶產生的，這種態度賦予紐約聯準銀行員工獨特的優越社會地位，因爲他們的銀行畢竟是一家民間擁有的銀行，而且是有盈利的，他們不能被貶爲純粹的政府官僚；另一方面，因爲他們追求的目標堅定地超越貪財的層次，所以有資格獲譽爲華爾街銀行業的知識人——如果不是貴族的話。

紐約聯準銀行大樓底下藏有黃金，而黃金仍然是所有貨幣名義上的基石，儘管近來各種貨幣地震已憾動這塊基石，產生令人擔心的情況。[28] 一九六八年三月，價值一三〇億美元、占自由世界貨幣性黃金（monetary gold）四分之一以上的一萬三千噸黃金，藏在自由街底下七十六呎、海平面以下五十呎的金庫裡，如果地下的水泵系統不將原本流經少女巷的一條溪流導向別處，這座金庫將被水淹沒。十九世紀著名英國經濟學家沃爾特・白芝浩（Walter Bagehot）曾對他的朋友說，在他情緒低落時，只要走到他銀行的金庫：「把手放進一堆金幣中」，通常就能夠振作起來。

如果能夠下去紐約聯準銀行的金庫看黃金，那可眞是令人興奮；這裡的黃金不是金幣，而是發出曖曖光芒的金條，形狀和大小像是建築用的磚塊。不過，即使是最尊貴的訪客，也不准動手玩這些黃金，因爲一來每塊金條重約二十八磅（約十二・七公斤。），不適合拿來玩，二來它們並不屬於紐約聯準銀行或美國所有。美國自己的黃金藏在陸軍基地諾克斯堡（Fort Knox），以及紐約金屬檢驗所（New York Assay Office）和各鑄幣廠。紐約聯準銀行儲存的黃金，大約屬於七十個其他國家所有，其中歐洲國家占最大部分，它們發現將本國黃金準備的一大部分放在這裡比較方便。這些國家將黃金放在紐約，起初多數是希望在二戰期間妥善保管這些財物。二戰之後，歐洲國家除了法國以外，不僅將這些黃金繼續留在紐約，還隨著本國經濟的復甦，大量增加儲存黃金在紐約。

這些黃金也不如紐約聯準銀行的外資存款那麼重要；一九六八年三月，各種投資使得外資在這裡的存款增至逾二八〇億美元。作爲服務非共產世界多數央行的銀行，以及代表世界最重要貨幣的中央銀行，紐約聯準銀行無疑是世界貨幣的首要堡壘。拜此地位所賜，它有一種透視國際金融狀況的能力，可以一眼看出某檔貨幣開始「生病」，某個經濟體正在搖搖欲墜。舉例來說，倘若英國國際收支出現赤字，紐約聯準銀行馬上能在它的帳上，看到英國央行的帳戶餘額減少。一九六四年秋季，英國正是陷入了這種困境，漫長、英勇、偶爾緊張萬分，最終失敗的英鎊捍衛戰由此展開（目的是保護現行的世界金融秩序），而領導多國及其央行參與這場戰役的正是美國和聯準會。氣勢宏偉的大樓通常有一個問題：它們往往令置身其中的人與事顯得微不足道；紐約聯準銀行在多數時候確實就像一般銀行，經常覺得無聊的人將平平無奇的日常工作文件傳來傳去，種種活動極少能使人虔誠地敬禮。但從一九六四年起，這裡發生的一些事，眞的具有某種史詩特質。

28 譯注：作者撰寫本文時，美國仍承擔各國央行用美元向其兌換黃金的義務，但隨後美國於一九七一年宣布不再承擔這項義務，主要貨幣的價值從此不再有黃金作為後盾。

國際貨幣遊戲

一九六四年年初，數年來國際收支大致平衡的英國（即每年流出境外與流入國內的資金大致相同），顯然開始出現大幅赤字。這不是因爲英國國內景氣蕭條，反而是因爲國內經濟過度熱絡所致；由於商業興旺，重新富起來的英國人向海外購入大量昂貴商品，但英國商品出口額卻遠遠未能同步成長。簡言之，英國正處於「入不敷出」的窘境。即使是相對自足的國家如美國，國際收支出現大幅赤字也是值得擔心的事——事實上，這個問題當時也正在困擾著美國，而且此後多年仍然無解。而像英國這種仰賴貿易的國家，整個經濟體約四分之一仰賴國際貿易，國際收支大幅赤字更是嚴重的危機。

這種情況愈來愈受到紐約聯準銀行的關注，而最關注這項問題的，是該行負責國外業務的副總裁查爾斯．康伯斯（Charles A. Coombs），他的辦公室位在紐約聯準銀行大樓的十樓。整個夏天，螢幕上的資料顯示英鎊病了，而且情況愈來愈嚴重。在海外業務部研究小組每天送交康伯斯的報告顯示，有大量資金正在離開英國。大樓底下的金庫傳來消息：儲存英國黃金的櫃子，流失數量可觀的金條，但不是遭人竊取，而是許多金條都被轉移到其他國家的金櫃，來抵償英國的國際債務。七樓外匯交易部每天下午傳出的消息，幾乎都是英鎊兌美元的公開市場報價當天又下跌了。七月和八月間，英鎊匯價從二．七九美元跌至二．七八九〇，然後是二．七八七五。自由街的人認爲事態非常嚴重，康伯斯平常自己處理外匯事務，僅向上頭提交例行報告，但現在卻是經常和他上司——紐約聯準銀行總裁、輕聲細語的冷靜高個子艾弗烈．海斯（Alfred Hayes）——討論外匯問題。

國際金融交易或許看似異常複雜費解，但其實道理與一般家庭財務相差無幾。國家的財務煩惱一如家庭，是入不敷出的結果。賣商品到英國的出口商賺到的英鎊不能直接使用，必須兌換成他們本國的貨幣，所以他們在外匯市場賣出英鎊，就像在證交所賣出證券那樣。英鎊的市價因應英鎊的供需波動，一如所有其他貨幣——除了有如貨幣太陽系中的太陽美元以外，因爲美國自一九三四年起，承諾接受任何國家無限量地按照每盎司三十五美元的固定價格，拿美元向它兌換黃金。

英鎊的匯價在賣壓下走低，但其波動受到嚴格限制。當局僅允許英鎊兌美元在其標準値上下數美分的範圍內波動，不允許市場力量將英鎊匯價壓低或推高到該範圍以外。如果當局允許英鎊匯價不受約束地急升暴跌，世界各地與英國有業務往來的銀行業者和商人，將發現自己被迫參與一場賭博遊戲，就會傾向停止與英國往來。因此，根據一九四四年新罕布夏州布雷頓森林（Bretton Woods）達成的國際貨幣協議，以及隨後在多個其他地方達成的補充協議，一九六四年英鎊的標準匯價是二．八〇美元，而當局允許的波動範圍爲二．七八美元至二．八二美元。負責調節英鎊的供需、確保英鎊匯價不失控的是英國央行，當一切順利時，英鎊在外匯市場可能報出二・七九九〇美元，較上日收盤升高〇・〇〇一五美元——〇・一五美分看似微不足道，但應用在一百萬美元上也有一千五百美元，而國際貨幣交易一般以百萬美元爲基本單位。如果是這種情況，英國央行什麼都不用做。

但如果英鎊在匯市表現強勁，升至二・八二美元（在一九六四年是完全看不到可能出現這種情況的跡象），英國央行按照承諾必須接受別人拿黃金或美元，按此價格向它買進英鎊，以免英鎊升破該價位；英國央行將非常樂意這麼做，因爲該行的黃金和美元準備會因此增加，而這些準備資產是支持英鎊的後盾。但如果英鎊在匯市表現疲軟並跌至二・七八美元（這在一九六四年是較可能出現的情況），則英國央行有責任干預市場，拿出黃金或美元買進英鎊，消化所有掛在二・七八美元的英鎊賣盤，無論它將因此損失多少準備資產。也就是說，揮霍的國家央行，一如揮霍的家長，最終將被迫動用資本支付帳單。但當本國貨幣嚴重疲弱時，因爲奇特的市場心理，央行的準備資產損失超乎許多人的想像。審慎的進出口商爲了保護自己的資本和利潤，將盡可能減少手頭的英鎊和縮短持有英鎊的時間。匯市投機客一直致力培養自己嗅出弱勢貨幣的能力，他們會對走跌的英鎊落井下石、大量賣空英鎊，期望能從英鎊的進一步跌勢中獲利。而無論是進出口商或投機客的英鎊賣盤，英國央行都必須概括承受。

貨幣若不受約束地走疲，最終後果是災難性的，嚴重程度遠非家庭破產所能相比。貨幣不受約束地走疲，結果便是貨幣貶值（官方調低本幣的標準匯價），而像英鎊這樣重要的國際貨幣貶值，是所有央行官員一再面對的惡夢——無論他們身處倫敦、紐約、法蘭克福、蘇黎世還是東京。如果英國的準備資產流失到英國央行再無能力或意願，履行它維持英鎊在二．七八美元的職責，英鎊將只能被迫貶值。也就是說，二．七八美元至二．八二美元的匯價界限將驟然取消；政府簡單地發出命令，英鎊的標準匯價就會設在某個低於二．七八美元的水準，然後圍繞著該水準設定新的交易界限。這種貶值的核心危險，在於接下來出現的亂局並不僅限於英國。貶值作為治療有病貨幣最大膽也最危險的藥方，令人恐懼是有道理的。一國的貨幣貶值之後，其商品對其他國家將變得比較便宜，這將促進該國的出口，進而縮減或消除該國的國際收支赤字；但在此同時，進口和國內的商品將變得比較昂貴，進而損害國民的生活水準。

因此，這是一種激進的手術，治病之餘會損害病人的某些力量和福祉，往往還會損害他的自尊和聲望。最壞的情況是，貶值的貨幣為國際貿易中廣泛使用的貨幣（如英鎊），此時疾病（準確點講是療法）很可能將傳染出去。有些國家有大量準備資產是以突然貶值的貨幣計價，它們會覺得自己像是遭遇盜竊。這些國家和其他一些國家發現，自己因為某國貨幣貶值，陷入不可接受的貿易劣勢，因此它們可能訴諸競爭性貶值，也將自身貨幣的匯價調低。如果落入這種情境，將產生一種惡性循環：更多貨幣將貶值的傳言將不時出現；對其他國家的貨幣失去信心將使人厭惡跨國交易；攸關世界各地數億人生計的國際貿易將傾向萎縮。史上最經典的貨幣貶值——英鎊一九三一年脫離舊金本位制度——發生後，正是引發了前述災難；如今人們仍普遍認爲，該次貶值是一九三〇年代世界經濟蕭條的一大原因。

類似的過程，也發生在國際貨幣基金組織（International Monetary Fund）一百多個成員國的貨幣上，該組織源自布雷頓森林協定。任何一個國家出現國際收支盈餘，該國央行手頭累積的美元便會直接或間接增加，而這些美元可自由兌換成黃金；如果國際間對該國貨幣的需求夠強，當局可調高該貨幣的標準匯價，這便是與貶值相反的貨幣升值——德國與荷蘭在一九六一年便是這麼做。相反地，國際收支出現赤字，則會揭開一連串事件的序幕，最終結果可能是赤字國的貨幣被迫貶值。貨幣貶值對國際貿易的干擾程度，取決於該貨幣在國際上的重要性。舉例來說，印度盧比在一九六六年六月大幅貶值，這對印度是嚴重的事，但對國際市場卻幾乎毫無影響。世界各地所有人無意中都參與了這場錯綜複雜的國際貨幣遊戲，而即使是貨幣中的王者——美元——也絕非可以不受國際收支赤字或外匯投機活動影響。

由於美元的價值與黃金掛鉤，它是所有其他貨幣的基準，價格因此確實不會在市場上波動。但是，美元可能出現一種較不明顯、但同樣不祥的疲勢。當美國輸出的美元顯著多於它收到的美元時，收到美元的人可以拿手上的美元自由兌換本國貨幣，這會推高這些貨幣對美元的價格，而輸出美元的活動包括爲進口商品買單、對外援助、投資海外、對外放款、海外旅遊消費，以及軍事開銷等。本幣升值使這些國家的央行得以收到更多美元，而它們可以拿這些美元向美國兌換黃金，因此美元疲軟時美國會流失黃金。光是法國——法郎是強勢貨幣，而法國當局不怎麼愛美元——在一九六六年秋季之前，數年間每月至少拿三千萬美元向美國兌換黃金，一九五八年當美國開始出現嚴重的國際收支赤字，到了一九六八年三月中旬，美國的黃金準備便減少一半，從相當於二二八億美元降至一一四億。如果黃金準備降至不可接受的低位，美國將被迫食言，調高黃金的美元兌換價，或甚至完全停止接受他國拿美元來兌換黃金。無論美國選擇哪種做法，美元都將被迫貶值，而因爲美元的王者地位，如果貶值對世界貨幣秩序的干擾，將比英鎊貶值嚴重。

工黨政府vs英鎊空頭

由於海斯和康伯斯太年輕，並未親身經歷一九三一年的英鎊貶值事件。但兩人都是國際金融事務勤奮、敏銳的研究者，所以都像是親身經歷過當年事件似的。他們發現，隨著一九六四年的炎熱日子一天天過去，他們有必要幾乎每天都透過跨大西洋長途電話，與在英國央行的同儕保持聯繫。這些同儕包括第三代克羅默伯爵羅蘭．霸菱（Rowland Baring, 3rd Earl of Cromer），他是當時的英國央行總裁，以及他的外匯顧問羅伊．布里奇（Roy A. O. Bridge）。海斯和康伯斯從這些跨大西洋對話和其他消息來源得知，英國的問題遠非只是國際收支失衡，人們對於英鎊是否可靠正在醞釀一場信心危機，主要原因看來在於英國保守黨政府面臨的十月十五日大選。國際金融市場最厭惡和害怕的是不確定性，而所有選舉都有某種程度的不確定性，因此每次在英國選舉之前，英鎊都會經歷一段緊張不安的時間。然而，對參與外匯交易的人來說，十月十五日這場選舉特別危險，因爲他們對可能上台的工黨政府有自己的看法。倫敦以至歐洲大陸的保守金融業者，對工黨的首相人選哈羅德．威爾遜（Harold Wilson），有近乎不理性的懷疑；威爾遜的一些經濟顧問，在他們早年的理論著作中，曾經明確宣揚英鎊貶值的好處。此外，人們很難不聯想到英國工黨上次執政時，在一九四九年將英鎊從四．〇三美元貶至二．八〇美元。

在這種情況下，全球匯市幾乎所有交易者，無論是一般跨國生意人，還是純粹的外匯投機客，都急著出脫英鎊——他們希望至少等到英國大選之後才考慮持有英鎊。一如所有投機攻擊的目標，英鎊出現了自我助長的跌勢。英鎊匯價每次小跌，都令市場人士進一步失去信心，英鎊匯價因此在國際匯市跌跌不休。國際匯市是個分散各處的奇特交易市場，並非集中在某棟大樓裡面進行買賣，而是由散布世界主要城市的銀行交易台，透過電話與電報買賣各種貨幣。在此同時，在英國央行勉力支撐英鎊之際，英國的準備資產不斷減少。九月初，海斯前往東京參加國際貨幣基金組織會員年會，在會場的通道間，他聽到一名又一名的歐洲國家央行官員，表達他們對英國經濟狀態和英鎊前景的擔憂。他們問了下列這些問題：為什麼英國政府不在國內採取措施，抑制支出並改善國際收支？為什麼英國央行不調高其放款利率（該行稱之為「銀行利率」，當時位於五％）？英國央行若調升該利率，將全面推高英國各種利率，而這有一箭雙鵰的作用：既能壓低英國的通膨率，還能吸引投資資金從其他金融中心流向倫敦，有助英鎊站穩腳跟。

在東京，這些歐洲央行官員無疑也向他們的英國央行同儕提出了這些問題，其實英國央行和財政部的官員自己也想過這些問題。但當局可以考慮的措施，肯定是不受英國選民歡迎的，因為它們無疑意味著當局將厲行緊縮政策。執政保守黨政府一如以前的許多政府，似乎因為深怕在即將舉行的選舉中慘敗，於是失去行動能力，沒做任何事。不過，當年九月，英國在純貨幣層面，確實採取了一些防禦措施。數年前，英國央行與聯準會簽訂了一項長期有效的協議：雙方皆可隨時向對方借入五億美元的短期貸款，而且幾乎不必辦任何手續。現在英國央行動用了這筆備用貸款，而且著手向其他歐洲國家和加拿大的央行，借入另一筆五億美元的短期貸款。總共十億美元的資金，加上英國僅存的黃金和美元準備，總共約有二十六億美元，構成英國數量可觀的彈藥。

倘若投機客對英鎊的攻擊持續或加劇，英國央行將在自由市場的戰場上還擊，以美元大量買進英鎊，理論上投機客將在英國猛烈的美元砲火下潰敗。

結果，工黨在英國十月的大選中勝出，而且一如不少人的預期，匯市中針對英鎊的攻擊確實變得更激烈。新上台的英國政府一開始便認識到，它正面臨一場嚴重的危機，必須立即採取斷然措施。據市場傳言，新任首相和他的財經顧問——經濟事務大臣喬治．布朗（George Brown）與財政大臣詹姆斯．卡拉漢（James Callaghan）——曾認眞考慮盡快將英鎊貶值。但他們否決了貶值建議，而新政府在十月和十一月初實際採取的措施，是對進口商品課徵十五%的緊急附加費（這等同全面調高關稅），並且調升燃料稅、課徵嚴厲的新資本利得和公司稅。這些手段無疑是支撐英鎊匯價的緊縮措施，但未能消除國際匯市的疑慮。新稅項的性質，看來令英國國內外的金融業者感到不安，甚至是激怒了他們，尤其是因爲在新財政預算中，英國政府的福利支出其實不減反增。結果在大選之後的數周中，英鎊的賣家（市場術語稱爲「空頭」），繼續主導匯市中的英鎊交易，英國央行則忙於動用它借來的十億美元寶貴彈藥掃射他們。到十月底，英國央行已經用了近五億美元，但英鎊空頭仍然步步進逼，令英鎊兌美元的價格一次〇．〇一美分地逐漸下跌。

海斯、康伯斯和他們在自由街的國外業務部同事眼看著這一切，在日感焦慮之餘，對於捍衛本國貨幣的央行無法辨明攻擊來自何方，與英國人一樣惱怒。投機是外匯交易中固有的，而拜其性質所賜，投機幾乎不可能辨明或隔離出來，甚至是很難界定。投機有程度之分，一如「自私」或「貪婪」，「投機」一詞本身含有一種評斷，但其實每次貨幣兌換或許都可以稱爲一種投機：代表當事人看好他買進的貨幣（認爲該貨幣將升值），或看衰他賣出的貨幣（認爲該貨幣將貶值）。有關投機，尺度的一端是一些完全正當的商業交易，但它們會產生某種投機效果。比方說，訂購美國商品的英國商人，在收到商品之前先以英鎊付清貨款，是正當的做法；如果他這麼做，他的行爲可說是看衰英鎊的一種投機。訂購英國商品的美國進口商，若是按照合約必須以英鎊支付貨款，他可以堅持等一段時間之後，才購入支付貨款所需要的英鎊，這也是正當的做法；如果他這麼做，他的行爲同樣是看衰英鎊的一種投機。〔這兩者均是常見的商業操作，人們分別稱爲「提早支付」（leads）和「延後支付」（lags）。這些作業對英國的意義極其重大，如果在正常時期，世界各地購買英國商品的人全都拖延付款，只需要兩個半月，英國央行的黃金和美元準備將消失殆盡。〕至於尺度的另一端，則是外匯交易者借入英鎊資金，然後將它們換成美元。這種交易者並非只是試圖保護自己的商業利益，而是在做「賣空」這種不折不扣的投機交易，他們打的算盤是等英鎊匯價下跌之後，再以較便宜的價格買回英鎊。他們只是嘗試藉由自己預期中的英鎊貶值賺一筆，因爲國際匯市的交易佣金普遍相當低，這種操作是世界上最誘人的大手筆賭博之一。

這種賭博在促成英鎊危機上的作用，其實很可能遠不如緊張的進出口商的自保做法；儘管如此，人們還是普遍將一九六四年十月和十一月的英鎊困境，歸咎於外匯投機活動。在英國國會，有議員憤怒地提到「蘇黎世地精」（gnomes of Zürich），暗指蘇黎世銀行業者的投機活動。他們特別提到蘇黎世，是因爲瑞士銀行法嚴格保護存戶隱私，使得該國金融中心蘇黎世有如國際銀行業的一個黑箱，源自世界許多地區的外匯投機活動，因此有很大一部分透過蘇黎世進行。除了佣金便宜、身分保密之外，外匯投機還有另一個誘人之處：拜時差和良好的電訊服務所賜，國際匯市基本上是從不關門的，這點與證券交易所、賽馬場和賭場顯然不同。每天倫敦外匯交易比歐洲大陸晚一小時開盤（但從一九六八年二月起，英國採用歐陸時間，兩者不再有時差），五小時（現在是六小時）後紐約開盤，舊金山再三小時後開盤，然後當舊金山差不多收盤時，東京便開始新一天的交易。賭癮極重的外匯投機客無論身處何地，只要有錢，是可以每天二十四小時買賣的——如果他不需要睡覺的話。

「殺低英鎊匯價的，並不是蘇黎世地精，」蘇黎世一位重要的銀行業者後來堅稱——他可能差點想說蘇黎世根本沒有地精。無論如何，英鎊確實是遇到了有組織的賣空（市場人士稱爲「空頭襲擊」），而身處倫敦的英鎊捍衛者和他們在紐約的支持者，大概會願意爲了知道敵人的身分，付出不菲的代價。

國際間的金融合作

正是在這種氣氛下，世界主要央行的官員，在始於十一月七日的周末，於瑞士巴塞爾（Basel）舉行他們的定期月度聚會。這種聚會自一九三〇年代起便定期舉行，只有在二戰期間暫停。聚會的場合，是國際清算銀行（Bank for International Settlements）的董事會月會。國際清算銀行在一九三〇年成立於巴塞爾，當時的主要功能，是充當一戰戰敗國支付賠款的結算所，但隨後成了國際金融合作的一個機構，順帶也成了各國央行官員的一個俱樂部。就此而言，國際清算銀行的資源不如國際貨幣基金組織，會籍也比國際貨幣基金組織狹窄，但一如其他尊貴的俱樂部，它往往是重大決策的現場。在國際清算銀行有董事代表的國家，包含英國、法國、西德、義大利、比利時、荷蘭、瑞典和瑞士等西歐經濟強國，而美國是幾乎每月必到的嘉賓，加拿大和日本的代表則沒那麼常到訪。聯準會幾乎總是由康伯斯代表出席，海斯和紐約聯準銀行其他主管偶爾也會出席。

各國央行的利益，本質上是有衝突的；各國央行官員的關係，幾乎就像是撲克牌局的對手。即使如此，考慮到國際間源自金錢問題的紛爭，歷史幾乎就像個人之間的錢財糾紛那麼悠久，國際金融合作最令人驚訝的一點，便是它的歷史竟然那麼短。在一戰之前的所有年代，根本談不上有國際金融合作這回事。在一九二〇年代，國際金融合作主要仰賴個別央行官員之間的密切個人關係；即使他們的政府對此漠不關心，這些央行官員往往能夠維持某種合作關係。在官方層面，國際金融合作是從國際聯盟（League of Nations）的金融委員會開始，不過出師不利。該委員會的宗旨，是鼓勵各國聯合行動以防止金融災難。但一九三一年的英鎊崩盤和隨之而來的經濟蕭條，足以證明該委員會是失敗的。後來終於迎來較好的日子，一九四四年在布雷頓森林舉行的國際金融會議，不僅產生了國際貨幣基金組織，還建立了整個戰後的金融規則結構（以建立和維持固定匯率制度爲宗旨）；另外，還成立了旨在促進富國資金流向窮國或受戰爭蹂躪國家的世界銀行。布雷頓森林會議在國際經濟合作上的里程碑意義，可媲美成立聯合國以處理國際政治事務。一九五六年蘇伊士運河危機期間，國際貨幣基金組織向英國放款逾十億美元，防止了一場重大的國際金融危機，這便是布雷頓森林會議的成果之一。

此後多年，經濟變化一如其他變遷，步伐愈來愈快。一九五八年之後，開始出現幾乎一夜之間爆發的貨幣危機，而國際貨幣基金組織因爲組織運作緩慢，有時無法獨力應付這些危機。此時，新的合作精神再度適時出現應付挑戰，這次是由最富裕的美國帶頭。自一九六一年起，紐約聯準銀行在聯準會和美國財政部的同意下，與其他主要央行建立起一個隨時可用的循環信用額度系統，外界很快稱之爲「貨幣互換網絡」（swap network）。這個網絡的目的，是補充國際貨幣基金組織的較長期放款機制，爲各國央行提供立即可用的短期資金，以便它們能快速有力地捍衛貨幣。貨幣互換網絡的效能很快便受到考驗，在一九六一年建立後至一九六四年秋季的短短三年間，該網絡至少三次發揮重大作用，成功幫助當局擊退針對成員國貨幣的猛烈突襲：一九六一年尾的英鎊、同年六月的加元，以及一九六四年三月的義大利里拉。一九六四年秋季，央行之間的貨幣互換協議（法文稱爲「L'accord de swap」，德文爲「die Swap-Verpflichtungen」），已成爲國際金融合作的基石。事實上，剛好發生在英國央行高層前往巴塞爾開會的那個十一月周末，英國央行被迫動用的那五億美元短期貸款，正是這個貨幣互換網絡的一部分，而該網絡剛建立時規模要小得多。

至於國際清算銀行，作爲一家銀行，它在國際金融合作體制中的地位較爲次要，但作爲央行官員的俱樂部，它多年來扮演了相當重要的角色。它每月的董事會會議，至今仍然是央行官員在輕鬆氣氛下交流的重要場合。他們交換傳言、觀點和直覺想法，而這種交流是他們不方便透過信件或國際電話進行的。巴塞爾是中世紀流傳至今的萊茵河畔城市，主教座堂的哥德式尖塔巍然屹立，長期以來是興盛的化學產業中心。當初，國際清算銀行的總部選在這裡，是因爲它是歐洲的鐵路樞紐。但現在央行官員出國都習慣搭飛機，所以巴塞爾原本的優點反倒變成缺點，因爲國際間並無長途航班飛到巴塞爾，各國央行代表必須先飛到蘇黎世，然後轉搭火車或汽車到巴塞爾。

不過，巴塞爾有幾間一流的餐廳，而各國央行代表可能認爲這項優點，足以抵銷交通不便的缺點有餘，因爲央行的運作向來與優質餐飲關係密切，至少在歐洲是這樣。比利時曾有一位央行總裁一臉嚴肅地對一名訪客表示，他認爲自己的職責之一，是在離任時留下更好的藏酒在央行的酒窖。客人出席法國央行的午餐會時，主人一般會帶著歉意表示：「按照本行的傳統，我們只提供簡單的餐飲。」但在接下來的餐會上，與會者往往興致勃勃地談論各年分的葡萄酒佳釀，使得任何有關銀行事務的議論顯得尷尬——如果還有可能討論的話。而餐會期間的簡單餐飲傳統，顯然便是在上千邑之前，只提供一杯葡萄酒。義大利央行的餐廳同樣雅緻，有些人還認爲是羅馬最好的，而且牆上還掛著無價的文藝復興時期畫作，它們是銀行收不回貸款時沒收的擔保品。至於紐約聯準銀行，幾乎從不提供酒精飲料，聚餐時討論銀行事務是官員習以爲常的事，而如果有官員評論餐飲，即使是批評，餐飲部主管看來都滿心感激似的，這幾乎令人覺得有點可悲——當然，自由街不在歐洲。

在目前的民主時代，歐洲的央行圈子被視爲貴族式銀行傳統的最後堡壘；在這個圈子中，機智、優雅和教養毫無障礙地與商業上的機敏乃至冷酷共存。如果說，歐洲的央行官員像貴族，那麼他們的美國同儕——自由街的金融保全人員，便像是穿著晨禮服的侍者。十幾年前，各國央行官員彼此稱呼時都還很正式，有些人認爲打破這項傳統的是英國人，據說在二戰期間英國當局下達祕密命令，要求官員和軍官直接以名字、略去姓氏，來稱呼他們的美國同儕。無論如何，歐美央行官員如今常以名字彼此稱呼，而這無疑與戰後美元的影響力上升有關。〔另一個原因是，在國際金融合作初興的年代，各國央行官員比以前更常碰面——不僅是在巴塞爾，也在華府、巴黎和布魯塞爾；他們到這些地方出席各家國際組織五至六個銀行特別委員會的定期會議。同一批央行高官時常出現在這些城市的飯店大廳，以至當中有人認爲他們一定予人聲勢浩大的印象，就像歌劇《阿依達》（*Aida*）凱旋場面中數以百計的持矛士兵。〕

語言及其使用方式，向來傾向跟隨國際經濟勢力格局演變。以前，歐洲各國央行官員彼此交談總是講法語（在某些人看來是「很破的法語」），但隨著英鎊後來在很長一段時間裡成爲世界的首要貨幣，英語成了央行圈內的第一語言。在美元取代英鎊的地位之後，這種情況也就延續下去。除了法國，所有國家的央行高官都樂意講英語，而且都講得流利；而法國央行官員也被迫帶著口譯員在身邊，因爲多數英國人和美國人看來都不願意或沒能力掌握流利的第二語言。〔不過，擔任英國央行總裁的克羅默伯爵，則是一反民間傳統，說著一口無懈可擊的法語。〕

在巴塞爾，央行官員重視好食物和便利性更甚於氣派；許多央行代表喜歡巴塞爾主要火車站一間外觀簡陋的餐廳，而國際清算銀行辦公樓也只是座落於一間茶館和一間理髮廳之間。在一九六四年十一月的那個周末，紐約聯準會副總裁康伯斯，是聯準會出席巴塞爾會議的唯一代表。

事實上，在當時醞釀中的英鎊危機的早中期階段，康伯斯是美國央行的關鍵代表人物。他與其他央行代表盡情地吃喝，但他絕非美食家，這點倒是很符合紐約聯準銀行的傳統。期間他顯得若有所思，因爲他眞正想做的，是掌握會議的意義，並了解與會者私下的感受。而他也是擔任這項任務的理想人選，因爲他的國際同儕絕對信任和尊敬他。其他央行高官習慣性地以他的名字稱呼他，而且看來主要是因爲他們非常喜歡和欽佩他，而不是爲了遵循央行圈內的新習俗。他們彼此談到康伯斯時，會講「查理康伯斯」；拜他們長期以來的習慣所賜，查理與康伯斯連在一起，成爲了一個單字，在央行圈內代表鼎鼎大名的康伯斯。他們會告訴你，查理康伯斯雖然言語有點乾寡，顯得有點冷酷和超然，但其實是那種熱情直率的新英格蘭人——他來自麻省牛頓市（Newton）。查理康伯斯雖然是一九四〇年畢業的哈佛畢業生，但爲人樸實、一頭灰白頭髮，戴著一副半框眼鏡，言行有板有眼，看起來就像典型的美國小鎭銀行總裁，而不是極其複雜的央行事務高手。金融界普遍承認，如果央行的貨幣互換網絡背後有一名天才，這個人便是來自新英格蘭的查理康伯斯。

戰事開啟

十一月的這次巴塞爾聚會，照例有一連串各有議程的正式會議，但也照例有發生在辦公室和飯店房間的非正式會後會。周日的正式晚宴並無議程，出席者自由討論「當時最熱門的話題」——這是康伯斯後來的說法。這個話題無疑便是英鎊的狀況——事實上，康伯斯整個周末幾乎沒聽到人們討論其他問題。他說：「從我聽到的議論看來，大家對英鎊的信心無疑正在流失。」多數央行官員在想兩個問題，其一便是英國央行是否打算升息，藉此減輕英鎊的貶值壓力。英國央行的代表雖然就在巴塞爾，但要知道這個問題的答案，並不是問他們的意願便可以。他們即使願意回答，也沒辦法提供確定的答案，因爲英國央行必須得到英國政府的同意才可以調整利率（在實際運作上，該行往往是奉政府命令調整利率），而民眾選出來的政府自然厭惡會導致貨幣供給吃緊的措施。至於另一個問題則是，如果投機客持續攻擊英鎊，英國是否有足夠的黃金和美元可以用來捍衛英鎊。除了貨幣互換網絡下的十億美元，以及英國在國際貨幣基金組織還未動用的提款權外，英國就只剩下它的官方準備資產，而這些資產在過去一周，已萎縮至不足二十五億美元，這是數年來最低的。更糟的是，這些準備資產正以可怕的速度減少；專家估計，在之前一周，它們一天可以減少八千七百萬美元。如果一整個月都是這樣，英國官方準備資產將消失一空。

康伯斯表示，即使如此，出席此次巴塞爾會議的人，沒有一個想得到英鎊會在十一月稍後遭受那麼激烈的壓力。他回紐約時雖然擔心英鎊，但仍確信它將度過難關。但在巴塞爾會議之後，英鎊攻防戰的主戰場並非移到紐約，而是去了倫敦。眼前的大問題，是英國是否將在這一周調高其銀行利率，而答案將在十一月十二日周四揭曉。一如英國許多其他事情，銀行利率的調整有它的習俗儀式。如果銀行利率有調整，周四正午英國央行大樓的一樓大廳，會出現一個宣布新利率的告示牌（只會在周四正午出現），而一名被稱為「政府的經紀商」的官員，將穿著粉紅大衣、頭戴大禮帽，急步經過思羅克莫頓街（Throgmorton Street），走進倫敦證交所，站在一個講臺上正式宣布新利率。

十一月十二日周四正午，英國央行並未調整利率；新上台的工黨政府顯然也難以做出升息決定，一如選舉前的保守黨政府。世界各地的投機客看到當局這種懦弱表現，行動變得非常一致。十三日周五這天，英鎊遭受可怕的重創，收盤時跌至二．七八二九美元，僅比官方的底線高〇．二五美分多一點，而英國央行因為頻頻干預以阻止英鎊進一步下跌，又損失了兩千八百萬美元的準備資產。在周五之前，英鎊原本整周都保持溫和強勢，這是因為投機客預期英國將升息。周六《泰晤士報》（*The Times*）的金融評論員，署名為「我們的金融城主編」（Our City Editor），在一篇文章中不再抑制自己，寫了這麼一句：「看來，英鎊不像我們希望看到的那麼穩固。」

類似狀況在接下來一周再度上演，而且情況更誇張。威爾遜首相周一仿效邱吉爾（Winston Churchill），嘗試把豪言壯語當作武器使用。當天他在倫敦金融城市政廳的一場正式宴會上演講，現場有許多要人，包括坎特伯里大主教、大法官、樞密院議長、掌璽大臣、倫敦金融城市長，以及他們的太太。威爾遜有力地宣稱：「我們有信心，也有決心維持英鎊的強勢，並且看到它高漲」；他並斷言政府將果斷採取一切必要措施以達成這項目標。一如整個夏季期間的所有英國官員，威爾遜煞費苦心地避免使用可怕的「貶值」一詞，但也嘗試明確宣示：政府現在認為英鎊貶值是不可能的事。為了強調這一點，他還特別警告投機客：「無論是國內還是國外，任何人如果懷疑我們的決心不夠堅定，請準備為你們對英國缺乏信心付出代價。」或許是首相的猛烈砲火嚇到投機客，又或許是他們因為預料英國央行周四可能升息而暫緩攻擊英鎊，英鎊在周二和周三雖然稱不上高漲，總算從上周五的低點略微回升，而且不需要英國央行出手相助。

根據後來的報導，到周四時，英國央行與英國政府就銀行利率問題，爆發了激烈的私下爭論。代表英國央行的克羅默伯爵，認為絕對有必要升息一個百分點，甚至是兩個百分點，而威爾遜、布朗和卡拉漢則仍然反對升息。結果是周四當天英國並未升息，而當局按兵不動的結果，便是英鎊危機迅速加劇。十一月二十日周五是倫敦金融城黑色的一天，密切追蹤英鎊波動的英國股市投資人經歷了可怕的黑色星期五。英國央行現在已決心將英鎊的最後防線設在二・七八二五美元，也就是比官方底線高〇．二五美分。英鎊周五開盤正是報二．七八二五美元，而且在投機客冰雹般的賣盤打壓下，一整天都停留在這個水準；英國央行則忙於消化在此價位的所有英鎊賣盤，英國當然也因此損失更多準備資產。

英鎊賣盤如今蜂擁而出，賣方也不再費力掩飾他們的所在地，英鎊賣盤顯然是來自世界各地，主要是歐洲的金融中心，但也來自紐約，甚至是倫敦。英鎊即將貶值的傳言，席卷了歐洲大陸的交易所。倫敦也出現了士氣潰散的不祥之兆，如今連這裡也有人公開議論英鎊貶值。瑞典經濟學家暨社會學家綱納．繆達爾（Gunnar Myrdal），周四在倫敦一場午餐會演講中表示，英鎊小幅貶值可能是眼下解決英國問題的唯一辦法。此一外來評論打破僵局之後，英國人也開始使用「貶值」這個可怕的詞彙。在第二天早上的《泰晤士報》上，「我們的金融城主編」這麼說道：「胡亂議論英鎊貶值可能是有害的。但是，將使用『貶值』一詞視爲禁忌，可能造成更大的傷害。」他的語氣，就像一名爲軍隊可能投降做準備的指揮官。

隨著夜幕降臨，英鎊和它的捍衛者迎來周末的喘息時間，英國央行也得到評估局勢的機會。英國央行看到的情況令人很不安：英國九月時透過貨幣互換協議取得的十億美元，在捍衛英鎊的行動中幾乎已全部用完。英國還可動用的國際貨幣基金組織提款權可說是毫無價值，因爲這些資金需要幾周才能取得，而眼下的情勢是分秒必爭。英國央行現在基本上只剩下英國的官方準備資產可用，而周五這天這些資產減少了五千六百萬美元，如今剩下約二十億美元。後來不止一名評論者表示，英國當時的情況，在某種程度上就像二十四年前在不列顛戰役最險惡的時刻，當時這個頑強的國家在納粹德國攻擊下，只剩下幾個戰鬥機中隊。

英鎊的歷史

儘管這種比擬是過度的，但如果我們想想英鎊歷來對英國人的意義，便會發現，它並非不著邊際。在物質主義的時代，英鎊的象徵意義可媲美君主實權時代的王冠，英鎊的地位幾乎等同英國的地位。英鎊是現代貨幣中最古老的一檔，「pound sterling」（英鎊）一詞據信遠在諾曼征服（Norman Conquest）之前便已出現。當時的撒克遜君主鑄造銀便士，人們稱之爲「sterlings」或「starlings」，即爲「小星」之意，因爲它們有時會刻上星星，而兩百四十個銀便士等於一磅純銀。（至於等同十二銀便士的先令，則是在諾曼征服之後才出現。）因此，打從一開始，英國的大額付款便是以「鎊」來計算的。但是，在它面世後的頭幾個世紀，英鎊絕非無懈可擊的可靠貨幣。這主要是因爲早期的君主有個很不好的習慣，喜歡在鑄幣時減少貴金屬的含量，藉此減輕他們的長期財務困難。這些不負責任的君主可能蒐集一定數量的銀便士，加入一些不值錢的金屬，然後像變戲法一樣，將一百英鎊的硬幣變成一百一十英鎊，諸如此類地施展魔法。

英女王伊莉莎白一世終止了這種做法，一五六一年，在當局審慎籌畫的一項突擊行動中，她收回了之前的英國君主鑄造的全部劣幣（含銀量不足的貨幣）。這項行動加上英國貿易成長，使得英鎊的地位迅速大幅提升。不到一百年，「sterling」作爲形容詞，便有了流傳至今的意思，表示「極其優秀，經受得起一切考驗。」十七世紀末，英國成立央行處理政府財務，此時人們開始普遍接受紙幣，而紙幣是以黃金和白銀作爲後盾。久而久之，黃金在貨幣上的地位穩步上升，超越了白銀——到了現代，白銀作爲支撐貨幣的準備資產已經沒有地位，只有幾個國家以白銀作爲鑄造輔幣的主要金屬。但英國要到一八一六年才採用金本位貨幣制度，也就是承諾隨時接受人們拿英鎊紙幣向當局兌換金幣或金條。一八一七年，價值一英鎊的英國金幣（gold sovereign）面世，成爲穩定和富裕的象徵，在維多利亞女王的時代帶給很多人喜悅——遠非只有把手放入金幣中重獲振作的白芝浩[29]。

繁榮引來仿效。其他國家看到英國如此繁榮，認爲金本位制度至少是原因之一，因此也紛紛採用這種制度：一八七一年是德國；一八七三年是瑞典、挪威和丹麥；一八七四年是法國、比利時、瑞士、義大利和希臘；一八七五年是荷蘭；一八七九年是美國。結果令人失望，這些後來者沒有一個能馬上變得富有，而英國仍然是國際貿易無可爭議的王者。事後看來，金本位對英國經濟的影響可能是好壞參半。在一戰之前的半個世紀中，倫敦是國際金融的中間人，而英鎊則是國際金融的準官方媒介。如一九一六年至一九二二年擔任英國首相大衛·勞合·喬治（David Lloyd George），後來帶著懷舊之情寫道，在一九一四年之前，由倫敦的銀行簽發的英鎊信用狀：「在文明世界的每一個港口，都像黃金戒指一樣廣受歡迎。」

一戰結束了英鎊的這種美好時光，它擾亂了支撐英鎊的微妙權力格局，促成美元崛起，成爲英鎊至尊地位的有力挑戰者。一九一四年，英國因爲軍費而承受巨大的財政壓力，當局採取措施阻礙人們兌換黃金，因而使得英鎊金本位制度名存實亡。在此同時，英鎊兌美元大幅貶值，從四·八六美元跌至一九二〇年的低點三·二〇美元。一九二五年，英國全面恢復金本位，嘗試重拾昔日的光輝，當局設定英鎊對黃金的價格時，特意選擇令英鎊恢復兌四·八六美元的水準。但是，如此大膽高估英鎊價值的結果，是英國國內經濟長期蕭條，而下此命令的財政大臣邱吉爾，政治生涯也因此黯淡了約十五年。

但是，一九三〇年代各國貨幣普遍崩盤，並非始於倫敦，而是從歐洲大陸開始：一九三一年

29譯注：沃爾特·白芝浩（Walter Bagehot, 1826 18771877），英國經濟學家、商人，亦是《經濟學人》（The EconomistEconomist）的傳奇主編，以其命名的「白芝浩專欄」至今仍持續沿用。因家族經營銀行，所以據稱當年少的白芝浩偶感憂鬱時，家長會讓他走進金庫撫摸金幣以得到慰藉。

夏天，奧地利主要銀行信貸銀行（Creditanstalt）突然發生擠兌，並且因此倒閉。銀行倒閉的骨牌效應——假設確實有這種現象——開始出現。德國因爲這次相對小型的災難蒙受損失，結果釀成德國的銀行業危機。英國因爲有大量資金凍結在歐陸破產的機構中，金融恐慌渡過英吉利海峽，入侵輝煌貨幣英鎊的大本營。以英鎊換黃金的要求，很快就強勁到讓英國央行招架不住，即便英國獲得法國和美國借出黃金相助。英國面對嚴峻的抉擇，必須考慮將銀行利率提升至近乎高利貸的水準（八至十%），以求留住資金在倫敦並抑制黃金流失，又或者放棄金本位制度。第一項選擇會令英國經濟雪上加霜，而英國當時已有超過兩百五十萬人失業，當局因此認爲大幅升息是很沒良心的。結果，在一九三一年九月二十一日，英國央行宣布暫停履行出售黃金的義務。

此舉有如晴天霹靂，重創了金融世界。英鎊在一九三一年時地位非常尊貴，以致當時已經出名的英國經濟學家凱因斯可以並非純粹諷刺地表示，英鎊並未離棄黃金，是黃金離棄了英鎊。無論如何，舊體制的支柱消失了，結果是一片混亂。幾周之內，在當時受英國政治或經濟支配的大半個世界，所有國家都離開了金本位制度，其他主要貨幣也多數放棄了金本位或已經大幅調低幣值；而在自由市場，英鎊兌美元已從四·八六美元跌至三·五〇美元左右。然後，可能成爲新支柱的美元也開始不穩。

一九三三年，美國在該國史上最嚴重的經濟蕭條逼迫下，放棄了金本位制度。一年之後，美國恢復採用一種經修正的金本位制度，也就是所謂的金匯兌本位制度（gold-exchange standard）：當局停止鑄造金幣，聯準會承諾僅接受其他央行以美元向它兌換黃金，當局同時大幅調高黃金的美元價格，使得美元對黃金大幅貶值四一％。美元貶值令英鎊兌美元得以回到以前的價位，但英鎊匯價與美元穩固掛鉤未能使英國安心，因爲美元本身並不穩固。在接下來五年間，以鄰爲壑的政策成爲國際金融的常態，但英鎊對其他貨幣並未顯著走貶。二戰爆發時，英國政府勇敢地將英鎊匯價定在四．〇三美元，並且無視自由市場，實施管制以支持該匯價。英鎊維持該匯價十年之久，但那只是官方的價格。在中立國瑞士的自由市場，英鎊匯價在整個二戰期間，隨著英國的軍事情勢波動，最黯淡的時候曾跌至二美元。

二戰之後，英鎊幾乎是麻煩不斷。經濟強國一九四四年在布雷頓森林擬定國際金融新體制時，承認舊金本位制度過度僵固，而一九三〇年代的「紙本位」制度則太不穩定；與會者因此選擇了一個折中方案：貨幣新王者美元保留金匯兌本位制度，價值仍與黃金掛鉤，而英鎊和其他主要貨幣則是與美元而非黃金掛鉤，但它們與美元維持固定匯率，當局容許匯率在某個界限內波動。事實上，戰後年代幾乎可說是由英鎊貶值揭開序幕，貶值幅度之大可媲美一九三一年那次，但後果則輕微得多。布雷頓森林會議替英鎊和多數歐洲貨幣設定的匯價，相對於這些國家受戰火蹂躪的經濟體是嚴重偏高了，而它們也僅能靠政府的管制來維持這樣的匯價。因此，在一九四九年秋季，經過歷時一年半的貶值傳言、英鎊黑市迅速發展，以及黃金流失導致英國準備資產降至危險低位之後，英鎊從四．〇三美元大幅貶值至二．八〇美元。除了美元和瑞士法郎這兩個少數例外，非共產世界所有的重要貨幣，幾乎都立即仿效英鎊貶值。

不過，一九四九年的貶值潮並未導致國際貿易萎縮或其他混亂，因爲它與一九三一年或後來的貶值潮不同，並不是經濟蕭條的國家失控試圖藉由貨幣貶值，不惜一切占得競爭優勢，只是在戰爭中受創的國家認識到本國經濟已基本復原，不必仰賴人爲的支持措施，就能承受相對自由的國際競爭。事實上，國際貿易並未因爲這次貶值潮而萎縮，反而強勁成長。但即使在貶值後較合理的新價位，英鎊仍然不時遭遇千鈞一髮的危急情況。一九五二年、一九五五年、一九五七年和一九六一年，英鎊經歷了嚴重程度不一的危機。英鎊過往的波動，準確記錄了英國作爲世界首要強權的崛起和衰落，而眼下英鎊一再出現貶值壓力，似乎正是以一種無情和笨拙的方式提醒世人：英國雖然在一九四九年已大幅貶低英鎊的價值，但英鎊的匯價相對於英國衰落的國力仍然是太高了。

一九六四年十一月，這種暗示及當中蘊含的恥辱意味，英國人絕非沒有注意到。許多英國人思考英鎊問題時顯然相當激動，這點呈現在英鎊危機正值高峰時，《泰晤士報》著名的讀者來信版的一次意見交鋒上。一位名爲李特爾（I. M. D. Little）的讀者撰文表示，他對於人們爲了英鎊搥胸頓足，尤其是心神不寧地議論英鎊可能貶值，感到十分悲哀，因爲他認爲這是一個經濟而非道德議題。這封信很快就引來哈德斐（C. S. Hadfield）等讀者的回應。哈德斐質問：還有什麼比李特爾的信，更能清楚顯示時代已失去靈魂呢？英鎊貶值不是道德議題？「拒絕履行償債義務——這是貨幣貶值不折不扣的事實——已成爲正當的事！」哈德斐明確發出了愛國者的義憤之聲，這種語氣在英國與英鎊一樣古老。

英國當局發布升息攻勢

巴塞爾會議之後的十天當中，紐約聯準銀行人員最關注的是美元而非英鎊。美國的國際收支赤字，不知不覺之間已增加至一年近六十億美元的驚人水準，而從當時的情勢看來，如果英國調升銀行利率而美國不跟進升息，針對英鎊的投機攻擊可能將有一部分轉移到美元身上。海斯、康伯斯與華府的金融事務要員，包含聯準會主席威廉·麥徹斯尼·馬丁（William McChesney Martin）、財政部長道格拉斯·迪隆（Douglas Dillon），以及財政部次長羅伯·羅薩（Robert Roosa）就此達成共識：英國一旦升息，聯準會出於自衛，將被迫調升當時位於三·五％的政策利率，以維持美元的競爭力。海斯就此敏感問題，與英國央行總裁克羅默伯爵通了無數次電話。克羅默伯爵是純正的貴族，英王喬治五世的教子，第一代克羅默伯爵伊夫林・霸菱（Evelyn Baring）的孫子——伊夫林・霸菱曾任英國駐埃及代表，一八八四年至一八八五年間是英國軍官查理・喬治・戈登（Charles George Gordon）的死敵。克羅默伯爵也是公認的傑出銀行家，四十三歲便出任英國央行總裁，是該行歷來最年輕的總裁；他與海斯因爲經常在巴塞爾和其他地方碰面，成了相當親近的朋友。

無論如何，十一月二十日周五下午，紐約聯準銀行有機會展現對英國的善意，代替英國央行在前線捍衛英鎊。英鎊因爲倫敦市場收盤而得到的喘息空間只是虛幻的，因爲倫敦下午五點只是紐約的正午，不知足的投機客因此可以在紐約市場繼續拋售英鎊數小時；結果紐約聯準銀行的交易室暫時代替了英國央行的交易室，成爲守護英鎊的指揮所。紐約聯準銀行的交易員利用英國人的美元（準確點講，是美國在貨幣互換協議下借給英國的美元），堅定地維持英鎊在二・七八二五美元上方，而這當然也使得英國流失愈來愈多的準備資產。紐約市場收盤之後，投機客彷彿展現了一點仁慈，並未在接下來的舊金山和東京市場繼續攻擊英鎊，顯然他們暫時得到了滿足。

接下來的周末，是那種奇怪的現代周末：表面上在世界各地休息放鬆的一些人討論重要事務，並且做出重要決定。威爾遜、布朗和卡拉漢，在首相的鄉間別墅契克斯（Chequers），參加一項原定討論國防政策的會議。克羅默伯爵在他位於肯特郡威斯特漢（Westerham, Kent）的鄉間住所。馬丁、迪隆和羅薩在他們位於華府或附近的辦公室或家裡。康伯斯在他位於紐澤西州綠村（Green Village）的家裡，而海斯則是在紐澤西其他地方探訪朋友。在英國契克斯，威爾遜和他的兩名財經大臣留下軍官討論國防政策，走到樓上去討論英鎊危機。爲了讓克羅默伯爵加入討論，他們接通一條電話線到肯特郡，而且使用防竊聽電話，以免敵人——不知身在何處的投機客——截聽他們的對話。

周六某個時候，英國當局做出了這項決定：他們不但將調升銀行利率，還將一次加兩個百分點至七％，而且將一反傳統，周一一早便宣布升息，而不是等到周四中午。他們認爲如果等到周四中午才升息，在之前的三個半工作日中，英國的準備資產幾乎肯定將以致命的速度流失，而且大有可能加速流失；此外，刻意違反傳統，可以戲劇性地突顯政府捍衛英鎊的決心。英國當局做出決定後，駐華府的英國代表轉告當地的美國金融官員，再由後者轉告在紐澤西的海斯和康伯斯。這兩人知道，根據先前的共識，紐約銀行利率必須盡快跟隨英國調升，因此他們透過電話，安排紐約聯準銀行董事會在周一下午開會，因爲這是調整利率的必要程序。非常重視禮貌的海斯，後來相當懊惱地表示，他那個周末恐怕令接待他的女主人十分失望，因爲他不僅一直在打電話，而且因爲必須保密，完全無法稍微解釋一下自己的無禮行爲。

英國當局已做的事——準確點講，是將要做的事——足以震撼國際金融界。自一戰爆發以來，英國央行的銀行利率從不曾超過七%，而且也只曾偶爾觸及七%。至於銀行利率在周四以外的日子調整，上一次是在一九三一年，眞不是個好兆頭。由於預期周一倫敦市場開盤時（紐約時間早上五點左右）交投將會非常熱絡，康伯斯周日下午便回到自由街，準備在紐約聯準銀行大樓過夜，以便在周一第一時間觀察大西洋對岸英鎊攻防戰重新開打時的情況。在自由街過夜的，還有資深外匯主管湯馬斯．羅奇（Thomas J. Roche），他因爲發現自己常常必須在這裡過夜，所以在辦公室裡留了一個裝滿個人用品的行李箱。羅奇帶他的上司康伯斯到位於十一樓的住宿區，那是一列像汽車旅館的小房間，每一間都有楓木家具、老紐約版畫、電話、鬧鐘收音機、浴衣和刮鬍工具包。兩人討論了一下周末的情況，然後各自就寢。早上四點多，鬧鐘收音機叫醒了他們。吃過夜班人員提供的早餐後，他們去七樓的外匯交易室，盯住他們的螢幕。

早上五點十分，他們接通英國央行的電話，了解倫敦的情況。倫敦市場開盤時，當局隨即宣布調升銀行利率的消息，引發市場很大的騷動。康伯斯後來聽說，政府的經紀商進入證交所時，場內的人喧鬧不已（以前通常是很安靜的），以致他好不容易才得以宣布升息的消息。至於英鎊的即時反應，則像一匹吃了藥的賽馬（這是後來一名評論者的說法）：升息消息公布後短短十分鐘，英鎊便衝上二．七八六九美元，遠高於周五的收盤價。幾分鐘之後，兩名早起的紐約人接通了法蘭克福西德央行德國聯邦銀行（Deutsche Bundesbank）的電話，然後是蘇黎世的瑞士央行，了解歐陸市場的反應。他們得到的消息，是英鎊在這些市場的表現一如倫敦那麼好。接著，他們又與英國央行聯繫，得知情況愈來愈好。做空英鎊的投機客潰不成軍，急著回補他們的空頭部位。晨光開始照在自由街的窗戶上時，康伯斯得知英鎊在倫敦已升到二．七九美元，創出七月分英鎊危機開始以來的最高水準。

當日，英鎊一整天都保持強勢。「七％可以將月球上的錢都吸引過來，」一名瑞士銀行業人士套用白芝浩的話說道；白芝浩曾以他「務實」的維多利亞風格表示：「七％可以將地底的黃金吸引出來。」在倫敦，人們因爲深信英鎊已轉危爲安，又投入了慣常的政治口水戰。在國會裡，在野保守黨的主要經濟權威雷金納．麥德寧（Reginald Maudling）把握機會，表示如果不是工黨政府失策，英鎊根本不會出現危機；財政大臣卡拉漢非常禮貌地回應他：「我必須提醒這位尊貴的先生，他不久前才告訴我們，我們承接了他留下的問題。」所有人似乎都鬆了一口氣，因爲英鎊買盤蜂擁而至，英國央行難得看到機會補充它嚴重損耗的美元資產。周一下午某段時間，英國央行的信心強到敢於改變操作方向，在略低於二．七九美元的水準賣英鎊買美元。倫敦市場收盤後，英鎊的強勢在紐約延續下去。看到英鎊的情況，紐約聯準銀行的董事問心無愧地在下午遵照原定計畫，將該行的放款利率從三．五％調升至四％。康伯斯後來說：「周一下午這裡的人普遍覺得他們成功了，再次度過了難關。大家普遍鬆了一口氣，英鎊危機似乎已經過去。」

美國援軍駕到

但事實不然。「我記得十一月二十四日周二當天，情勢急轉直下，」海斯後來說。那天英鎊開盤報二．七八七五美元，看來仍然保持強勢。大量英鎊買盤來自德國，似乎預示了接下來一天並無問題。一切順利，直到紐約時間早上六點，也就是歐陸時間正午。歐洲各交易所，包括最重要的巴黎和法蘭克福交易所，在這時候為各貨幣定價，作為涉及外幣的股票和債券交易的結算匯率；這些定盤價勢必會影響匯市，因為它們清楚顯示影響力最大的歐陸市場人士對各檔貨幣的看法。英鎊當天的定盤價顯示，市場對英鎊再度明顯地缺乏信心。事後看來，世界各地的外匯交易商，尤其是歐洲的交易商，此時改變了他們對周一英國央行升息方式的看法。起初他們大感意外，因此熱烈回補英鎊空頭部位，但現在似乎覺得英國迫不及待於周一宣布升息，顯示當局正失去控制局勢的能力。一位歐洲銀行業者據稱這麼問他的同事：「如果英國人將足球決賽安排在周日，那意味著什麼？」答案只能是：英國人恐慌了。

市場人士改變想法的結果，便是市場方向出現驚人的逆轉。紐約早上八點至九點期間，康伯斯在交易室裡看著原本平靜的英鎊突然崩盤潰敗，一顆心直往下沉。金額空前的英鎊賣盤來自世界各地。英國央行拿出拚命的勇氣，將英鎊最後防線從二・七八二五美元推前至二・七八六〇美元，不時進場干預，阻止英鎊跌破新防線。但很明顯，這麼做的代價很快將是英國無法承受的。紐約早上九點之後幾分鐘，康伯斯算出英國正以每分鐘一百萬美元的空前速度流失準備資產——這顯然不是英國可以撐得住的。

海斯在九點過後不久，抵達紐約聯準銀行。他剛在辦公室坐下來，就接到七樓傳來令人不安的消息。康伯斯告訴海斯：「眼前是一場颶風」，表示英鎊眼下的壓力極其凶猛，英國眞的可能在本周之內被迫將英鎊貶值，或是實施全面的外匯管制——由於許多原因，這是不可接受的。海斯馬上致電歐洲主要央行的總裁，懇請他們不要調升他們國家的銀行利率，以免加重英鎊和美元的壓力。他們當中有些人因爲本國市場尚未充分感受到危機的嚴重程度，所以在聽到海斯轉述的危急情況時，感到非常地震驚。由於紐約聯準銀行才剛升息，他此次求援可眞不容易。其後，海斯請康伯斯到他辦公室，兩人都認爲英鎊已被逼到牆角，英國升息顯然未能達到原定目標，而以每分鐘流失一百萬美元的速度，英國的準備資產不到五個交易日就會消失一空。眼下唯一的希望，是在幾個小時之內，或者最多一天左右，替英國籌集一筆巨額貸款，好讓英國央行能夠頂住攻擊，並且擊退投機客。這種緊急貸款此前僅安排過幾次，如一九六二年援助加拿大、一九六四年幫助義大利、一九六一年則是支持英國，而這次所需要的貸款規模，顯然遠遠超過之前任何一次。各國央行與其說是得到機會在國際金融合作的短短歷史上立下一個里程碑，不如說是被迫這麼做。

此外，還有兩件事是顯而易見的：從美元的麻煩看來，美國不能期望自己獨力拯救英鎊；但儘管美元本身有麻煩，美國因爲經濟勢力強大，將必須與英國央行攜手發起救援行動。康伯斯提議，聯準會提供給英國央行的備用信用額，立即從五億美元提高至七億五千萬美元。可惜，根據《聯邦準備法》（*Federal Reserve Act*），這項決定只能由聯邦準備系統的一個委員會做出，而該委員會的成員因爲散布美國各地，無法馬上通過這項提議。海斯透過長途電話，與華府的金融高官——馬丁、迪隆和羅薩——商談，此時英鎊處境危急的消息，已透過電報傳遍世界，他們都不反對康伯斯的提議。馬丁辦公室因此致電這個關鍵委員會，即「公開市場委員會」（Open Market Committee）的成員，召集他們當天下午三點開電話會議。財政部次長羅薩建議，美國可以透過財政部出資和擁有的進出口銀行，爲英國提供兩億五千萬美元的貸款，藉此擴大對英國的援助規模。海斯和康伯斯自然支持這項建議，因此羅薩啓動發放這筆貸款的官僚程序，不過他警告，這肯定要到傍晚才能完成。

紐約的午後時光逐漸消逝，英國的準備資產正以每分鐘約一百萬美元的速度流失；海斯、康伯斯和他們的華府同事則忙於策畫下一步。如果貨幣互換額度順利獲得提升，而進出口銀行也通過放款給英國，美國提供給英國的貸款總共將達到十億美元。紐約聯準銀行高層與受圍攻的英國央行商議，開始認為其他主要央行必須為英國提供十五億美元或更多的額外貸款，拯救英鎊的行動才能成功。在央行圈內，英美以外的主要央行簡稱「歐陸」，雖然加拿大和日本央行也是當中的成員。這項提議將令歐陸央行對整個救援行動的貢獻超過美國，而海斯和康伯斯認識到，歐陸央行官員和他們的政府可能會覺得這件事有點難以接受。

十一月二十四日下午三點，聯邦準備系統公開市場委員會召開電話會議，總共十二人參加，他們分別身處從紐約到舊金山的六個城市。康伯斯以平淡、嚴肅的語氣描述當前情勢，並提出他的建議。委員會成員很快便被說服了，不到十五分鐘，他們就一致同意將貨幣互換額度提高至七億五千萬美元，條件是其他央行也相應增加對英國的貸款援助。

接近傍晚時，華府傳來初步消息：進出口銀行看來可以順利批准貸款，預計午夜之前會有確切結果。因此，美國的十億美元貸款看來已十拿九穩，現在要看歐陸那邊了。眼下歐洲已經是晚上，紐約這邊沒辦法聯繫歐陸的官員了。第二天歐陸市場開盤時，可說是拯救行動的關鍵起點，而英鎊的命運很可能就決定於之後的幾個小時。海斯交代員工在第二天早上四點，派車到他位於康乃狄克州新迦南鎮（New Canaan）的家裡接他，然後就在下午剛過五點時，依慣例到紐約中央車站搭火車回家。

海斯後來表示，他在那麼戲劇性的時刻還那麼正常下班，自己覺得有點抱歉。他說：「我離開銀行大樓時，其實是很不情願的。事後看來，我希望自己當時沒那麼做。並不是說我照常下班有什麼實際影響，因爲我在家裡一樣能有效工作，而事實上，那天晚上我大部分的時間，都與留在銀行的康伯斯通電話。我感到遺憾，只是因爲這種事並非銀行界人士每天都能遇到的。我想，我是習慣性的動物。此外，堅持私人與職業生活保持適當平衡，也算是我個人的原則之一。」雖然海斯沒有提到，但他可能也考慮到另外一件事。我們應該可以假定，央行總裁一般認爲自己不可以在辦公室過夜。海斯可能會想到，如果外界流傳做事向來規律的海斯，在這種時候在辦公室過夜，人們會認爲這代表紐約聯準銀行已陷入恐慌狀態，就像他們理解英國央行在周一宣布升息那樣。

在此同時，康伯斯再一次留在自由街過夜。他前一晚有回家，因爲當時英鎊看來已度過難關，但他現在又被迫與上周末之後不曾回家的羅奇留守聯準銀行大樓。接近午夜時，康伯斯收到來自華府的消息，表示進出口銀行的兩億五千萬美元貸款已確認獲准，一如稍早的預期。因此，現在一切就看第二天早上的努力了。康伯斯再次回到十一樓一個平平無奇的小房間，並在最後整理遊說歐陸央行官員所需要的事實後，設定鬧鐘收音機在早上三點半叫醒他，然後便上床睡覺。

一名熱愛文學且思想浪漫的聯準會員工後來表示，那天晚上的紐約聯準銀行，就像莎士比亞筆下阿金庫爾戰役（Battle of Agincourt）前夕的英國軍營——當時英王亨利五世非常有力地宣稱，即使是軍隊中最卑劣的士兵，也將因爲參與即將發生的戰鬥而變得高貴，而在家鄉安睡的紳士事後將對自己不能參與這場戰役悔恨不已。踏實的康伯斯對自己的處境，並沒有這種誇張的想法；即使如此，在他斷斷續續地淺眠、等待歐洲開始新的一天時，他充分意識到自己正在參與的事，是國際銀行界從不曾發生過的。

準備聯絡歐陸盟軍

一九六四年十一月二十四日周二傍晚，海斯於六點半左右，回到他在康乃狄克州新迦南鎮的家，時間一如往常，因爲他照常搭上了紐約中央車站五點零九分開出的列車。海斯五十四歲，身材高瘦，說話溫和，圓框眼鏡後面是銳利的眼睛，氣質有點像一名校長，出了名的冷靜沉著。他後來打趣地說，他在這種非常時期還如此規律地準時下班，他的同事一定對此印象深刻，覺得他的鎮定沉著實在名不虛傳。他的房子原本是一八四〇年左右的工友宿舍，約在十二年前買進改建。到家時，妻子一如往常地迎接他。海斯太太是一名漂亮、活潑的英義血統女子，名叫薇爾瑪（Vilma），但人們總是叫她貝巴（Bebba）。她愛旅遊，對銀行業幾乎毫無興趣，是紐約大都會歌劇院（Metropolitan Opera House）已故男中音湯瑪士．查墨斯（Thomas Chalmers）的女兒。因爲在這個季節，海斯回到家時天已全黑，他便沒有做自己傍晚最喜歡的放鬆活動——走到屋旁的草坡頂部，那裡可以眺望長島海灣和長島，景觀很美。無論如何，他的心情沒有放鬆下來；他覺得自己處於興奮狀態，而且認爲就這樣保持興奮狀態也不錯，因爲紐約聯準銀行的車，第二天一早就要來接他去工作。

晚餐期間，海斯和太太閒話家常，例如談到他們的兒子湯姆，哈佛大學的大四生，第二天將回家過感恩節。晚餐之後，海斯坐在扶手椅上看了一會書。在銀行界，他被視爲學者型的人，而相對於多數銀行業人士，他確實比較像一位學者。即使如此，他在銀行業以外的書籍閱讀上，往往不如他太太那麼穩定和全面；海斯的閱讀往往是零散、易變和密集的，例如可能有一陣子密集地看有關拿破崙的所有書籍，然後停止閱讀一段時間，然後再瘋狂閱讀有關南北戰爭的書。最近他集中閱讀有關希臘科孚島（Corfu）的資料，因爲他和太太打算去那裡旅行。不過，他才開始看一本有關科孚島的新書沒多久，就有電話打到家裡找他。那是紐約聯準銀行打來的，因爲事情有新的進展，而康伯斯覺得海斯總裁有必要知道。

在此扼要重述當時的最新發展：英國面臨英鎊崩盤的危機，紐約聯準銀行與英國央行聯手，準備以斷然措施拯救英鎊，而這需要非共產世界主要國家的央行攜手合作，在第二天早上倫敦和歐陸金融市場開盤之後（紐約時間早上四至五點），盡快達成必要的協議。英國面臨迫在眉睫的破產威脅，因爲該國之前多個月出現巨額的國際收支赤字，導致英國央行手上的黃金和美元準備資產嚴重流失。世界各地的人都擔心新上台的工黨政府，會選擇或被迫將英鎊從目前兌二．八〇美元的標準匯價大幅貶值，以求舒緩英國的窘境，這將導致避險者和投機客的英鎊賣盤在國際匯市上蜂擁而出。英國央行爲了履行它阻止英鎊跌破二．七八美元的國際責任，每天損失以百萬美元計的準備資產，而它手上的準備資產現在只剩下約二十億美元，是多年來的最低水準。

眼下的希望，是搶在爲時已晚之前，也就是盡可能在數小時之內，集結世界主要經濟強國的央行，爲英國提供空前巨額的美元短期貸款。有了這些美元資金，英國央行理論上就可以非常積極地消化所有英鎊投機賣盤，最後成功擊退投機客，爲英國爭取到整頓好經濟所需要的時間。拯救英鎊到底需要多少資金，這是一個可以爭論的問題，但周二稍早美英貨幣當局的結論是至少需要二十億美元。美國透過紐約聯準銀行和財政部擁有的進出口銀行，在周二已替英國爭取到十億美元，現在的任務是說服其他主要央行——在央行圈內被統稱爲「歐陸」，雖然加拿大和日本央行也是當中的成員——爲英國提供至少十億美元的短期貸款。

無論是透過貨幣互換網絡或其他管道，歐陸央行從不曾被要求提供如此巨額的貸款。一九六四年九月，歐陸央行提供了迄今最大一筆集體緊急貸款，金額總共五億美元，正是供英國央行捍衛英鎊使用。雖然那場英鎊攻防戰之前已告一段落，但那五億美元尚未償還，眼下英鎊的狀況還遠比之前惡劣，而歐陸央行又被要求提供十億美元以上的貸款給英國，實際金額還可能高達二十五億美元。即將受到考驗的，顯然是國際合作的精神，甚至是相關國家的仁慈程度。這天晚上，紐約聯準銀行總裁海斯，心裡頭很可能在想這些事。

由於心裡記掛著如此嚴重的事，海斯發現自己很難集中精神在科孚島上。此外，因爲聯準銀行的車早上四點就要來載他去上班，他覺得自己應該早一點去睡。在他準備就寢時，海斯太太說，因爲他必須半夜起來，照理說她應該同情他，但因爲他顯然很期待第二天將要發生的事，所以反而羨慕他。

在自由街，康伯斯斷斷續續地淺眠，直到鬧鐘收音機在紐約時間三點半左右叫醒他，此時正是倫敦時間早上八點半，歐陸時間九點半。因爲經歷了一連串涉及歐洲的外匯危機，康伯斯非常習慣歐美時差，而且傾向以歐洲時間爲標準，例如將紐約早上八點稱作是「午餐時間」，早上九點則是「午後不久」。因此，他是在他心中的「早晨」起床，儘管當時自由街上空仍是繁星閃亮。康伯斯穿好衣服，去到他位於十樓的辦公室，吃了大樓食堂夜班人員提供的一些早餐，然後開始打電話給非共產世界的各個主要央行。所有電話均由一名接線員接通，他負責處理正常辦公時間以外紐約聯準銀行的所有接線工作。這裡的主管打出的電話，必要時可以使用政府提供的特別優先線路，但這次不必這麼做，因爲康伯斯早上四點十五分就開始打電話，而這時候跨大西洋的電話線路根本沒有什麼人在用。

康伯斯的這些電話，基本上是爲了替後續行動打好基礎。他最早打出的其中一通電話，是給英國央行，而他得到的消息，是情況與前一天相同：針對英鎊的投機攻擊毫無減弱的跡象，而英國央行正動用更多準備資產，將英鎊維持在二．七八六〇美元。康伯斯有理由相信，紐約匯市約五個小時後開盤時，大西洋的這邊將會有更多英鎊賣盤湧現，而英國將損失更多美元和黃金。他將這個緊急情況，告訴他在法蘭克福德國央行、巴黎法國央行、羅馬義大利央行，以及東京日本央行的同儕。（因爲紐約與東京有十四小時的時差，當康伯斯致電日本時，東京已經是下午六點之後，因此他必須打電話到央行官員的家裡。）康伯斯談到重點，告訴各國央行代表，美國這邊很快將代表英國央行，要求各國央行提供貸款，而且金額將遠大於他們以前遇到的所有貸款要求。「我嘗試在不提具體數字的情況下，告訴他們這是最嚴重的那種危機，而他們當中很多人還未意識到這點，」康伯斯後來表示。一名德國央行官員對英鎊危機嚴重程度的認識，在倫敦、華府和紐約以外的人當中算是最清楚的，但他後來表示，德國央行雖然對可能被要求爲此事提供有力援助已做好心理準備，但直到康伯斯來電的那一刻，他們還在期望針對英鎊的投機攻擊自行平息，而即使在康伯斯來電之後，他們也不知道德國央行將被要求提供多少貸款。無論如何，在康伯斯來電之後，德國央行總裁召開了高層會議，而且開了一整天。

不過，這一切都只是準備工作。金額明確的實際貸款要求，必須由一國央行總裁向另一國的央行總裁提出。康伯斯在打他的事前遊說電話時，紐約聯準銀行總裁正坐在新迦南開往自由街的公務大轎車裡，而這輛汽車竟然不如詹姆士·龐德（James Bond）執行國際任務時使用的交通工具那麼先進，連一部電話都沒有。

英美指揮官登場

不久前，海斯擔任紐約聯準銀行總裁滿八年，而他獲選出任此職，當年幾乎所有人均感到困惑，包括他自己。因爲他不是從類似的重要職位轉任，也不是從聯準會內部晉升，而是從紐約大量的商業銀行副總裁中脫穎而出。此項人事任命當時顯得非常奇特，但事後看來卻像是上天注定的。海斯早年的生活和職業生涯給人這樣的印象：他的所有經歷，似乎都是在爲他日後處理英鎊崩盤這種國際金融危機做好準備，一如某些作家或畫家的一生，似乎都是在爲他們創造某件藝術作品做準備。如果上天，或是天上的金融部門，在英鎊危機迫在眉睫之際，需要評估海斯的資歷以了解他能否擔當處理危機的重任，而如果天上有獵頭公司，海斯的檔案大概會是這樣：

「一九一〇年七月四日出生於紐約州伊薩卡市（Ithaca），主要是在紐約市長大。父親爲康乃爾大學（Cornell University）憲法學教授，後來成爲曼哈頓一名投資顧問；母親以前是教師，強烈主張女性有權參政，是服務貧困社區組織睦鄰之家（settlement house）的志工，政治上的自由派。父母親都是觀鳥愛好者。家庭氣氛重知識、思想自由和公益精神。就讀紐約市和麻省的私立學校，通常是學校裡的頂尖學生。然後去了哈佛大學（只讀了一年）和耶魯大學（念了三年，起初主修數學，三年級時入選斐陶斐榮譽學會，是划艇隊中不重要的隊員，一九三〇年以文學士第一名的成績畢業。）一九三一年至一九三三年以羅德學者（Rhodes scholar）的身分，在牛津大學新學院（New College, Oxford University）學習，期間成爲堅定的親英派，並寫了題爲〈一九二三年至一九三〇年的聯準會政策和金本位制度運作〉的論文，雖然他不曾想過要加入聯準會。眞希望他現在手頭有這篇論文，因爲說不定裡面有年輕人了不起的慧見，可惜他和新學院都已找不到這篇論文。一九三三年開始在紐約商業銀行界工作，緩慢但穩定地晉升（一九三八年年薪兩千七百美元）。一九四二年升任紐約信託公司（New York Trust Co.）副祕書（雖然頭銜很弱）；

在海軍服役一段時間之後，一九四七年成爲紐約信託公司協理，兩年之後成爲該公司國際業務部門主管，雖然在此之前完全沒有國際銀行業務的經驗。他顯然學得很快，使同事和上司大感吃驚，一九四九年因爲提前數周準確預測英鎊將從四．〇三美元貶值到二．八〇美元，獲同事和上司譽爲外匯奇才。」

「一九五六年獲任命爲紐約聯邦準備銀行總裁，他自己和紐約銀行界對此均非常驚訝，銀行界許多人根本沒聽過這個相當害羞的人。獲任命後表現沉著，帶家人去歐洲度假兩個月。現在人們普遍認爲，紐約聯準銀行董事會在美元開始走疲和國際金融合作變得至關緊要之際，任命海斯這樣一位外匯專家爲總裁，是展現了令人難以置信的先見之明——又或者是極其幸運。歐洲的央行官員普遍喜歡他，他們以艾爾（Al）稱呼他，但發音往往像『All』。年薪七萬五千美元，是美國總統以外最高薪的聯邦政府官員；當局設定聯邦準備銀行的人員薪資時，希望它們在銀行業中多少具有競爭力，因此這些人的薪資與一般公務員有顯著差異。海斯很高、很瘦，他努力維持正常的上下班時間，而且出於個人原則，堅持他的個人生活是不可侵犯的；他認爲經常在辦公室加班到晚上是『非常離譜』的事。他抱怨他兒子看不起商界，並認爲這是一種『反向的勢利眼』，但即使他在抱怨這些事的時候，仍然能夠保持冷靜。」

「結論：這正是在英鎊危機中，代表美國央行的理想人選。」

海斯確實就像上天精心安排、賦予一切必要能力，肩負某項複雜任務的一個人。但是，他還有其他面向，而他就像一般人那樣，性格中也有不少矛盾之處。雖然銀行界人士在形容海斯時，幾乎一定會用「學者型」和「知識分子」等字眼，但海斯通常認為自己作為學者或知識分子表現平庸，卻是高效能的行動者；而就後一點而言，一九六四年十一月二十五日發生的事，似乎證明他是對的。海斯在某些方面來說，可說是完美的銀行業者，一如威爾斯（H. G. Wells）筆下的完美銀行業者，海斯似乎「認為賺錢是理所當然的，一如梗犬認為抓老鼠是理所當然的」，因此對金錢缺乏哲學上的好奇心，但他對金錢以外的幾乎所有事物，似乎都有哲學上的好奇心，這點在銀行業人士當中實在很不尋常。雖然泛泛之交有時會說他這個人很乏味，但他的好友則認為他有享受生活和保持內心平靜的罕見能力；這種能力似乎使他得以避免像許多同代的人那樣，因為精神緊張和內心焦慮而生活混亂。當海斯坐著紐約聯準銀行的公務車前往自由街時，他內心的平靜無疑即將受到非常嚴峻的考驗。

海斯在早上五點半左右抵達辦公室，第一件事便是拿起電話，按下打給康伯斯的快速鍵，了解這位國外業務部主管的最新情勢評估。一如他的預期，英國央行仍正以可怕的速度流失美元資產，情況毫無改善的跡象。更糟的是，康伯斯表示，他的消息來源告訴他，紐約銀行界一些同樣因為情況緊急而一大早上班的人（他們是大型商業銀行，如大通和花旗銀行的外匯部門人員），通知他們那邊累積了大量的英鎊賣單，等著紐約市場一開盤就要掛出。幾乎已經沒頂的英國央行，在四小時後將遭遇來自紐約的新一波浪潮。因此當局更有必要加快緊急行動，海斯和康伯斯同意，紐約開盤之後，有必要盡快（可能早至十點），便公布當局正在爲英國安排緊急國際貸款的消息。爲了建立國際通訊的單一中心，海斯決定放棄自己的辦公室（非常寬敞，牆上裝了飾板，壁爐周圍有舒服的椅子），讓樓下的康伯斯辦公室（小得多，也樸素得多，但布置對工作效率比較有利），成爲緊急行動的指揮所。他一走進康伯斯的辦公室，便拿起三部電話的其中一部，要求接線員幫他接通英國央行的克羅默伯爵。電話接通後，英鎊拯救行動的兩位關鍵人物，最後一次檢視他們的計畫，確認他們初步決定要求各家央行提供的貸款金額，然後說好各自聯繫哪些人。

在某些人眼中，海斯與克羅默伯爵是不大相配的一對夥伴。後者全名爲喬治．羅蘭．史丹利．霸菱（George Rowland Stanley Baring），是第三代克羅默伯爵，除了是純正的貴族外，還是純正的銀行家。他的祖先創辦了著名的倫敦商人銀行霸菱兄弟（Baring Brothers），而他是英王喬治五世的教子，伊頓公學（Eton College）和劍橋大學三一學院的畢業生，在家族的銀行當了十二年董事總經理之後，一九五九年至一九六一年出任英國經濟事務官員兩年，是英國財政部駐華府首席代表。如果說海斯是藉由耐心學習掌握國際銀行業務的專門知識，絕非學者型人物的克羅默伯爵，則是靠遺傳、本能或偶然的見聞而掌握相關知識。儘管海斯異常高瘦，但在人群中很容易被忽略；而克羅默伯爵雖然只是中等身材，但因爲溫文爾雅而且穿著時髦，走到哪裡都能引人注目。海斯通常不大願意與陌生人親近，克羅默伯爵則是以待人熱誠著稱——他與美國銀行界人士見面時，對方通常因爲他的伯爵頭銜而心生敬畏，但他總是很快便鼓勵他們叫他羅利（Rowley），這令他們在受寵若驚之餘，心裡也很微妙地感到失望（這當然不是他有意造成的）。一名美國銀行界人士曾說：「羅利是個非常自信和果斷的人。他從不怕插嘴突然提出要求，因爲他確信自己的言行是合理的。他確實是個通情達理的人，是那種在危機之中，能夠拿起電話做些事，產生重要作用的人。」但說這話的那名銀行界人士承認，在一九六四年十一月二十五日之前，他並不認爲海斯是這種人。

情況危急，我們應當團結一致

那天早上約六點開始，海斯確實拿起了電話，與克羅默伯爵一起找人幫忙。世界主要央行的總裁，包括德國的卡爾・布萊辛（Karl Blessing）、義大利的奎多・卡利博士（Guido Carli）、法國的賈克．布內（Jacques Brunet）、瑞士的華特．施韋格勒博士（Walter Schwegler）和瑞典的佩爾．艾斯布靈克（Per Asbrink），陸續接到電話，得知英鎊危機昨天已去到極其嚴重的程度，美國已答應向英國提供十億美元的短期貸款，而他們也被要求拿出自己國家的大筆準備資產，以幫助英鎊度過難關。他們當中有些人對這些消息感到十分驚訝，有些人是先接到海斯的電話，有些人是先接到克羅默伯爵的電話，而無論如何，來電者不是泛泛之交，也不純然是某國的官員，而是「巴塞爾兄弟會」的熟人。因爲海斯代表已答應提供巨額貸款的美國，他幾乎自動被視爲此次行動的領袖，但他在每一通電話中都審愼解釋，正式提出貸款要求的是英國央行，他的任務是傾聯準會之力支持英國央行的要求。

海斯以他的沉著語氣，向歐陸央行的總裁說這樣的話：「英鎊情況非常危急，我知道英國央行正請求你們提供兩億五千萬美元的信用額度。我想你一定明白，當前情況要求我們團結一致。」（海斯和康伯斯當然總是講英語。儘管海斯最近在上法語重溫課，而且在耶魯時曾以記憶力驚人著稱，但外語仍然不好，沒有信心以英語以外的語言談重要公務。）他與特別熟的歐陸央行總裁講話時，會使用比較非正式的措辭，例如會按央行圈內的習慣、假定金額單位爲百萬美元，很流利地說類似這樣的話：「你想，你們可以提供一百五十嗎？」他說，無論措辭是正式或非正式，對方的第一反應，普遍是小心翼翼，往往夾帶著震驚。他記得曾有幾個人說過這種話：「艾爾，情況眞的那麼糟嗎？我們還在期望英鎊自己復原呢！」海斯向他們保證情況眞的那麼糟糕，而且英鎊無論如何不可能自己復原，對方的反應通常是：「我們必須研究一下可以怎麼做，稍後再打電話給你。」有些歐陸央行總裁後來表示，海斯首次來電令他們印象最深刻的，不是他講了什麼話，而是他來電的時間。他們知道海斯來電時紐約遠未天亮，而海斯以堅持正常工作時間著稱，因此他們在那時候接到他的電話，馬上便覺得事態應該非常嚴重。海斯與每一家歐陸央行打過招呼之後，康伯斯便馬上接手，與這些央行負責相關事務的主管商談細節。

打完第一輪電話，海斯、克羅默伯爵和他們在自由街與針線街（位於倫敦金融城，英國央行就在這條街上）的同事，都覺得情況相對樂觀。沒有一家央行明確拒絕他們，連法國央行也沒有這麼做（海斯他們對此感到欣喜），雖然法國在金融和某些其他事務上已明顯改變方向，不再那麼願意與英國和美國合作。此外，有幾位央行總裁令人喜出望外，因爲他們表示，他們貢獻的貸款或許可以比美英提議的數額更大一些。受此鼓勵，海斯與克羅默伯爵決定提高目標。他們原本希望籌集二十五億美元的貸款，但考慮到各國的反應，他們認爲有機會加碼到三十億。海斯說：「我們決定這裡加一點、那裡加一點，因爲我們沒有辦法確切知道，扭轉局面最少需要多少美元。我們只知道，我們在很大程度上必須仰賴宣布消息所產生的心理作用——這當然是假定我們有好消息可以宣布。而三十億美元，似乎是一個很好的整數。」

但他們仍然遇到不少困難，隨著各國央行開始回電，最大的困難顯然是盡快完成籌集貸款這件事。海斯與克羅默伯爵發現，最難向歐陸央行傳達的訊息，是英國的準備資產每過一分鐘便流失一百萬美元（甚至更多）。如果一切按照正常程序辦理，貸款無疑將來得太晚，無法幫助英鎊逃過被迫貶值的命運。在某些國家，法律要求央行答應提供貸款之前徵詢政府的意見，而即使在沒有這種法律規定的國家，央行也堅持這麼做以示尊重當局。這件事需要時間，尤其是因爲不止一名財政部長暫時無法聯繫上（有一位財政部長剛好正在國會參與辯論），他們並不知道有人要找他們立即批准巨額貸款，而且除了克羅默伯爵和海斯的口頭保證外，沒有人提供這些貸款非批不可的證據。

而即使能夠找到財政部長，他也可能不願意在如此倉促的情況下做決定；在有關錢的事情上，政府的行動比央行審慎一些。有些財政部長的回應實質上是在說：如果能按規矩提交英國央行的資產負債表和要求緊急貸款的正式書面申請，他們樂意考慮這件事。此外，有些央行本身展現出令人發狂的「形式主義」傾向，如某家央行的外匯主管據說如此回應緊急貸款的請求：「啊，眞是太巧了！我們剛好明天開董事會，我們會討論這件事，然後跟你們聯繫。」與他對話的是紐約的康伯斯，他確切講了什麼並未留下紀錄，但據稱他當時的態度是一反常態地激烈。連出了名冷靜沉著的海斯，也曾有一、兩次差點失控（至少在場的人是這麼說的）：他的語氣一如既往的沉著，但他的音量遠遠超過平常的水準。

在歐陸央行當中，財力最雄厚、影響力最大的一家是德國央行，而該行遇到的問題，最能彰顯各國央行在批准貸款這件事上遇到的困難。因爲康伯斯的來電，德國央行的管理委員會召開了緊急會議，而當海斯致電該行總裁布萊辛、告訴他美英希望德國提供多少貸款時，這個緊急會議還未結束。那天早上，美英要求各央行提供多少貸款是從未公開的資料，但從後來已知的事實看來，我們可以合理地假定美英要求德國提供五億美元的貸款——這是聯準會以外各國央行中最高的，而且也是各國央行歷來被要求在數小時內答應的最大一筆貸款。布萊辛接完海斯如此刺激的電話後不久，倫敦的克羅默伯爵接著來電，向他證實海斯所講的有關危機嚴重程度的一切都是眞的，並且重申了英國的貸款請求。德國央行的管理層可能有點被嚇到了，他們原則上同意必須提供這筆貸款，但此時他們的麻煩才開始。

布萊辛和他的同事決定遵循正當程序：採取任何行動之前，必須徵詢德國在歐洲共同市場中的經濟夥伴與國際清算銀行，而他們必須徵詢的關鍵人物，是當時擔任國際清算銀行總裁的馬呂斯·侯卓普博士（Marius W. Holtrop）；侯卓普博士也是荷蘭央行的總裁，而荷蘭央行當然也被要求提供貸款。法蘭克福方面因此緊急致電阿姆斯特丹，但獲告知侯卓普博士不在阿姆斯特丹，他當天早上剛好搭火車去政府所在地海牙（The Hague）見荷蘭的財政部長，商量其他事情。荷蘭央行當然不可能在總裁不知情的情況下，答應提供緊急貸款這麼重要的事，而比利時因爲貨幣政策與荷蘭密切相關，該國央行也不願意在荷蘭答應之前承諾提供貸款。因此，這天早上有一個多小時，在英國央行持續流失以百萬美元計的準備資產、世界金融秩序岌岌可危之際，整個救援行動陷入了僵局，因爲侯卓普博士正在穿越荷蘭低地的火車上，又或者是已經抵達海牙，但遇到塞車，因此沒有人能聯繫到他。

十一國同盟成立

這一切當然使得紐約聯準銀行這邊苦不堪言、萬分無奈。紐約的早晨終於來到時，海斯和康伯斯得到華府方面的協助。美國金融事務的主要官員——聯準會的馬丁，財政部的迪隆和羅薩——密切參與了昨天的拯救行動規畫，而他們的決定之一，當然是授權向來替聯邦準備系統和財政部執行國際金融行動的紐約聯準銀行，成爲本次行動的指揮中心。華府的幾位高官因此可以回家睡覺，然後在正常時間回辦公室。馬丁、迪隆和羅薩，在聽到海斯轉告紐約方面遇到的困難之後，自己打電話向歐陸相關官員強調美國對事態的關注。但無論電話是從哪裡打出，再多通也不能使時間暫停，當然也還是找不到侯卓普博士。最後，海斯和康伯斯必須放棄在紐約時間早上十點左右，對外宣布各國已爲英國籌得巨額貸款的計畫。此外，還有其他原因，使得海斯他們對情勢轉趨悲觀。紐約市場開盤後，市況清楚顯示，昨天收盤以來，金融市場確實已陷入人心惶惶的狀態。紐約聯準銀行七樓的外匯交易部表示，紐約一開盤，針對英鎊的攻擊一如預期的可怕，市場氣氛非常接近恐慌狀態。紐約聯準銀行的證券部門，也報告了令人不安的消息：美國公債市場出現了多年來最沉重的壓力，反映債券交易商對美元缺乏信心——這實在是不祥之兆。這些消息無情地提醒海斯和康伯斯一件他們原本就知道的事：英鎊兌美元貶值可能觸發連鎖反應，導致美元對黃金被迫貶值，而這可能擾亂全球金融秩序。

如果海斯和康伯斯曾經幻想自己只是無私奉獻的「好撒瑪利亞人」（Samaritans）[30]，美債遭受壓力的消息應該足以使他們恢復清醒。他們接著收到消息，華爾街的種種荒唐傳言看來正在凝聚爲單一說法：英國政府將於紐約時間正午左右宣布英鎊貶值；因爲非常具體，使得這項傳言顯得十分可信，眞是令人洩氣。但這項傳言是可以斷然駁斥的，至少傳言中的貶值時間不可能是眞的，因爲各國還在磋商貸款，英國顯然不可能在這種時候宣布英鎊貶值。海斯希望壓下這則可能造成嚴重後果的謠言，但他又必須在有結果之前替貸款磋商保密，左右爲難之下他選擇妥協。他

30譯注：《聖經》中耶穌所講的寓言人物，指無私的見義勇為者。

請一名同事打電話給幾位重要的華爾街銀行業者和交易商，以最有力的語氣告訴他們，據他所掌握到的可靠消息，最新的英鎊貶值傳言是假的。這名同事被問及：「你可以講得具體一點嗎？」而他因爲沒有其他話可以說，只能回答：「不，我不能。」

雖然沒有實質證據支持，海斯的放話還是產生了一定的作用，不過仍不足以根本扭轉局面，因爲匯市和債市只是短暫回穩。海斯和康伯斯後來承認，那天早上他們曾經數度放下電話，在康伯斯的辦公室隔桌對望，無言地交換一個念頭：看來這次是來不及了。但是，一如俗濫的煽情劇情節，在一切看似絕望的時候，好消息便開始出現——這種俗濫情節雖在藝術上已宣告死亡，但在現實中似乎頑強地生存下來。荷蘭方面，已經找到了侯卓普博士，他與荷蘭財政部長維特芬博士（J. W. Witteveen），正在海牙某間餐廳吃午飯，而且已經決定支持拯救英鎊的行動。至於徵詢荷蘭政府也沒問題，因爲負責此事的荷蘭官員，就坐在侯卓普博士的對面。拯救行動的主要障礙因此得以清除，接下來的困難就只剩一些煩人的事，例如因爲必須在東京時間午夜前後吵醒日本官員，不斷地向他們說抱歉。形勢已決定性地轉好，在當日紐約的正午之前，海斯與康伯斯，以及倫敦的克羅默伯爵及其副手，已經知道十家歐陸央行，包含西德、義大利、法國、荷蘭、比利時、瑞士、加拿大、瑞典、奧地利和日本，以及國際清算銀行，原則上同意提供貸款給英國。

但是，每家央行還必須完成一些必要手續，以滿足法規的要求，而過程慢得令人難耐。最守規矩的德國央行，必須尋求董事會的核准，而其董事多數身處德國各地。兩名德國央行主要代表分工合作，致電不在法蘭克福的董事，遊說他們支持貸款——這種遊說有點微妙，因為央行總部實際上已答應這件事。在歐陸時間下午三點多，這兩名代表仍在努力遊說外地董事之際，法蘭克福接到了倫敦又一通電話。來電者是克羅默伯爵，他表達了自身處境所能允許的最大怒氣，告訴德國央行：英國準備資產的流失速度，已經加快到英鎊無法再撐一天。儘管還有手續要完成，貸款再拖下去就來不及了！（英國央行從未公布當天它損失多少準備資產，但《經濟學人》（*The Economist*）後來估計金額可能高達五億美元，也就是英國這天之前所剩的準備資產的約莫四分之一。）克羅默伯爵來電之後，德國央行兩名代表盡可能長話短說，得到董事一致同意批出貸款；在法蘭克福時間下午五點過後不久，他們已經可以通知克羅默伯爵和海斯，德國央行將提供美英要求的五億美元貸款。

其他央行有些已經答應，尚未答應的也陸續傳來好消息。加拿大和日本各出兩億美元，而它們無疑樂意幫忙，因為加元和日圓分別受惠於一九六二年和一九六四年的類似國際救援行動，雖然規模遠比這一次小。如果《泰晤士報》後來的報導正確，則法國、比利時和荷蘭也各自貢獻了兩億美元，但這三個國家均不曾公布它們提供了多少貸款。瑞士據信提供了一億六千萬美元，瑞典則是一億，剩餘部分由奧地利、日本和國際清算銀行分擔，金額至今未公布。在紐約午餐時間之前，一切已準備就緒，只差公布消息。此次行動的最後一部分，是盡可能有力地宣布消息，以最快的速度對市場產生最大影響。

吹響勝利的號角

這項任務，將紐約聯準銀行負責公開資訊的副總裁——湯馬斯．奧拉夫．華格（Thomas Olaf Waage）帶到幕前。華格（他的姓「Waage」與「saga」（英雄傳奇）押韻），幾乎整個早上都在康伯斯的辦公室忙個不停，透過電話擔當紐約與華府的聯絡人。他是土生土長的紐約人，他挪威出生的父親是紐約當地的拖船舵手和漁船船長。華格的興趣廣泛，而且都是出自真心愛好，他喜歡的東西包括歌劇、莎士比亞、英國長篇小說家安東尼．特洛普勒（Anthony Trollope）的小說，以及祖傳的航海活動。他還有一項強烈的愛好：努力幫助心存懷疑、而且往往不感興趣的大眾，進一步認識央行的運作，不僅告訴他們事實，還帶他們感受當中的戲劇性、懸疑和刺激感。簡言之，華格是銀行界裡浪漫得無可救藥的一個人。因此，當海斯請華格起草一份新聞稿，盡可能有力地向世人宣傳此次國際救援行動時，他欣喜若狂。在海斯和康伯斯努力替國際貸款案收尾時，華格忙著與相關機構的負責人協調發表新聞稿的時間，包括參與發表美國聲明的聯準會和財政部，以及將於同一時間發表自身聲明的英國央行——這是海斯與克羅默伯爵業已同意的事。

華格回想當時的情況說：「當時，我們同意在紐約時間下午兩點宣布消息，這是我們在情況顯示下午兩點前有方案可以宣布時所做的決定。當然，這代表我們趕不及在歐陸和倫敦市場收盤前公布消息。但如果在下午兩點發表聲明，接下來紐約市場在五點左右收盤之前，還有一整個下午的交易。如果英鎊可以在紐約戲劇性地扭轉疲勢，那麼第二天美國因爲感恩節休市時，英鎊將有很大機會在歐陸和倫敦市場繼續走強。至於我們打算公布的貸款總額，則仍然是三十億美元。但我記得最後時刻出現了意想不到的障礙，情況特別尷尬。就在最後關頭，當我們認爲大局底定時，查理康伯斯和我爲了避免出錯，算了一下各國承諾的貸款總額，結果是二八．五億美元。顯然，我們在某處漏掉了一億五千萬美元。好在我們很快就找出問題所在，所以沒有耽誤消息的公布。」

就這樣，三十億美元的緊急貸款及時籌到。在紐約時間下午兩點、倫敦時間下午七點，美國聯準會、財政部和英國央行同時向媒體發出聲明。在華格的影響下，美國新聞稿激動人心的效果，雖然比不上歌劇《紐倫堡的名歌手》（*Die Meistersinger von Nürnberg*）的最後一幕，但以央行的聲明稿來說，無疑是異常地感情豐富。它以一種有所節制的激昂語氣，指出貸款金額的空前性質，還講到各國央行：「迅速行動，動員了針對英鎊投機賣盤的大規模反擊行動。」而倫敦的聲明稿則顯然不同，彰顯了英國人似乎保留給重大危機時刻的典型風格，它只是簡單表示：「英國央行已藉由某些安排得到三十億美元，可用來支持英鎊。」

結果證實，當局的保密工作顯然是成功的：貸款消息對紐約匯市有如晴天霹靂，市場反應之迅猛足以令當局喜出望外。做空英鎊的投機客當機立斷，決定收手。消息一宣布，紐約聯準銀行馬上在二・七八六八美元掛出英鎊買單，這個價位略高於英國央行當天盡全力守住的水準。由於投機客一面倒地急著買進英鎊，以回補他們的空頭部位，紐約聯準銀行發現，很少人在二・七八六八美元這個水準賣出英鎊。下午兩點十五分左右，紐約匯市出現了幾分鐘的異常情況：無論在什麼價位，根本沒有人掛出英鎊賣單，而這令當局振奮不已。最後，在較高的價位終於有英鎊賣單掛出，然後馬上有人搶著買進。英鎊整個下午於是持續上漲，收盤時已升至略高於二・七九美元。

成功了！英鎊脫離了險況，國際救援方案證實有效。各界紛紛對此成功行動致敬。連權威的《經濟學人》也很快表示：「無論哪些其他網絡失敗了，央行官員看來都有產生即時效果的驚人能力。我們或許可以說，央行網絡總是傾向短暫支撐現狀，因此並不理想，但它卻是唯一能有效運作的網絡。」

在英鎊回到合理高位的情況下，紐約聯準銀行關門休感恩節，各官員都回家了。康伯斯記得自己以快得異常的速度，喝下一杯馬丁尼。海斯回到新迦南的家，發現兒子湯姆已從哈佛回來。他太太和兒子注意到他異常興奮，便問他發生了什麼事，海斯說他剛經歷了整個職業生涯中最滿足的一天。他們追問詳情，海斯便提供了救援行動的濃縮版簡化敘述，而且沒有忘記妻子對銀行業完全不感興趣，兒子則是看不起商界。但他在敘述完畢時，得到很好的反應——像華格那樣的人，或是任何熱心向冷漠的外行人闡述銀行業英勇事跡的人，都會因爲得到這種反應而滿心溫暖。海斯太太表示：「我一開始有點聽不懂，但在你結束前，我們都完全被吸引住了。」

華格住在紐約市皇后區道格拉斯頓（Douglaston），他以他典型的方式告訴妻子當天的事。「今天是聖克里斯賓節（St. Crispin's Day），而我跟亨利在一起！」他衝進家門時高喊[31]。

永不止息的戰役

我最初對英鎊及其險況產生興趣，是在一九六四年英鎊危機的期間，然後我發現自己從此對這個題材著迷不已。在接下來的三年半中，我透過美國和英國新聞媒體追蹤英鎊的起伏，此外也

31譯注：英王亨利五世正是在聖克里斯賓節當天，率領英軍以寡敵眾，在阿金庫爾戰役中大敗法軍。

不時前往紐約聯準銀行，與官員維持聯繫，並嘗試從他們身上得到更多啓發。這段經驗完全證實了華格所講的：央行的運作確實可以是充滿懸疑的。

英鎊無法從此高枕無憂。一九六四年的大危機過後一個月，投機客再度攻擊英鎊，而到該年結束時，英國央行借來的三十億美元貸款已經用了超過五億。新年到來也未能帶給英鎊安寧，在一九六五年，英鎊經過相對強勢的一月之後，二月再度承受壓力。去年十一月的貸款爲期三個月，在它們即將期滿之際，放款國家決定延期三個月，以便英國有更多時間整頓好經濟。但是到三月底時，英國經濟狀況仍然不穩，英鎊再次跌破二．七九美元，而英國央行也再次干預市場。四月分英國宣布了緊縮支出的財政預算，英鎊隨後上漲，但漲勢很快結束。到了初夏時節，英國央行爲了應付與投機客的攻防戰，已動用了三十億美元貸款的三分之一以上。投機客受此鼓舞，加緊攻擊英鎊。六月底，英國高官公開表示，他們認爲英鎊危機已經過去，但這不過是夜行人吹哨；儘管英國人進一步緊縮支出，英鎊在七月仍再度下挫。到了七月底，國際匯市已確信新的英鎊危機正在形成。到了八月底，危機爆發了，而且在某些方面比去年十一月的危機更危險。問題在於市場似乎相信各國央行已厭倦了投入資金作戰，因此將不顧後果地任由英鎊下跌。當時我打電話給一位我認識的紐約匯市重要人物，問他怎麼看當前局勢，他的回應是：「據我所知，紐約市場百分之百確信英鎊今年秋天將會貶值——我是說百分之百，不是九五%之類的。」然後在九月十一日，我從報紙上得知同一群央行（這次少了法國），再度於最後關頭爲英國提供緊急貸款——金額並未公布，後來的報導聲稱是十億美元左右。而接下來幾天，我看到英鎊的市價逐步上漲，月底時升破二·八〇美元，創十六個月以來的最高水準。

這些央行捍衛英鎊的行動再次成功了。不久之後，我前往紐約聯準銀行了解此次行動的詳情。我見到康伯斯，發現他異常的熱情和健談。他告訴我：「今年的行動與去年完全不同。這次，我們是主動出擊，不是苦守最後防線。今年九月初，我們認爲英鎊是嚴重超賣了，也就是說做空英鎊的投機部位，遠遠超過經濟基本面所能支持的規模。事實上，英國今年頭八個月的出口，比一九六四年同期增加逾五％，而英國一九六五年的國際收支赤字，看來可能只有去年的一半。這些都是非常好的經濟進步，但是看空英鎊的投機客，似乎完全忽略了這些事實。他們基於市場技術因素，持續做空英鎊。現在處於危險位置的，變成是他們了。我們認爲官方發動反擊的時機已經成熟。」

康伯斯接著解釋，這次反擊是在很從容的情況下策畫的，並不是透過電話，而是各國央行官員九月五日周末在巴塞爾面對面談好的。康伯斯一如往常地代表紐約聯準銀行出席這次會議，而海斯也縮短他計畫已久的科孚島假期，趕到巴塞爾。行動計畫的精準程度有如軍事行動，各國央行決定這次不公開貸款規模，以求擾亂敵方投機客的耳目。當局選擇由紐約聯準銀行的交易室發起攻擊，時間選在九月十日紐約時間早上九點——這個時候倫敦和歐陸匯市仍未收盤。時間一到，英國央行先放「禮炮」，宣布新的央行協議很快將使當局得以在匯市採取「適當行動」。當局給予市場十五分鐘的時間，來消化這個故作輕描淡寫的威脅訊息，然後紐約聯準銀行便出手了。

紐約聯準銀行在英國的授權下，利用新的國際貸款作爲彈藥，與紐約匯市中所有的主要銀行，同時在當時市價二．七九一八美元掛出英鎊買單，總額接近三千萬美元。受此刺激，英鎊兌美元立即上漲，而紐約聯準銀行則緊隨其後，一步步提高英鎊的買入價。當英鎊升至二．七九三四美元時，該行暫停行動，一方面是爲了觀察市場自己會怎麼走，另一方面是再次擾亂敵人耳目。結果英鎊持穩，證明在這個水準，英鎊的獨立買盤與賣盤勢均力敵，而做空英鎊的投機客則開始恐慌起來。但紐約聯準銀行遠未滿足，再度回到場內大力買進英鎊，當天將英鎊推升至二．七九四五美元。然後英鎊漲勢就像滾雪球那樣自行擴大，結果便是我從報紙上看到的。「這是一次成功的軋空，」康伯斯告訴我。他洋洋得意得有點可怕，但這其實不難理解；我想，央行官員毫不留情地痛擊對手，打得敵人潰不成軍，而且是爲了公益而非個人或機構的金錢利益，想必可以從中得到罕見、純粹的滿足感。

後來，我從另一名銀行界人士那裡，得知英鎊空頭在此役中被軋得多慘。投機客一般利用保證金帳戶做外匯交易，他們要做空價值一百萬美元的英鎊，一般只需要拿出三萬或四萬美元的現金。多數投機客的部位高達數千萬美元，如果一名投機客的部位有一千萬英鎊或兩千八百萬美元，英鎊兌美元的價格每改變〇．〇一美分，他的帳戶價值便會出現一千美元的變化。因此，英鎊從九月十日的二．七九一八美元，升至九月二十九日的二．八〇一〇美元，這名投機客如果做空英鎊，他將損失九萬兩千美元——理論上足以令他對再次做空英鎊心生恐懼。

當局的軋空行動過後，市場出現了頗長時間的平靜期。之前一年，市場多數時間瀰漫著英鎊危機將臨的氣氛，但這種氣氛消失了；在超過六個月的時間裡，英鎊在匯市的情況是數年來最樂觀的。「英鎊捍衛戰如今已經結束，」多位英國官員十一月宣稱；當時是一九六四年國際救援行動一周年，這些官員是匿名發表這個觀點——眞是明智。他們還說：「我們現在是在爲經濟作戰。」他們的經濟戰役顯然也正邁向勝利：英國一九六五年的國際收支赤字，大幅縮減至不到去年的一半，比人們原本預期的縮減一半還要好。此外，因爲英鎊強勢，英國央行不僅得以還清其他央行提供的短期貸款，還得以拿重新受人青睞的英鎊在公開市場換取美元，增加了逾十億美元的寶貴準備資產。在此情況下，英國的準備資產在一九六五年九月至一九六六年三月期間，從二十六億美元增加至三十六億——這是相當安全的水準。然後英鎊輕鬆度過了英國的大選，而大選向來是英鎊的嚴峻考驗。一九六六年春天我見到康伯斯時，他對英鎊充滿信心，但又似乎有點厭倦的感覺，就像一名紐約洋基隊老球迷對他支持的球隊那樣。

擺脫不了的危機

不過，當英鎊再度爆發新危機時，我幾乎已經認定追蹤英鎊的走勢，再無樂趣可言。受海員罷工影響，英國再度出現貿易逆差，英鎊於一九六六年六月再次跌破二．七九美元，英國央行據稱又回到市場中，以它的準備資產捍衛英鎊。六月十三日，主要國家的央行再度爲英國提供短期貸款，就像資深消防員有點漫不經心地執行例行任務那樣。但英鎊僅僅獲得短暫的支撐，七月底威爾遜首相爲了杜絕國際收支赤字、根治英鎊的頑疾，推出英國和平時期歷來最嚴厲的經濟管制措施，包含加稅、無情地緊縮信貸、凍結薪資和物價、削減政府的福利支出，並且規定每個英國人每年海外旅行支出不得超過一四〇美元。康伯斯後來告訴我，英國宣布這套緊縮措施之後，聯準會助英國一臂之力，立即進場支撐英鎊，而且獲得令人滿意的市場反應。是年九月，聯準會再送好禮，將它與英國央行的貨幣互換額度，從七億五千萬美元增至十三億五千萬。我在九月見到華格，他熱烈地談到英國央行已恢復累積美元資產。「英鎊危機已成爲一件令人生厭的事，」《經濟學人》這次如此表示，帶著令人放心的英式淡定。

英鎊再度迎來平靜期，但這次同樣僅維持了半年左右的時間。一九六七年四月，英國還清了短期債務，而且手頭有充裕的準備資產。但隨後一個多月間，英國遭遇一連串慘痛的挫折。阿拉伯國家與以色列的短暫戰爭，導致大量阿拉伯資金從英鎊轉爲其他貨幣，英國的貿易大動脈蘇伊士運河也因此關閉。這兩件事幾乎令英鎊一夜之間陷入危機，到了六月，英國央行被迫大量動用聯準會提供的貨幣互換額度——此時總裁已經換人，克羅默伯爵於一九六六年卸任，由萊斯利·歐布萊恩爵士（Leslie O'Brien）接任。七月時，英國政府被迫恢復去年痛苦的經濟管制措施，但即使如此英鎊仍於九月跌至二·七八三〇美元，觸及一九六四年危機以來的最低水準。當時，我打電話給我認識的外匯專家，問他爲什麼英國央行會允許英鎊跌至如此接近絕對低點二·七八美元的危險水準（假設英鎊不貶值）——該行一九六四年十一月將英鎊的最後防線設在二·七八六〇美元——而根據它的最新聲明，它手頭的準備資產超過二十五億美元。這位專家回答：「嗯，英鎊的情況，其實不像數字所暗示的那麼危險。迄今爲止，英鎊面臨的投機壓力，絕對沒有一九六四年那麼強。而英國今年的經濟基本面比當年好得多，至少到現在是這樣。雖然碰到中東戰爭，英國緊縮措施已產生作用。一九六七年頭八個月，英國的國際收支幾乎是平衡的。英國央行顯然是希望英鎊這段弱勢期可自行結束，不必它出手干預。」

但大概就在這個時候，我注意到一個不祥之兆：英國人顯然已拋棄他們長期以來，對於議論英鎊「貶值」的禁忌。一如其他禁忌，這項禁忌看來是基於實務上的道理（議論貶值可能輕易引發投機潮，結果眞的促成貶值）和迷信。然而，我發現英國的媒體，現在毫無忌諱地經常討論貶值問題，而且幾份受敬重的報刊還主張英鎊貶值。但也不全然如此，至少威爾遜首相仍小心翼翼地避免使用「貶值」一詞，即使在他一次次重申政府不會將英鎊貶值時也不例外。舉例來說，他有一次便審慎地表示，政府在「對外的貨幣事務」方面「不會改變現行政策」。不過，在七月二十四日這天，財政大臣詹姆斯．卡拉漢在下議院公開談到貶值問題：他抱怨呼籲英鎊貶值已成爲一種時尚，並宣稱政府若採取貶值政策，將是對其他國家及其國民的背信之舉；他矢言他的政府永遠不會訴諸貶值這個手段。他的觀點是人們熟悉且會感到安心的，但他如此直白地議論貶值問題卻恰恰相反。在一九六四年最悲觀的日子，英國國會也不曾有人提到「貶值」一詞。

整個秋天我都有這樣的感覺：英國正被一連串的可怕厄運壓倒，當中有些直接衝擊英鎊，有些則只是打擊英國人的士氣。一九六七年春天，一艘油輪在康瓦爾郡（Cornwall）海域不幸觸礁，原油污染了當地的海灘；眼下口蹄疫又毀滅了數萬頭牛（最終損失爲數十萬頭）。已實行一年多的經濟緊縮政策，導致英國失業率升至多年來的最高水準，使得工黨政府成爲戰後最不得人心的政府。〔六個月後，《周日泰晤士報》（*Sunday Times*）贊助的一項調查顯示，英國人認爲首相威爾遜是二十世紀第四最邪惡的人；前三位分別是希特勒（Adolf Hilter）、戴高樂（Charles de Gaulle）和史達林（Joseph Stalin）。〕九月中開始的倫敦和利物浦碼頭工人罷工拖了超過兩個月，進一步打擊本已萎靡的出口貿易，也驟然終止了英國在這一年取得國際收支平衡的希望。一九六七年十一月初，英鎊跌至二．七八二二美元，創下十年來最低水準。

隨後事態急轉直下。十一月十三日周一傍晚，威爾遜首相利用出席倫敦金融城市長年度宴會的機會，懇求國內外忽略明天將公布的英國最新外貿數據，理由是它們被短期因素扭曲了——三年前英鎊深陷危機時，威爾遜正是利用這個場合，來強烈表達他捍衛英鎊的決心。十一月十四日周二，英國公布外貿數據：十月分貿易逆差超過一億英鎊，是歷來最差的表現。英國內閣十六日周四開午餐會，而下午在下議院，財政大臣卡拉漢被要求確認或否認下列傳言：各國央行正為英國籌集新的巨額貸款，條件是英國執行更多將導致失業情況惡化的緊縮措施。卡拉漢激動地回答（後來他的發言被視為太魯莽）：「政府將做出適當決定，而決定是否適當，是考慮英國經濟而非任何其他人的需要。就此而言，目前英國經濟並不需要製造更多失業人口。」

外匯市場一致認為，英國政府已經決定將英鎊貶值，而卡拉漢是不小心洩漏了祕密。十一月十七日周五，是外匯市場史上最瘋狂的一天，也是英鎊千年歷史上最黑暗的一天。英國央行這次選擇的英鎊最後防線為二．七八二五美元，而為了堅守這防線，它損失了大量美元準備資產，金額大到它可能永遠認為不宜公開。有理由了解情況的華爾街商業銀行業者估計，英國央行當日可能流失約十億美元的準備資產，也就是每分鐘流失逾兩百萬美元，而且持續了一整天。英國的準備資產顯然已跌破二十億美元的水準，而且可能已遠低於這個水準。十一月十八日周六晚間，在一片驚慌失措中，英國宣布投降。我是從華格那裡得知消息，他在紐約時間下午五點半打電話給我，並以有點顫抖的聲音告訴我：「一個小時之前，英鎊已貶值至二・四〇美元，而英國銀行利率已調升至八%。」

比戲劇更荒謬的現實世界

我知道，除了大型戰爭，最能擾亂世界金融秩序的，莫過於一檔重要貨幣貶值。周六晚上，我記著這一點，去世界金融中心華爾街看看。惱人的寒風將紙張吹過空盪盪的街，這個金融區在非辦公時間一如往常地靜得有點可怕。但我也看到一個異常現象：一棟棟漆黑的大樓，有一列列亮燈的窗戶，多數是一棟大樓有一列。我可以看出有些亮燈的地方，是大銀行的外匯部門。銀行的大門都鎖起來了，外匯部門的人周末回公司顯然要按門鈴，或是使用一般人不會注意的側門或後門。我翻起大衣衣領，沿著拿索街走往自由街，我想去看看紐約聯準銀行大樓。我發現它亮燈的窗戶並非排成一列，從它的佛羅倫斯式正面看過去，亮燈的窗戶不規則地散布各處，這樣看起來舒服一些；不過，它臨街的前門同樣緊閉。在我看著它時，一陣強風帶來一些不協調的管風琴聲，可能是來自幾個街口以外的三一教堂（Trinity Church）；此時，我才意識到，這十多分鐘裡我沒看見任何一個人。對我來說，此情此景是央行運作其中一面的縮影——是它冷酷不友善的那一面：一些人傲慢地祕密做一些決定，影響了我們所有人，但我們既影響不了他們，甚至還無法理解這些決定。雖然央行運作還有友善的另一面：優雅博學的君子在巴塞爾享用松露美食和喝葡萄酒之際，爲了公益拯救岌岌可危的貨幣；但這天晚上，我無法想到央行的這一面。

十一月十九日周日下午，華格在紐約聯準銀行十樓召開記者會，我參加了，出席的還有十幾名記者，多數是平時跑聯準會這條線的記者。華格泛談英鎊貶值一事，不想回答的問題便迴避，有時就像他以前當老師時那樣，反問記者一些問題。他說，現在要談英鎊貶值造成「另一個一九三一年」的風險有多大，實在是太早了。他還說，現在做任何預測，都如同嘗試準確預測世界各地數以百萬計的人和數以千計的銀行將會怎麼做。至於情況如何，接下來幾天將會清楚一些。華格看來是處於興奮而非沮喪的狀態；他顯然有點擔心，但也很堅定。離開時，我問他是否整夜沒睡。他回答：「不，昨天晚上我去看了《生日派對》（*The Birthday Party*）。我必須說，現在這種時候，品特的世界比我的世界更合情理。」[32]

前一個周四和周五大概發生了什麼事，接下來幾天開始爲人所知。外面的多數傳言證實或多或少是眞的，英國確實曾與其他國家商談籌集另一筆巨額貸款來捍衛英鎊避免貶值，而規模與一九六四年的三十億美元相若，美國再次打算貢獻最大的一份。英國的貶值決定，是出於政府的選擇或迫不得已，至今未有定論。威爾遜首相在電視演講中，向國民解釋貶值決定時表示：「我們是可以向其他國家的央行和政府借款，協助英鎊度過投機客的這波攻擊」，但這次如果這麼做，將是「不負責任的」，因爲「我們的外國債權人大有可能堅持，要我們就本國政策做出這樣那樣的保證」；他並未明確表示他們是否眞的提出了這種要求。無論如何，英國內閣雖然可能極不情願，但早在上個周末就已經原則上決定貶值，然後在周四的午餐會上，決定了確切的貶值幅度。當時內閣也決心藉由新的緊縮措施，包括提高企業稅、削減國防支出，以及調升銀行利率至五十年高位，來協助確保貶值能產生當局期望的效果。至於爲什麼要等兩天才宣布貶值，造成英國慘重的準備資產損失？當局表示，這是因爲他們必須利用這兩天，與主要的金融權力機構商談。這是遵循國際金融規則，而且英國也迫切需要國際貿易上的主要對手，保證不會藉由將自己的貨幣貶值，抵銷英鎊貶值的效果。

至於周五的英鎊恐慌性賣盤來自何方，現在也有了一些線索。這些賣盤絕非全部來自「蘇黎世地精」肆無忌憚的投機活動——沒有人看見著名的蘇黎世地精，他們可能根本不存在。相反，多數英鎊賣盤是大型跨國企業的避險自保操作，它們多數是美國公司，而它們賣空的英鎊金額，約爲它們數周或數月後將收到的英鎊帳款。相關證據是這些公司自己提供的：有些公司很快便出面安撫股東，表示它們因爲有先見之明，得以避免因爲英鎊貶值而蒙受顯著的損失。舉例來說，國際電話電報公司周日便發出聲明，表示英鎊貶值不影響該公司一九六七年的盈利，因爲「管理階層在一段時間之前，已經料到英鎊可能貶值。」國際收割機公司（International Harvester）和德州儀器（Texas Instruments）也表示，它們藉由等同賣空英鎊的操作，保護了自身利益。勝家公司（Singer）表示，它甚至可能因爲英鎊貶值而意外賺到一筆。其他美國公司聲稱它們安然無恙，但拒絕詳述，理由是如果它們透露它們使用的方法，可能會有人指責它們發英國的國難財。「就說是我們精明吧！」有家公司的發言人這麼說。

這種行爲或許不夠高尚優雅，但應該是合理的。在國際商業叢林裡，針對弱勢外國貨幣進行避險操作，被視爲完全正當的自衛行動。出於投機目的而賣空則比較不受尊重；有趣的是，周五賣空英鎊並在事後談論此事的人，包括一些遠在蘇黎世十萬八千里以外的人。俄亥俄州揚斯敦市（Youngstown）一群職業玩家（他們雖是資深股票投資人，但此前不曾參與國際匯市的投機活動），周五認定英鎊即將貶值，因此賣空七萬英鎊，結果周末之後獲利近兩萬五千美元。他們賣出的英鎊，最終當然是由英國央行拿美元買進，因此導致英國的準備資產損失多了一點點。我在《華爾街日報》上看到相關報導，消息來源是這群人的經紀商（想必是自鳴得意）；我希望這些

32譯注：《生日派對》是英國劇作家哈羅德·品特（Pinter）的經典作品之一，是一部荒誕劇。

「揚斯敦新手地精」至少理解他們所作所爲的涵義。

周日的情況和道德省思就講到這裡。周一國際金融界大致恢復運作，英鎊貶值一事開始受到檢驗。這當中有兩個問題：一、英國能藉由此次貶值達到它的目的嗎？英國的目的是刺激出口、減少進口，藉此根除國際收支赤字，終止針對英鎊的投機活動。二、英鎊貶值是否會像一九三一年那樣，引發其他貨幣競相貶值，最終導致美元對黃金貶值，擾亂世界金融秩序，甚至令世界經濟陷入蕭條？我將看著這些問題的答案逐漸浮現。

英鎊回穩，美元遭受攻擊

倫敦的銀行和交易所奉政府命令，周一繼續關門；在其他地方，絕大多數交易商在英國央行缺席的情況下按兵不動，英鎊在貶值後的新價位是強是弱，因此暫時沒有答案。在針線街和思羅克莫頓街，經紀商和金融機構職員圍成一個個圈子，興奮地議論當前情況，但沒有人買賣；因爲適逢女王結婚紀念日，街上到處掛著英國國旗。紐約股市大幅開低，然後收復失地。（開盤的跌勢看來沒有合理理由，股市中人只說主要貨幣貶值通常令人感到沮喪。）到周一傍晚，已有十一檔其他貨幣宣布貶值，它們是西班牙、丹麥、以色列、香港、馬爾他、圭亞那、馬拉威、牙買加、斐濟、百慕達和愛爾蘭的貨幣。情況不算很糟，因爲貨幣貶值擾亂市場秩序的力量，與該貨幣在國際貿易上的重要性成正比，而這十一檔貨幣都不算很重要。最令人擔心的是丹麥貨幣貶值，因爲與該國關係密切的經濟夥伴如挪威、瑞典和荷蘭大有可能跟進貶值；果眞如此，後果可能相當嚴重。埃及持有英鎊準備資產，因爲英鎊貶值而立即損失三千八百萬美元，但堅持不將本國貨幣貶值；損失一千八百萬美元的科威特也是。

周二世界各地的市場全面恢復運作。英國央行回到市場中，將英鎊的新交易界限設在二．三八美元至二．四二美元之間，而英鎊立即升至區間上限，就像一顆輕氣球從小孩手上溜走，升抵天花板，然後整天停在那裡；事實上，因爲一些不適用於氣球的複雜理由，英鎊這天大部分時間留在略高於交易區間上限的水準。英國央行現在不再是拿美元買英鎊，而是賣英鎊買美元，因此也就開始重建它的準備資產。我打電話給華格，以爲可以分享他的喜悅，但發現他十分冷靜。他說，英鎊目前的強勢是「技術性的」，也就是因爲上周賣空英鎊的人回補部位、獲利了結所致。他表示，英鎊在新匯價的眞正考驗，估計周五才會出現。周二這天，再有七個小國宣布貨幣貶值。在馬來西亞，政府將以英鎊爲後盾的舊貨幣貶值，以黃金爲後盾的新貨幣則維持不變，而且繼續允許新舊貨幣同時流通；這種不公平的情況引發暴動，接下來兩周共造成二十七人死亡，他們是英鎊貶值的第一批受害者。這些死者沉痛地提醒我們，引人入勝的國際金融遊戲，攸關人們的生計乃至性命。但除此之外，英鎊貶值之後，迄今一切還算順利。

然而，二十二日周三這天，一個攸關全局的凶兆出現了。一如許多人所擔心，長期以來打壓並最終壓垮英鎊的投機攻擊，轉向以美元爲目標。美國是唯一承諾無限量向其他國家央行，以每盎司三十五美元固定價格出售黃金的國家，因此它是世界金融拱門的拱心石，而美國金庫裡的黃金便是它的地基——在周三這天價值近一三〇億美元。聯準會主席馬丁已經一再重申，無論如何美國將繼續滿足各國央行購買黃金的需求，必要時會賣到一條金條都不剩。儘管馬丁如此承諾，而且詹森總統在英鎊貶值之後立即重申此項承諾，投機客開始動用美元大量買進黃金，展現出對官方保證的不信任態度，一如紐約市民在差不多同一時間，不理當局呼籲，努力囤積地鐵代幣那樣。[33] 巴黎、蘇黎世和倫敦等金融中心湧現異常強勁的黃金需求，世界主要黃金市場倫敦的情況尤其熱烈，人們立即開始議論「倫敦淘金熱」。

據某些方面估計，二十二日當天黃金買單價值超過五千萬美元，而且看來是來自世界各地——但理論上不包括美國和英國，因爲這兩個國家的法律禁止國民購買或擁有貨幣性黃金。這一大群看不見的人忽然間像是著了魔，被人類由來已久的黃金渴求所支配。那麼，是誰賣黃金給他們呢？不是美國財政部，因爲美國財政部透過聯準會，僅向其他國家的央行出售黃金；也不是其他央行，因爲它們根本沒有承諾要對外出售黃金。爲了滿足市場的黃金需求，相關國家一九六一年成立了另一個國際合作組織——倫敦黃金池（London Gold Pool）。該組織由其會員國，包含美國、英國、義大利、荷蘭、瑞士、西德、比利時，以及後來退出的法國提供金塊，數量足以令世界首富爲之目眩——美國供應了其中五九％。倫敦黃金池的目的，是無限量滿足非政府買家的黃金需求，其賣價實質上與聯準會向其他央行出售黃金相同，藉此平息貨幣恐慌，維護美元和布雷頓森林貨幣制度的穩定。

倫敦黃金池周三這天正是發揮了這種功能。但周四的情況則可怕得多：巴黎和倫敦繼續有人搶購黃金，購買量甚至破了一九六二年古巴導彈危機期間所創的紀錄。包括英美高官在內的許多人，開始確信他們一開始便懷疑的事：這次淘金熱是戴高樂將軍和法國，先打擊英鎊、後收拾美元的部分計畫。他們當然只有間接證據，但這些證據很有說服力，戴高樂和他的部長早就有希望大幅壓低英鎊和美元國際地位的發言紀錄。市場上一些可疑的黃金買單看來與法國有關，甚至在倫敦市場也有這種買單。周一傍晚，也就是這波淘金熱開始之前的三十六小時，法國政府似乎故意放出風聲，示意該國希望退出倫敦黃金池——後來的資料顯示，從這年的六月起，法國根本就不再供應黃金給倫敦黃金池。此外，也有人指責法國政府散播比利時和義大利，也即將退出倫敦

33譯注：以前紐約地鐵使用一種代幣，當民眾預期當局將調漲車費時，可能會囤積代幣，期望這些代幣在加價後可以繼續使用，藉此賺取差價。

黃金池的謠言。如今逐漸浮現的資料顯示，在英鎊貶值之前的最後階段，法國顯然是最不願參與國際貸款拯救英鎊的國家，而且該國要到最後關頭才承諾不會在英鎊貶值後也將法郎貶值。總而言之，人們大有理由懷疑是戴高樂當局在背後搞鬼，而無論眞相如何，我強烈覺得針對法國的指控，爲此次貶值危機增添很多趣味——幾個月後，輪到法郎面臨貶值危機，而美國爲勢所逼伸出援手；整件事顯得更有趣味。

英鎊周五在倫敦整天都位於交易區間上限，因此算是以優異的成績，通過貶值後的首次重大考驗。自從周一以來，只有幾個小國宣布貨幣貶值，而如今挪威、瑞典和荷蘭，顯然將不會跟隨丹麥貶值。但美元的情況，看來卻空前惡劣。周五這天，倫敦和巴黎的黃金購買量遠遠超過周四，而根據某些估計，之前三天所有市場共賣出價值接近十億美元的黃金；約翰尼斯堡整天一片混亂，投機客搶著買進金礦公司的股票；整個歐洲都有人積極賣出美元，買進黃金和其他貨幣。美元的處境雖然可能遠不如一周前的英鎊那麼絕望，至少兩者有令人不安的相似之處。後來的報導指出，在英鎊貶值之後最初的那段日子，向來習慣援助其他貨幣的聯準會，被迫借入價值近二十億美元的各種外幣，以便捍衛美元。

黃金投機客不斷進攻

周五接近傍晚時，我出席了紐約聯準銀行的一個記者會，期間華格展現了不尋常的幽默感，而且有點神經兮兮，弄得我也有點緊張。我離開時心裡在想，說不定當局周末期間就會宣布美元貶值。但這件事並未發生，美元反而看似暫時度過了難關。當局周日宣布，黃金池國家的央行代表——包括海斯和康伯斯——在法蘭克福會面，正式同意以他們的全部資源，繼續維持當前美元與黃金的兌換價。這看來消除了市場對美元的黃金後盾之疑慮，確認支持美元的不僅是美國價值一三〇億美元的黃金準備，還有比利時、英國、義大利、荷蘭、瑞士和西德價值共一四〇億美元的黃金準備。投機客看來是相信了當局的決心和能力：倫敦和蘇黎世周一的黃金買單大幅減少，只有巴黎仍有人大力買進——戴高樂這天親自召開記者會，對各種事情發表了令人困惑的意見，而且大膽表示當前種種事件的趨勢，是美元在國際上的重要性走向衰落。黃金交易量周二在所有市場均大幅萎縮，連巴黎也不例外。「今天情況很好，」華格這天下午在電話中對我說。「我們希望明天會更好。」黃金市場周三恢復正常，但因爲一周來的情況，美國財政部爲了履行對黃金池的責任，以及滿足外國央行的需求，失去了約四百五十噸黃金，價值近五億美元。

英鎊貶值十天之後，一切恢復平靜，但這不過是下一波震盪來臨前的短暫寧靜。十二月八日至十八日之間，美元遭遇新一波的瘋狂投機，倫敦黃金池因此再失去約四百噸黃金。一如之前那一波，在美國和它的黃金池夥伴，重申它們決心維持現狀之後，這波淘金熱終於消退。到年底時，美國財政部自英鎊貶值以來，已失去價值近十億美元的黃金，導致它的黃金資產價值自一九三七年以來，首次跌破一二〇億美元。詹森總統一九六八年一月一日宣布，他改善美國國際收支的方案，主要措施是限制美國各銀行的放款，以及產業界在海外的投資。這項方案協助當局在接下來兩個月中，有效抑制投機活動。但這種措施無法就此平息淘金熱。儘管當局做出種種承諾，淘金熱背後有強勁的經濟和心理力量支持。籠統而言，它彰顯了人類歷來在危機時期不信任所有紙幣的傾向，但較具體而言，它是許多人早已擔心的英鎊貶值續集；再講得具體一點，它是人們對美國整頓好經濟的決心投下不信任的一票，尤其是因爲看到美國在爲一場看不到盡頭的戰爭，耗費數額愈來愈驚人的資金之際，美國民眾的消費卻是如此令人羨慕不已。在當前的國際貨幣體制下，世人理應信任美元，但在黃金投機客眼中，美國卻是如此的揮霍無度。

黃金投機客二月二十九日再度發起攻擊，而且勢頭極猛，以致情況迅速失控。他們選擇這天發起攻擊，可能並無特別原因——也可能是因爲美國參議員雅各·賈維茲（Jacob Javits）才剛表示，他認爲美國最好是暫停支付黃金給其他國家；賈維茲這麼說可能是非常認真的，也可能是一時不慎說錯話。三月一日這天，黃金池在倫敦爲市場供應了四十噸至五十噸黃金（平常日子是三或四噸）；三月五日和六日是每天四十噸；三月八日超過七十五噸；三月十三日的總數無法準確估計，但可能遠遠超過一百噸。在此同時，英鎊首次跌破它的標準匯價二．四〇美元；如果美元對黃金貶值，英鎊勢必逃不過再次貶值。相關國家再次重申人們已經非常熟悉的保證，這次是由主要國家的央行三月十日在巴塞爾做出，但看來完全無效。市場陷入典型的混亂狀態：不相信當局的任何公開保證，一時的傳言卻幾乎總是能造成市場波動。瑞士某個重要的銀行業者，嚴肅地指稱當前局勢是：「一九三一年來最危險的。」巴塞爾俱樂部一名成員以寬容調和他的無奈，表示黃金投機客顯然並未意識到，他們的行爲正在危害世界貨幣秩序。《紐約時報》在一篇社論中表示：「國際支付系統顯然正遭受腐蝕。」

三月十四日周四，市場混亂之餘，還陷入了恐慌。倫敦的黃金交易商描述這天的情況時，用上了一些很不英國的詞，例如「蜂擁」、「大災難」和「惡夢」等。這天賣出了多少黃金，一如往常並未公布（很可能也無法準確計算），但所有人都同意是史上最高紀錄。多數人估計這天總共賣出約兩百噸黃金（價值兩億兩千萬美元），《華爾街日報》則估計高達約四百噸。如果是前者，則美國財政部光是承擔黃金池的責任，這天每三分四十二秒便付出價值一百萬美元的黃金；如果《華爾街日報》的估計才正確（由美國財政部後來公布的資料，證實該報的估計正確），則財政部每一分五十一秒便付出價值一百萬美元的黃金。這種情況顯然是不可持續的，一如一九六四年的英國，按照這樣的黃金流失速度，美國的金庫用不了多少天便會空無一物。這天下午，聯準會將它的貼現率從四．五%調升至五%，但這項防禦措施非常畏縮和不足，以致一名紐約銀行業者將它比作是「玩具氣槍」。聯準會的外匯執行單位紐約聯準銀行，甚至拒絕跟隨此一象徵性行動，以表示不滿。紐約時間當天傍晚，也就是倫敦接近午夜時，美國要求英國第二天周五關閉黃金市場，以免發生更多災難，同時方便相關國家周末面對面磋商當前局勢。茫然的美國民眾，多數不知道有倫敦黃金池這回事，他們周五早上得知英女王伊莉莎白二世，在午夜至凌晨一點間就當前危機會見內閣大臣，很可能此時才首次感受到局勢的嚴峻。

周五是緊張等待的一天，倫敦市場休市，其他地方的外匯交易室也幾乎都休息，但黃金在巴黎升至大幅高於標準價格的水準——巴黎的黃金買賣，在美國眼中成了一種黑市交易。而在紐約，英鎊因爲少了英國央行的支持，曾經短暫跌破官方底線二．三八美元，隨後才回升。黃金池國家的央行周末在華府開會，出席者有美國、英國、西德、瑞士、義大利、荷蘭和比利時的代表，法國再次顯眼地缺席，但其實它這次並未獲邀，而康伯斯與聯準會主席馬丁則代表美國出席。在世界金融市場屏息以待之下，他們開了整整兩天嚴格保密的會議，周日近傍晚時公布決定。各國央行之間的交易，將沿用每盎司黃金三十五美元的官方價格；倫敦黃金池將廢止，各國央行將不再供應黃金給倫敦市場，此處的民間黃金交易將可自由議價；任何央行若試圖利用央行金價與自由市場金價的差異獲利，將受到制裁；倫敦黃金市場將關閉數周，直到情勢穩定下來。在新制度下的頭幾個交易日，英鎊強勁上漲，而自由市場的黃金價格，在高於央行金價二至五美元的水準穩定下來，溢價幅度顯著小於許多人原本預期。

考驗人類欲望的紙黃金

危機過去了，又或者是那場危機過去了。美元得以避免貶值，國際貨幣體制完好無缺。危機解決方案也沒有特別激進，畢竟在倫敦黃金池成立之前，黃金在一九六〇年就是有兩種價格的。這項方案只是權宜之計，而這場戲仍未落幕。一如《哈姆雷特》（*Hamlet*）中的鬼魂，為這場戲揭開序幕的英鎊，如今已退下舞台。在夏天來臨之際，台上的主角是聯準會和美國財政部，他們發揮自己的技術功能以免事態失控；另一主角美國國會對繁榮景象志滿意得，一心記掛著即將來臨的選舉，因此抗拒加稅和其他令人不舒服的節約措施（就在倫敦市場陷入恐慌的那個下午，美國參議院財務委員會否決了課徵附加所得稅的議案）；至於美國總統，他雖然呼籲執行「全國緊縮方案」以捍衛美元，但又延續支出愈來愈高的越戰——這場戰爭不僅已威脅到美元的健康，在許多人看來還威脅到美國的靈魂。歸根結底，美國在經濟上看來只有三條路可以走：以某種方式結束越戰，杜絕國際收支問題，因而根治美元的頑疾；執行徹底的戰時經濟措施，大幅加稅，管制薪資和物價，可能還要實行物資配給；美元被迫貶值，嚴重擾亂世界金融秩序，甚至造成經濟蕭條。

越戰對世界金融秩序的影響廣得驚人，深謀遠慮的央行官員繼續努力籌畫妥善的對策。針對美元危機達成權宜之計兩周之後，最強大的十個工業國家在斯德哥爾摩開會，同意逐漸建立一個新的國際貨幣單位，補充黃金作爲支撐所有貨幣的基石——法國是唯一的反對者。如果當局坐言起行，這個國際貨幣單位將是國際貨幣基金組織的特別提款權；各國將根據它們既有的準備資產，按比例獲得特別提款權。銀行界將它們稱爲SDR（special drawing rights），民間則立即稱之爲「紙黃金」（paper gold）。這項計畫的目的是防止美元貶值，克服全球貨幣性黃金短缺的問題，因而無限期延後世界金融亂成一團的情況。至於它能否達成目的，將取決於人類最終能否藉由某種方法獲得理性勝利，做到紙幣流通近四百年來，人類未能做到的一件事，那就是克服對黃金的外觀和感覺的渴求（這是人類最古老、最不理性的特徵之一），進而眞正賦予紙上承諾同樣的價值。至於人類能否做到這件事？答案將在這場戲的最後一幕揭曉，而大團圓結局的可能性，目前看來並不樂觀。

在這最後一幕將要開始的時候，也就是英鎊貶值之後、黃金恐慌開始之前，我去了自由街，見到了康伯斯和海斯。我發現康伯斯顯得精疲力盡，但並未因爲花了三年時間在一件基本上失敗的事上而灰心喪氣。他說：「我不認爲我們守護英鎊的努力完全徒勞無功。我們爭取到這三年的時間，期間英國推動了許多內部措施增強自身實力。如果英鎊在一九六四年被迫貶值，薪資和物價膨脹大有可能吃掉他們可能得到的所有好處，使他們回到同一個老困境。此外，這三年間國際金融合作也大有進展。天知道如果英鎊一九六四年被迫貶值，整個體制會受到怎樣的衝擊？如果沒有這三年的國際努力，雖然你可能認爲這是無望取勝的防禦戰，英鎊的崩盤可能遠比實際情況混亂，造成的損害可能遠比我們現在看到的嚴重。別忘了，我們的努力，還有其他央行的努力，說到底不是爲了守護英鎊，而是爲了保護整個體制，而如今這個體制是保住了。」

海斯表面看來完全就像我一年半前看到他的那樣，同樣冷靜、沉著，彷彿他這段時間一直在鑽研科孚島。我問他，是否仍然堅守銀行業者的辦公時間？他帶著一絲微笑回答，說這個原則早就屈服於工作需要——他說作爲一名時間的消費者，一九六七年的英鎊危機，令一九六四年的危機顯得微不足道，而隨之而來的美元危機看來同樣嚴重。海斯表示，這三年半的事件也產生了一個附帶好處：因爲經常出現煽情劇一樣的緊張情節，海斯太太對銀行業的興趣有所增加，甚至連他兒子湯姆也略微提高了對商業的價值評估。

但是，當海斯談到英鎊貶值時，我發現他的沉著只是表象。「啊，我當然感到失望，」他平靜地說。「畢竟我們拚了命地想保住它，而且幾乎成功了。我認爲英國可以得到足夠的國際援助，成功保住英鎊匯率。即使法國不幫忙，我們也能做到。貶值是英國的選擇。我認爲英鎊貶值最終達到當局目標的機會相當大，而國際合作方面的得益是無庸置疑的。查理康伯斯和我十一月在法蘭克福開黃金池會議時，可以感覺得到在場所有人都認爲這是團結一致的時候。但是……，」海斯停頓了一下，而當他恢復講話時，聲音裡充滿一種沉靜的力量，使我看到英鎊貶值在他而言，不僅是一次嚴重的職業挫敗，還是理想之喪失、偶像之墜落。他說：「十一月那天，在自由街這裡，快遞員送來英國通知我們貶值決定的最高機密文件。當時，我覺得身體很不舒服。英鎊，將不再是以前的英鎊，永遠無法在世界各地贏得同樣的信任了。」